高等教育用书

计算机应用基础教程

主　编　欧丽辉　孙壮桥

副主编　杨玉敏　白胜楠

中国金融出版社

责任编辑：孔德蕴
责任校对：李俊英
责任印制：丁淮宾

图书在版编目（CIP）数据

计算机应用基础教程（Jisuanji Yingyong Jichu Jiaocheng）/欧丽辉，孙壮桥主编．—北京：中国金融出版社，2017.8
高等教育用书
ISBN 978－7－5049－9124－9

Ⅰ.①计…　Ⅱ.①欧…②孙…　Ⅲ.①电子计算机　Ⅳ.①TP3

中国版本图书馆 CIP 数据核字（2017）第 184286 号

出版
发行 中国金融出版社
社址　北京市丰台区益泽路 2 号
市场开发部　(010)63266347，63805472，63439533（传真）
网 上 书 店　http://www.chinafph.com
　　　　　　(010)63286832，63365686（传真）
读者服务部　(010)66070833，62568380
邮编　100071
经销　新华书店
印刷　北京市松源印刷有限公司
尺寸　185 毫米×260 毫米
印张　15.75
字数　350 千
版次　2017 年 8 月第 1 版
印次　2017 年 8 月第 1 次印刷
定价　32.00 元
ISBN 978－7－5049－9124－9
如出现印装错误本社负责调换　联系电话（010）63263947

前　言

随着计算机和互联网的高速发展，人们获取各种信息越来越方便、快捷。多媒体技术的日臻完善和计算机性能的不断提高，促使计算机进入了现代社会的各个角落，已经在我们的日常生活和工作中得到了广泛的应用。

《计算机应用基础教程》作为一门计算机入门课程，是为学习者提供计算机一般应用所必需的基础知识、能力和素质的课程。在日常生活和工作中，人们经常要利用计算机进行文字处理、图形制作、表格制作、数据计算、演示文稿制作。本书就是基于这些诸多方面的需求而编写的，全书共分 12 章，主要介绍了计算机基础知识、Windows 7 操作系统、Internet 应用、Word 2010、Excel 2010 和 PowerPoint 2010。

本书在编写过程中，力求在内容方面做到新颖、实用，编排上做到合理、紧凑。本着“学以致用”的原则，自始至终贯彻“由浅入深、实践为主”的指导思想，以阐明实际操作为主，并辅之以必要的例题和习题。为了让读者易学、易懂、易掌握，书中用通俗的语言配以大量的插图详细介绍了 Word、Excel、PowerPoint 等软件的基础知识和基本操作，通俗易懂，图文并茂。

本书由欧丽辉和孙壮桥担任主编，杨玉敏和白胜楠担任副主编，王敬宇、樊晶晶担任主审。欧丽辉负责第 1 章和第 9 章至第 12 章的编写，孙壮桥负责第 7 章和第 8 章的编写，杨玉敏负责第 4 章至第 6 章的编写，白胜楠负责第 2 章和第 3 章的编写。

由于编者水平所限，加之编写时间仓促，书中难免存在疏漏、错误之处，敬请广大读者和有关专家予以批评指正，以便及时修订和完善。谢谢！

编　者

2017 年 8 月

目 录

第1章

计算机基础知识

计算机是一种具有存储能力，并能自动、高速处理各种数字化信息的智能电子设备。它以数字化编码形式的信息作为加工对象，不需要人的直接干预就能够对各种数字化信息进行算术和逻辑运算。计算机改变了人们的生活方式，已经是人们工作和生活中必不可少的工具之一。

本章学习目标：

- 掌握计算机的系统组成和硬件组成；
- 掌握计算机主要部件的分类并能准确识别；
- 熟练掌握计算机的主要性能和配置。

1.1 计算机的发展及应用

1.1.1 计算机技术的发展

自1946年2月第一台电子数字计算机ENIAC（Electronic Numerical Integrator and Computer，简称埃尼阿克）诞生于美国宾夕法尼亚大学以来，如果按计算机使用的主要电子元器件（逻辑部件）划分，它经历了电子管、晶体管、集成电路、大规模集成电路和超大规模集成电路4个发展时代。

第一代计算机（1946~1957年）：第一代计算机的特征就是用电子管作为主要电子元器件，其主要特点是体积大、耗电多、重量重、性能低、成本高。

第二代计算机（1958~1964年）：第二代计算机使用晶体管作为主要电子元器件，其各项性能指标都有了很大改进，运算速度也提高到了每秒几十万次。

第三代计算机（1965~1970年）：以小规模集成电路（SSI）和中规模集成电路（MSI）作为主要电子元器件的计算机称为第三代计算机。它与前两代相比，其性能、稳定性和运算速度有明显提高。软件上广泛使用操作系统，产生了分时、实时等操作系统和计算机网络。

第四代计算机（1971年至今）：以大规模集成电路（LSI）和超大规模集成电路（VLSI）甚至是特大规模集成电路（ULSI）为主要电子元器件的计算机称为第四代计

算机。这代计算机日益小型化和微型化，计算机的发展到了以计算机网络为特征的时代。

计算机的分类方法很多，可以从不同的角度对其进行分类：

- 按计算机处理数据的方式分类

计算机可分为电子数字计算机、电子模拟计算机和数模混合计算机三种。电子数字计算机以数字量（不连续量）作为运算对象。电子模拟计算机以连续变化的模拟量作为运算对象，现在已经很少使用。

- 按计算机的使用范围分类

计算机可分为通用计算机和专用计算机两种。通用计算机是一种用途广泛、结构复杂，为解决各类问题而设计的计算机。专用计算机是为实现某种特定任务而设计的计算机，如用于数控机床、银行自动取款和超市收款的计算机。专用计算机针对性强、效率高，结构比通用计算机简单。

- 按计算机的规模和处理能力分类

计算机一般可分为巨型计算机、大中型计算机、小型计算机、微型计算机和工作站等。巨型计算机每秒运算速度已高达数千万亿次，一般应用于能源、国防、气象、航天等领域。微型计算机体积较小，如个人计算机（Personal Computer，PC 机）、笔记本电脑、掌上电脑等。

1.1.2 计算机的应用领域

计算机的特点是：运算速度快、计算精度高、具有超强记忆能力、具有逻辑判断能力、具有自动控制能力、通用性强和应用范围广。主要应用于以下领域：

1. 数值计算（科学计算）

计算机最早被用于数值计算领域（主要是军事）。目前，数值计算领域主要包含计算量大而且计算复杂的场合，如各学科基础理论研究、人造卫星的轨迹计算、气象预报等。

2. 数据处理（信息处理）

数据处理是利用计算机对大量数据进行收集、传输、分类、查询、统计、加工、分析、检索和存储等。数据处理现在是计算机的主要应用领域，主要适用于计算不太复杂，但数据量大、逻辑判断多的场合，如数据报表、人口普查数据分析、图书资料检索等。

3. 计算机辅助系统

计算机辅助系统可以帮助人们更好地工作、学习和生活。主要表现在以下几个方面。

（1）计算机辅助设计

计算机辅助设计（CAD），是设计人员利用计算机的图形处理功能进行各种设计工作。例如，服装款式和模具的设计等都是 CAD 系统的具体应用。

（2）计算机辅助教学

计算机辅助教学（CAI），是利用计算机辅助教师完成授课工作。把计算机作为传授和学习科学知识的工具，将教学内容编制成多媒体教学课件，学生借助于计算机获得知识信息，使教学过程具体化和形象化，提高教学效果。

此外，还有计算机辅助制造（CAM）、计算机辅助测试（CAT）、计算机辅助工程（CAE）和计算机集成制造系统（CIMS）等。

4. 自动控制

自动控制是指在生产过程中，利用计算机对控制对象进行自动控制和自动调节的工作方式。如自动化生产线、航天器导航等的自动控制。自动控制主要应用于机械、冶金、石油、化工、电力等有关行业，可以降低能耗，提高生产效率，提高产品质量，以及执行单靠人力无法完成的任务。

5. 人工智能

人工智能是计算机发展的新领域，主要是利用计算机模拟人类的某些高级思维活动，提高计算机解决实际问题的能力。如智能机器人、语言识别系统、专家系统等。这是计算机应用中最诱人，也是难度最大且研究最活跃的领域之一。

6. 计算机网络

计算机网络技术随着计算机技术和通信技术的发展而日趋完善并走向成熟。利用计算机网络可以实现信息传送、交换、传播、资源共享、实现分布式信息处理、提高系统的可靠性和可用性等。

7. 多媒体计算机系统

多媒体计算机系统即利用计算机的数字化技术和人机交互技术，将文字、声音、图形、图像、音频、视频和动画等集成处理，提供多种信息表现形式。这一技术广泛应用于电子出版、教学和休闲娱乐领域。

1.2　计算机的组成

1.2.1　计算机系统的组成

一个完整的计算机系统应包括硬件系统和软件系统两大部分。

1. 硬件系统

计算机硬件是计算机的物理实体，是指那些能看得见、摸得着的计算机器件的总称，是计算机进行工作的物质基础，如图 1-1 所示。

2. 软件系统

计算机软件是指挥计算机硬件工作的各种程序的集合，它是计算机的灵魂。计算机软件系统可以分为系统软件和应用软件两大类。

（1）系统软件

系统软件是指管理和维护计算机资源（包括硬件和软件）的软件。系统软件是计算机系统的必备软件。目前常见的系统软件主要有操作系统、各种语言处理程序、数据库管理系统以及各种工具软件等。

（2）应用软件

应用软件专门用于解决某个应用领域中的具体问题，因此，它具有很强的专用性。

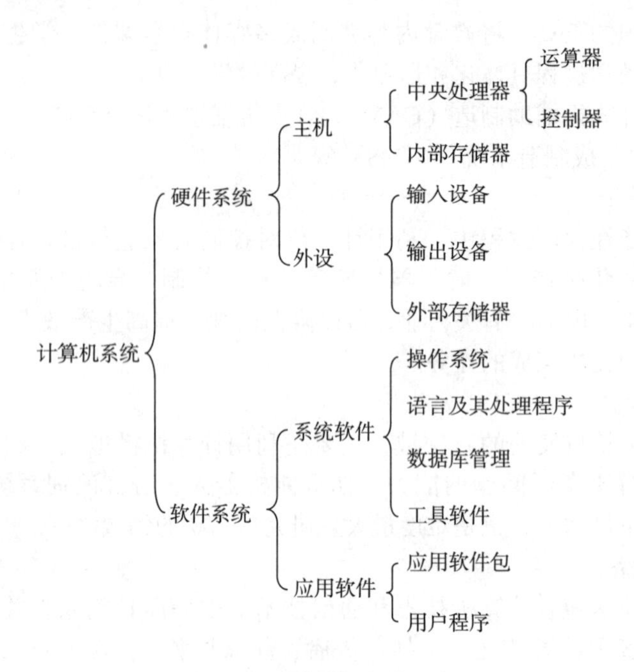

图 1-1 计算机系统组成

由于计算机应用的日益普及，各行各业、各个领域的应用软件越来越多。例如，各种信息管理软件、办公自动化软件、文字处理软件、辅助设计软件以及辅助教学软件等。

1.2.2 计算机主要部件及其作用

冯·诺依曼提出"存储程序"原理的主要思想是将程序和数据存放到计算机内部存储器中，计算机在程序的控制下一步一步进行处理，直到得出结果。按此原理设计的计算机称为冯·诺依曼结构计算机，其硬件系统由五个基本部分构成，如图 1-2 所示。

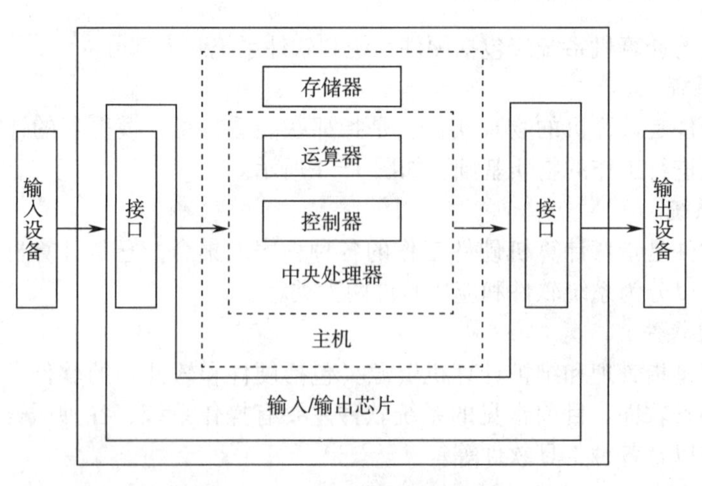

图 1-2 计算机硬件系统组成

1. 运算器

运算器的主要功能是完成对数据的算术和逻辑运算等操作。在控制器的控制下，它对取自存储器的数据进行算术或逻辑运算，将结果送回存储器。

2. 控制器

控制器是计算机的指挥中心。它根据预先存储的程序对计算机进行控制，指挥计算机各部件有条不紊地工作。它先把指令和初始数据存储在存储器里，然后把指令逐条从存储器取出、分析，并依据指令的具体要求发出相应的控制指令，使计算机各部分自动、连续并协调动作，成为一个有机的整体，实现程序和数据的输入、运算，并把运算结果送到输出设备上输出。通常把运算器和控制器做成一体，构成中央处理器，简称 CPU（Central Processing Unit），它是计算机的核心部件。

3. 存储器

存储器是用来存储程序、数据及运算中间结果和最后结果的记忆装置。它分为内存储器（简称内存或主存）和外存储器（简称外存或辅存）两种。存储器所具有的存储空间大小即所包含的存储单元总数称为存储容量。内存主要临时存放将要执行的指令和运算数据，存储容量较小，但存取速度快。外存的存储容量大、成本低、存取速度慢，但能够长期存储程序和数据。

4. 输入设备

输入设备是用来完成输入功能的部件。输入设备主要用于把信息、数据和程序转换成电信号，并通过计算机的接口电路将这些信号传输到计算机的内存中。常用的输入设备有键盘、鼠标、扫描仪、手写和声音输入设备、磁盘驱动器、光盘驱动器和触摸屏等。

5. 输出设备

输出设备是用来把计算机处理信息的结果按一定形式从内存送出来的设备。常用的输出设备有显示器、打印机、绘图仪、声音输出设备、磁盘驱动器、光盘驱动器等。

计算机硬件由上述五部分组成，而各组成部件之间采用总线相连。在计算机内部，总线实际上是一束导线，是计算机各部件之间传送信息的公共通道，允许各部件共同使用它传送数据、指令、地址及控制信号等信息。

1.2.3　数据的存储方式

1. 数值、字符等信息在计算机中的表现形式

在计算机中存储的信息，不管是数值还是字符都是以特定的进制表示。

（1）数制

数制也称为计数制，是用一组固定的符号和统一的规则来表示数值的方法。人们通常采用的数制有十进制、二进制、八进制和十六进制。学习数制，必须首先掌握数码、基数和位权这 3 个概念。

（2）数码

数码是数制中表示基本数值大小的不同数字符号。例如，二进制有 2 个数码：0、1。十进制有 10 个数码：0、1、2、3、4、5、6、7、8、9。十六进制有 16 个数码：0、

1、2、3、4、5、6、7、8、9、A、B、C、D、E、F。

(3) 基数

基数是数制所使用数码的个数。例如，二进制的基数是2，十进制的基数为10。

(4) 位权

位权是数制中某一位上的1所表示数值的大小（所处位置的价值）。例如，在十进制的数123中，1的位权是100，2的位权是10，3的位权是1。

2. 数据的存储

数据在存储器中存放，不管是存放在外存还是内存中的数据都是按照一定的规则进行存储的。存储的基本单位是比特，也就是一个二进制数据。按照规定，每8个比特（bit，b）构成一个字节（Byte，B），而比字节还要大的单位有千字节（KB）、兆字节（MB）、吉字节（GB）、太字节（TB）等，它们的换算如下:

$1TB = 1024GB = 2^{10}GB$

$1GB = 1024MB = 2^{10}MB$

$1MB = 1024KB = 2^{10}KB$

$1KB = 1024B = 2^{10}B$

$1B = 8b$

1.3 计算机常用设备

1.3.1 存储设备

存储器是用来存储程序和数据的部件，通常把存储器分为内存储器（简称内存）和外存储器（简称外存，也称辅存）两类。存储设备按存储介质和工作方式的分类如表1-1所示。

表1-1 存储设备分类

分类方法	名称	举例
按存储介质分	半导体存储器	ROM、BAM、闪存（U盘）
	磁表面存储器	硬盘、软盘、磁带
	光存储器	CD-ROM、DVD-ROM
按工作方式分	随机存取存储器	RAM、硬盘、软盘
	只读存储器	ROM、CD-ROM
	顺序存储器	磁带

1. 内存储器

(1) 特点

容量小、读写速度快、价格高。

(2) 编址方式

存储容量与地址线条数相对应，64MB的存储器至少需要26根地址线（$2^{26}B =$

64MB）。

（3）分类

①随机存取存储器：就是通常说的内存，主要参数是存储容量和工作频率。

例如，一条1GX8的内存条表示该内存条有1G单元字节容量。

②只读存储器：只能读不能写，一般用于存放计算机启动所需的最基本程序。

③缓冲存储器（Cache）：速度最快，一般集成于CPU中。

2. 辅助存储器

（1）磁带：磁带都是顺序存储的，一般只用在小型计算机以上的计算机中，用做数据备份。

（2）软盘：一般为3.5寸高密度盘，容量为1.44MB，已经淘汰。

（3）硬盘：硬盘由多个盘面组成一个柱形结构，其原理跟软盘类似，但是磁道更多。

（4）光盘：利用光信号读取或写入的存储器。常见的光盘驱动器有以下几种。

- CD - ROM：只读光盘，容量650MB左右，一倍速为150KB/s。
- DVD - ROM：只读光盘，容量4.7GB左右，一倍速为1200KB/s。
- CD - RW、DVD - RW：可擦写的光盘，但必须使用专门的刻录机进行刻录。

（5）U盘，全称USB闪存盘（USB flash disk）。它是一种使用USB接口的无须物理驱动器的微型高容量移动存储产品，通过USB接口与电脑连接，实现即插即用。现在市面上出现了许多支持多种端口的U盘，即三通U盘（USB电脑端口、iOS苹果接口、安卓接口）。

1.3.2 输入输出设备

1. 输入设备

输入设备主要用于把信息、数据和程序转换成电信号，并通过计算机的接口电路将这些信号送到计算机的内存中。常用的输入设备有键盘、鼠标、扫描仪、手写输入设备、声音输入设备、外部存储器等。

2. 输出设备

输出设备的主要作用是把计算机在内存中处理完毕的信息结果按一定形式输送出去。常用的输出设备有显示器、打印机、绘图仪、磁盘存储器、声音输出设备等。

3. 接口

接口是微机主机与外部设备之间的桥梁，承担微机与外部设备之间的信息交换工作。接口类型决定了数据的传输方式，主要有并行接口和串行接口两种。并行接口按字节方式传输信息，传送速度相对较快，多用于连接高速外设（如激光打印机），大都采用Centronics连接标准。串行接口按比特方式传输信息，传送速度相对较慢，多用于连接低速外设（如Modem），大都采用EIA - RS - 232C连接标准。接口的主要作用有以下几点。

（1）匹配主机与外部设备之间的数据形式。

一般来说，数据在不同介质上存储的形式不一定完全相同，接口可担负起它们之间的协调任务。

（2）匹配主机与外部设备之间的工作速度。

主机与外部设备之间、不同外部设备之间，其工作速度相差很多。为了提高系统效率，接口在它们之间起到了平衡作用。

（3）在主机与外部设备之间传递控制信息。

为了实现主机对外部设备的控制，主机的控制信息或外部设备的状态信息，需要互相交流，接口便在其间协助完成这种交流。

4. 总线（BUS）

计算机硬件的各个部分是通过总线连接起来的。总线是一组公共信号线，是计算机系统各部件之间相互连接、传送信息的公共通道，由一组物理导线组成，总线简称为 BUS。总线能分时地发送和接收各部件的信息，一次传输信息的位数称为总线的宽度。如果 CPU 是计算机的大脑，那么总线就是计算机的神经线。按照传送信息类型的不同，总线分为数据总线、地址总线和控制总线三种类型。

- 数据总线（Data Bus，DB），双向总线。用于实现在 CPU、存储器、I/O 接口之间的数据传送。数据总线的宽度等于计算机的字长。
- 地址总线（Address Bus，AB），单向总线。用于传送 CPU 所要访问的存储单元或 I/O 接口的地址信息。地址总线的位数决定了系统所能直接访问的存储器空间。
- 控制总线（Control Bus，CB），双向总线。用于控制总线上的操作和数据传送的方向，实现微处理器与外部逻辑部件之间的协同操作。

1.4 计算机安全和计算机病毒的防治

1.4.1 计算机安全简介

对于计算机安全，我国的定义是：计算机安全是指计算机资产安全，即计算机信息系统资源和信息资源不受自然和人为有害因素的威胁和危害。国际标准化委员会给出了更详细的解释：计算机安全是为数据处理系统建立和采取的技术及管理的安全保护，以便保护计算机系统的硬件、软件、数据不因偶然的或恶意的原因而遭到破坏、更改和泄露。

计算机安全所涉及的方面非常广泛，对于单用户计算机来说，计算机的工作环境、物理安全、计算机的操作安全及病毒的预防都是保证计算机安全的重要因素。

计算机安全的属性就是信息安全的属性，即包含保密性、完整性、可用性、可靠性、可控性、可审性和不可抵赖性。

从技术上讲，计算机安全主要包括计算机实体安全、计算机系统安全、计算机信息安全。

1. 计算机实体安全

计算机实体安全又称为计算机物理安全，主要指因为主机、计算机网络的硬件设备、各种通信线路和信息存储设备等物理介质造成的信息泄露、丢失或服务中断等不安全因素。

影响计算机实体安全的主要因素包括：电磁干扰、窃听、盗用、偷窃、硬件故障、超负荷、静电、强磁场、自然灾害以及某些计算机病毒等。

2. 计算机系统安全

计算机系统安全通常指的是一种机制，即只有被授权的人才能使用其相应的资源。计算机系统安全是指主机操作系统本身的安全，如系统中用户账号和口令设置、文件和目录存取权限设置、系统安全管理设置、服务程序使用管理以及计算机安全运行等保障安全的措施。

影响计算机系统安全的主要因素包括：操作系统存在漏洞、用户的误操作和设置不合理、网络协议存在漏洞、数据库管理系统本身安全级别低等。

3. 计算机信息安全

这里的计算机信息仅指有计算机存储、处理、传送的信息，而不是广义上泛指的信息。计算机信息安全要保证信息不会被非法阅读、修改和泄露。计算机信息安全主要包括软件安全和数据安全。

对计算机信息安全的威胁有两种：信息泄露和信息破坏。信息泄露是指由于偶然或人为因素将一些重要信息被未授权的人所获，造成泄密事件。信息在传输和存储过程中都可能发生泄露。信息破坏则可能由于偶然事故或人为因素故意地破坏信息的正确性、完整性和可用性，如输入的数据被篡改、输出的信息被窃取、软件被病毒修改、病毒和黑客攻击等。

计算机实体和系统安全的最终目的都是为了保证计算机信息安全。

4. 计算机安全等级标准

保密数据根据其保密程度，可分为秘密、机密、绝密三类。

TCSEC（可信计算机安全评价标准）系统评价准则是计算机系统安全评估的第一个正式标准，第一版发布于1985年，由美国国防部制定。TCSEC为信息安全产品的测评提供准则和方法，指导信息安全产品的制造和应用。该标准将计算机安全从低到高分为四等八级：最低保护等级D类（D1）、自主保护等级C类（C1、C2）、强制保护等级B类（B1、B2、B3）和验证保护等级A类（A1、超A1）。

1.4.2　防火墙

1. 防火墙的概念

防火墙就是一个位于计算机和它所连接的网络之间的软件，计算机流入流出的所有网络通信均要经过防火墙。防火墙是一个或一组在两个不同安全等级的网络之间执行访问控制策略的系统，由软件及支持该软件运行的硬件系统构成（如路由器），通常处于局域网和因特网之间，其目的是保护局域网不被因特网上的非法用户访问，同时也可管理内部用户访问因特网的权限。防火墙的原理是采用过滤技术过滤网络通信，允许授权的通信通过防火墙。其目的如同一个安全门，既为门内的内网用户访问外网提供安全，也对门外的外网用户访问内网进行控制。防火墙能保护站点不被任意链接，能通过跟踪工具记录企图进行的链接信息、通信量以及试图闯入者的日志。防火墙也有其致命弱点，如不能消灭攻击源、无法预防网络内部的攻击、对合法开放端口的攻击无法阻拦、对大多病毒攻击无能为力。

2. 防火墙的功能

防火墙应该具有以下功能：所有进出网络的通信流都应该通过防火墙；所有穿过防火墙的通信流都必须有安全策略的确认与授权。

防火墙对流经它的网络通信进行扫描，这样能够过滤掉一些攻击。防火墙还可以关闭不使用的端口，而且还能禁止特定端口的流出通信，封锁特洛伊木马病毒。它可以禁止来自特殊站点的访问，从而防止来自不明入侵者的所有通信。从网络角度看，防火墙是安装在两个网络之间的一道栅栏，根据安全计划和安全策略中的定义来保护安全等级高的网络。

防火墙具有很好的保护作用。入侵者必须首先穿越防火墙的安全防线，才能接触目标计算机。防火墙能保护站点不被任意连接，甚至能通过跟踪工具，帮助总结并记录有关正在进行的连接信息、记录通信量及试图闯入者的日志。

3. 防火墙的分类

根据防火墙的逻辑位置和在网络中的物理位置及其所具备的功能，可以将其分为两大类，即基本型防火墙和复合型防火墙。基本型防火墙包括“包过滤型”防火墙和“应用型”防火墙。复合型防火墙将以上两种基本型防火墙结合使用，主要包括“主机屏蔽”防火墙和“子网屏蔽”防火墙。防火墙可根据是否需要专门的硬件支持分为硬件防火墙和软件防火墙。现在常用的防火墙软件有天网防火墙、瑞星防火墙等，另外Windows本身也带有防火墙。

（1）“包过滤型”防火墙可以用一般的路由器来实现，特点是实现容易、代价较小，但无法有效地区分同一IP地址的不同用户，因此安全性较差。

（2）“应用型”防火墙，又称双宿主机网关防火墙，它采用协议代理服务来实现。其特点是易于建立和维护，造价较低，比过滤防火墙更安全，但缺少透明性。

（3）“主机屏蔽”防火墙是由一个应用型防火墙和一个过滤路由器混合组成的。其优点是有两道防线，因此安全性好，但对路由器的设置要求较高。

（4）“子网屏蔽”防火墙是由两个过滤防火墙和一个应用型防火墙共同组成的。它是最安全的一种防火墙体系结构；但实现的代价也高，且不易配置，网络的访问速度也要减慢，其费用也明显高于其他几种防火墙。

1.4.3 计算机病毒的防治

计算机病毒（Computer Virus）在《中华人民共和国计算机信息系统安全保护条例》中有明确的定义，计算机病毒是指“编制者在计算机程序中插入的破坏计算机功能或者破坏数据，影响计算机使用并且能够自我复制的一组计算机指令或者程序代码”。一般情况下，计算机病毒是一个隐藏在外存而且具有破坏性的小程序，一段可执行代码。计算机病毒主要破坏信息的完整性和可用性。

1. 计算机病毒的危害

计算机病毒对计算机的危害很大，它不仅影响计算机运行速度，而且还有可能删除操作系统文件和用户文件，更有甚者会导致整个系统崩溃。计算机病毒的危害具体表现在：

（1）浪费系统资源

它可以在计算机内部反复地自我繁殖和扩散，抢占内存，导致内存减少，以致部分软件不能正常运行，影响计算机系统的工作，浪费系统资源。

（2）破坏数据

病毒会格式化磁盘，破坏文件分配表和目录区，删除特定的执行文件或数据文件，用无意义的垃圾数据改写文件，破坏 CMOS 设置使系统不能启动或信息丢失等。

（3）非法占用磁盘空间

例如，引导型病毒侵占磁盘引导扇区，文件型病毒通过 DOS 功能调用检测磁盘未用空间，大量写入病毒，病毒不断复制，使得磁盘上的存储空间不断减少，造成磁盘空间严重浪费。

（4）破坏硬件

如 CIH 病毒，既可以破坏软件，又可以破坏硬件，造成的不良后果更加严重。

2. 计算机病毒的特征

计算机病毒的破坏力不在于病毒程序的大小，而取决于病毒的再生机制。计算机病毒的本质是非授权的程序加载，其主要特征如下：

（1）可执行性

计算机病毒是一段可执行的指令代码，既可以是二进制代码，也可以是脚本，既可以直接执行，也可以间接执行。

（2）寄生性

狭义的计算机病毒通常不是一个完整的程序，大多数病毒将自身附着在已经存在的程序上，并将其代码插入该程序，就像生物界中的寄生现象。被寄生的程序称为病毒载体，当病毒载体程序执行时，该病毒也被执行，病毒就起破坏作用，而在未启动这个程序之前，它是不易被人发觉的。现在某些病毒本身就是一个完整的程序，特别是广义病毒中的网络蠕虫。

（3）隐蔽性

计算机病毒为了获得有效的扩散，都能利用操作系统的弱点将自己隐藏起来。如把自己的名字改成系统的文件名，或与系统文件名相似，这样在运行时用户就不易发现它是个病毒文件，从而达到隐蔽的目的。由于计算机病毒具有很强的隐蔽性，有的可以通过病毒软件检查出来，有的根本就查不出来，有的时隐时现、变化无常，这类病毒处理起来通常很困难。

（4）潜伏性

潜伏性是指病毒在相当一段时间里，虽然它在外存（硬盘、U 盘等）中已经存在但一般并不随时发作，使用户难以察觉，只有当达到某个特定条件和时机或受其他条件的激发时才执行恶意代码。病毒可以在几周或几个月内进行传播和再生而不被发觉。有些病毒像定时炸弹一样，让它什么时间发作是预先设计好的。

（5）可触发性

计算机病毒的内部往往有一种触发机制，不满足触发条件时，计算机病毒除了传染外不做什么破坏。计算机病毒因某个事件或数值的出现，诱使病毒实施感染或进行攻击的特性称为可触发性。为了隐蔽自己，病毒必须潜伏，少做动作。如果完全不动，一直潜伏的话，病毒既不能感染也不能进行破坏，便失去了杀伤力。病毒既要隐蔽又要维持杀伤力，它必须具有可触发性。病毒具有预定的触发条件，这些条件可能是时间、日期、文件类型或某些特定数据等。病毒运行时，触发机制检查预定条件是否满足，如果满足，启动感染或破坏动作，使病毒进行感染或攻击；如果不满足，使病毒继续潜伏。

（6）欺骗性

病毒首先要能执行才能进行传染或者破坏，所以它必须在计算机上获得可执行的权限。要获得可执行的权限，就必须通过用户运行，或者通过系统直接运行。因此，病毒设计者通常把病毒程序的名字起成用户比较关心的名字，达到欺骗用户的目的。有些计算机病毒还能隐藏它对计算机文件或引导扇区的修改，当程序读这些文件或扇区时，这些文件或扇区表现的是未被修改的原貌，其目的是欺骗反病毒程序，使其认为这些文件或扇区并未被修改。

（7）传染性

计算机病毒都有很强的再生机能，一接触就会被传染，传染性是病毒的基本特征。判断一个计算机程序是否为病毒，一个最主要的依据就是看它是否具有传染性。传染是计算机病毒生存的必要条件，它总是设法把自己复制并添加到其他程序中。病毒一旦依附在当前运行的程序上，便开始扩散，很快就会传播到整个计算机系统。计算机病毒可通过各种可能的渠道（如硬盘、移动硬盘、U 盘、计算机网络）去传染其他的计算机。

（8）破坏性

大多计算机病毒的目的是要破坏计算机系统，主要表现在占用系统资源、破坏文件的完整性（增、删、改、移），甚至破坏硬件，干扰计算机系统运行，严重时会使整个计算机系统瘫痪。传染性和破坏性是计算机病毒最为显著的特征。

（9）衍生性

既然病毒只是一段特殊的程序，那么了解病毒程序的人就可以根据其个人意图随意改动，从而衍生出另一种不同于原版病毒的新病毒。这种衍生出来的病毒可能与原病毒有很相似的特征，因此被称为原病毒的一个变种。

3. 积极预防计算机病毒的侵入

积极预防计算机病毒的侵入是防治计算机病毒的关键，预防应从加强管理和采取技术措施两方面入手。

（1）加强管理

①不要上一些不太了解的网站、不要执行从 Internet 下载后未经杀毒处理的软件。

②不要使用来历不明的软件或程序及移动存储介质，除非经过彻底的病毒检测。

③不要使用非法复制或解密的软件。

④不要轻易让其他用户使用自己的计算机系统。

⑤对于硬盘上的重要信息要经常备份，以便系统被病毒破坏后能及时恢复。

⑥不要在计算机上玩盗版游戏。

⑦在接到来历不明的电子邮件时，不要轻易打开。

⑧经常利用各种病毒检测软件对硬盘做相应的检查，以便及时发现和消除病毒。

⑨网络上的用户要遵守网络软件的使用规定，不要随意使用外来的软件。

（2）技术措施

①有条件的计算机最好装上防病毒卡。监视系统的各种异常情况，以防病毒的侵入。

②安装杀病毒软件。在系统启动时自动启动其中的实时监控功能，每时每刻监控计算机系统，一旦有病毒侵入，就进行报警或自动清除。

③安装防火墙软件。它是一种实时过滤系统，不但可以实时地保护用户的计算机不受来自本地和远程病毒的侵害，还能防治本地系统的病毒向网络或其他介质扩散。另外，由于网络的迅速发展，用户电脑面临黑客攻击的问题也越来越严重，因此，安装防火墙软件更有必要。一般将安全级别设为中、高，这样才能有效地防止网络上的黑客攻击。

④经常升级安全补丁。据统计，有80%的网络病毒是通过系统安全漏洞进行传播的，像蠕虫王、冲击波、震荡波等，所以我们应该定期到微软网站去下载最新的安全补丁，以防患于未然。

⑤使用复杂的密码。有许多网络病毒就是通过猜测简单密码的方式攻击系统的，因此使用复杂的密码，将会大大提高计算机的安全系数。

⑥关闭或删除系统中不需要的服务。默认情况下，许多操作系统会安装一些辅助服务，如FTP客户端、Telnet和Web服务器。这些服务为攻击者提供了方便，而又对用户没有太大用处，如果关闭或删除它们，就能大大减少被攻击的可能性。

⑦隔离被病毒感染的计算机。当用户的计算机发现病毒或异常时应立刻断网，以防止计算机受到更多的感染，或者成为传播源，再次感染其他计算机。

⑧了解一些病毒知识。这样就可以及时发现新病毒并采取相应措施，在关键时刻使自己的计算机免受病毒破坏。如果能了解一些注册表知识，就可以定期看一看注册表的自启动项是否有可疑键值；如果了解一些内存知识，就可以经常看看内存中是否有可疑程序。

4. 发现病毒及时清除

尽管我们采取了各种各样的预防措施，但计算机病毒有时还会乘虚而入。对于一个感染病毒的计算机系统来说，发现病毒越早越好，以便及时清除，减少病毒的危害。

现在最常用的清除病毒的方法是采用杀毒软件对病毒自动检测和清除。目前，国内较为流行的病毒检测和杀毒软件有瑞星杀毒、江民杀毒、金山毒霸、诺顿、360等，它们可以对磁盘上的多种计算机病毒进行诊断和清除。在进行杀毒时应该注意以下几点。

（1）在杀毒前，先要备份重要的数据文件

万一杀毒失败，用户还有机会将计算机恢复原貌，然后再用杀毒软件对数据文件进行修复。

(2) 很多病毒都可以通过网络中的共享文件夹进行传播

计算机一旦感染病毒应立即断开网络，再进行病毒检测和清除，从而避免病毒大范围传播，造成更严重的危害。

(3) 有些病毒专门针对 Windows 操作系统的漏洞

杀毒完成后，应及时给系统打上补丁（系统更新），防止重复感染。

(4) 升级杀毒软件的病毒库

第 2 章

Windows 7 操作系统

操作系统主要用于控制和管理计算机的硬件与其他软件资源。Windows 系列的操作系统是应用最广泛的操作系统，大多数计算机都选择安装 Windows 操作系统。本章将介绍 Windows 系统中的 Windows 7 操作系统的基础知识和基本操作。

本章学习目标：

- 了解 Windows 7 操作系统的特点和安装方法；
- 熟悉 Windows 7 操作系统的桌面、任务栏设置；
- 熟悉窗口、菜单的工具栏及对话框；
- 熟练掌握文件及文件夹的基本操作；
- 掌握控制面板中常用功能及设置方法。

2.1 安装 Windows 7

1. 版本选择

Windows 7 是微软公司开发的一套操作系统，微软 2009 年 10 月 22 日在美国，并于第二天在中国正式发布。Windows 7 可供家庭、商业工作环境及多媒体中心的台式机、笔记本电脑、平板电脑等使用。

Windows 7 共分为 6 个版本，分别为 Windows 7 Starter（简易版）、Windows 7 Home Basic（家庭普通版）、Windows 7 Home Premium（家庭高级版）、Windows 7 Professional（专业版）、Windows 7 Enterprise（企业版）、Windows 7 Ultimate（旗舰版）。

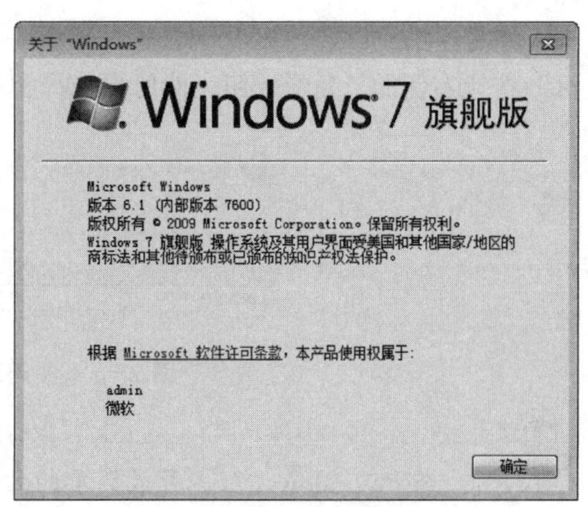

图 2-1 Windows7 版本号

Windows 7 Home Premium 和 Windows 7 Professional 是用户群体比较大的两个版本，本书以 Windows 7 Ultimate 为蓝本介绍 Windows 7，为了简化叙述，以后正文中常常将

Windows 7 Ultimate（旗舰版）简称 Win 7。

2. 硬件配置

微软公布的 Win 7 操作系统最低的硬件配置如表 2－1 所示。

表 2－1　Win 7 的最低系统硬件配置

硬件	配置要求
CPU	1GHz 处理器（32 位或 64 位）
内存	1GB RAM（32 位）或 2GB RAM（64 位）
硬盘	16GB 可用硬盘空间（32 位）或 20GB 可用硬盘空间（64 位）
图形设备	WDDM1. 0 驱动程序（DirectX9）

如果系统满足安装要求，用户就可以根据提示，进行操作系统的安装了，这里不做详细介绍。

2. 2　Windows 7 的基本操作

2. 2. 1　Windows 7 的启动与退出

1. Windows 7 的启动

对于已安装了 Windows 7 操作系统的计算机，接通计算机的外接电源及显示器电源，打开计算机主机电源，计算机将自动启动 Windows 7 操作系统。

2. 注销和关闭

如果需要关闭 Windows 7 操作系统，先关闭并保存所有的应用程序后返回桌面状态，单击屏幕左下角的“开始”按钮，在弹出的“开始”菜单中单击“关机”按钮即可。

如需注销或重启计算机，单击“开始”按钮，在弹出的“开始”菜单中选择“关机”按钮右侧的三角形按钮，然后再选择相应的命令，如图 2－2 所示。

图 2－2　关闭及注销计算机

查看Windows 7版本号最简单的方法是：1.在“运行”栏里运行“winver”命令查看。2.在文件夹窗口“帮助”菜单中单击“关于Windows（A）”查看，如图2–1所示。

2.2.2　Windows 7 的桌面基本元素

桌面是用户启动计算机并成功登录到 Windows 7 操作系统后显示的整个屏幕界面。用户在电脑上完成的操作大部分都是在桌面上进行的，如图 2-3 所示。桌面上主要由三部分组成：桌面背景、桌面图标和任务栏。

图 2-3　Win 7 初始桌面

1. 自定义桌面图标

由于初始桌面上只有一个“回收站”，在日常工作中极为不便，用户可以通过自定义桌面，将常用的图标显示在桌面上，具体操作如下。

①右击桌面空白处，在弹出的快捷菜单中选择“个性化”命令。

②单击“更改桌面图标”链接，打开“桌面图标设置”对话框。

③在“桌面图标”选项卡中，选择需要显示的图标名称前的复选框，如图 2-4 所示。

④单击“确定”按钮，即可在桌面上显示选中的图标。

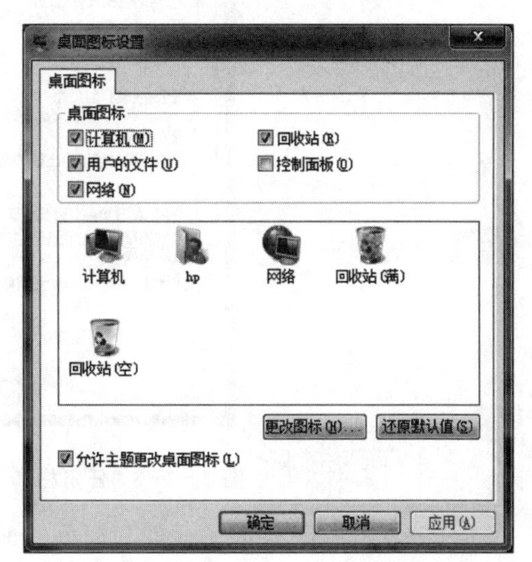

图 2-4　“桌面图标设置”对话框

2. 任务栏

默认情况下，任务栏位于桌面底部。它有 4 个主要部分：“开始”按钮、快速启动区、程序按钮区和通知区域。用鼠标拖动任务栏，可以把任务栏移到桌面的其他边缘上。把鼠标移到任务栏的边缘，当鼠标变成双向箭头“↕”形状时，拖动边缘可以调整任务栏的宽度。

(1) 把程序锁定到任务栏

用户可以将常用的程序直接锁定到任务栏，以便快速方便地打开该程序，而无须在“开始”菜单中查找该程序。具体步骤如下：

①如果此程序正在运行，则右键单击任务栏上此程序的按钮可以打开快捷菜单，然后单击“将此程序锁定到任务栏”即可，如图2-5所示。

②如果此程序未运行，打开“开始”菜单，找到此程序的图标，右键单击此程序图标，然后单击“锁定到任务栏（K）”命令即可，如图2-6所示。

图2-5 打开程序锁定到任务栏

图2-6 从“开始”菜单锁定到任务栏

（2）设置任务栏

右击任务栏的空白处，在弹出的快捷菜单中选择“属性”命令打开如图2-7所示的“任务栏和「开始」菜单属性”对话框，在此对话框的“任务栏”选项卡可以对任务栏进行详细设置。

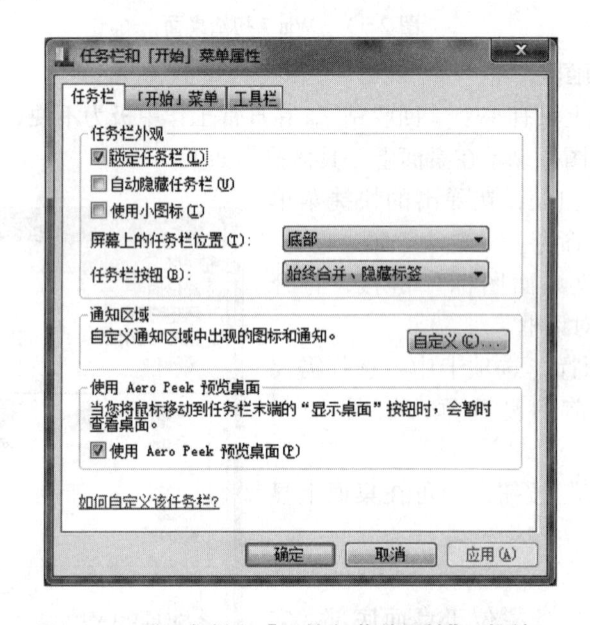

图2-7 “任务栏和「开始」菜单属性”对话框

任务栏的右侧显示了日期与时间，时间的左侧有个白色小三角形按钮，单击后，将弹出一个列表，显示隐藏的正在运行的程序。时间的右侧有一个小长方形区域，为“显示桌面”按钮，单击后，将所有的窗口最小化，只显示桌面。

3. “开始”菜单

“开始”菜单是计算机程序、文件夹、系统管理和设置的主门户。“开始”菜单中几乎包含了电脑中所有常用的应用程序，如图2-8所示。

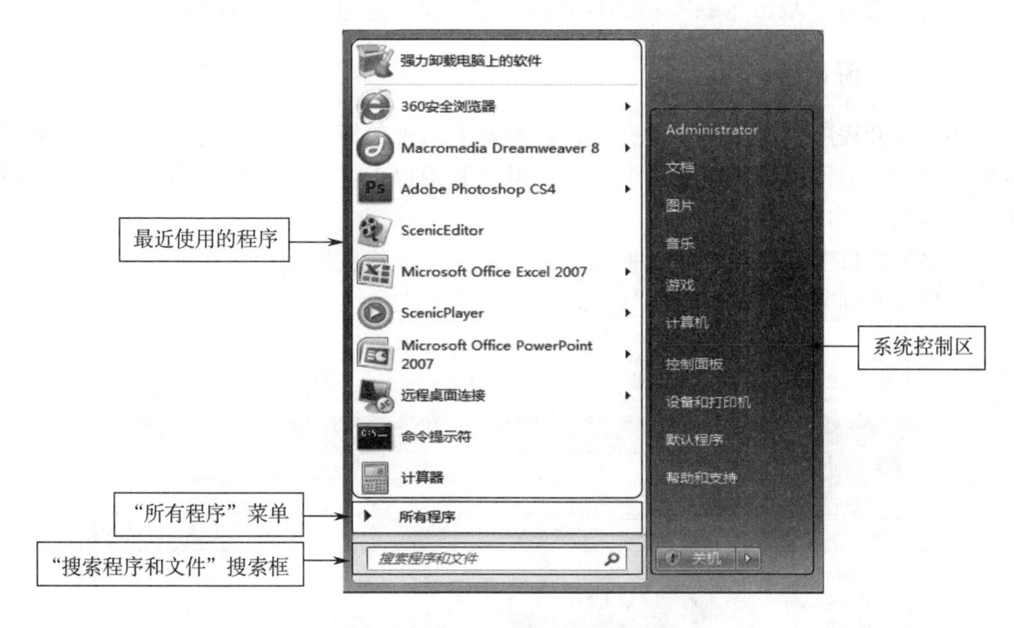

图 2-8 "开始"菜单

4. 桌面背景及主题

说到 Win 7，不能不提到其精美的桌面背景，用户可以根据自己的爱好自由修改，操作步骤如下：

①右击桌面空白处，在弹出的菜单中选择"个性化"命令。

②打开"个性化"窗口，选择中间列表中的主题方案，或选择主题下方的桌面背景、窗口颜色、声音的链接等进行设置。

③对于自定义的桌面背景、窗口颜色、声音的设置，需要单击"保存修改"按钮，完成设置，如图 2-9 所示。

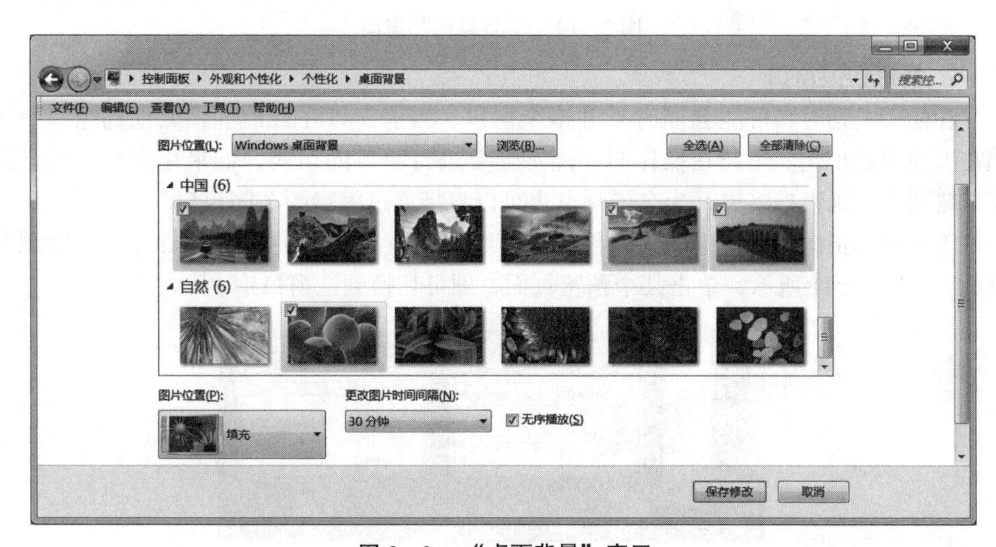

图 2-9 "桌面背景"窗口

④若要选用“Aero 主题”中的样式，只需要单击主题方案所对应的图标即可。

2.2.3　窗口操作

用户打开程序、文件或文件夹时，在屏幕上出现的矩形界面称为窗口。用户可以同时启动多个应用程序，打开多个窗口，但只有用户正在使用的窗口是活动窗口，该窗口称为当前窗口。

大多数窗口由标题栏、控制按钮、菜单栏、地址栏、搜索栏、快捷区域、导航窗格、工作区和细节窗格等组成，“计算机”窗口如图 2－10 所示。

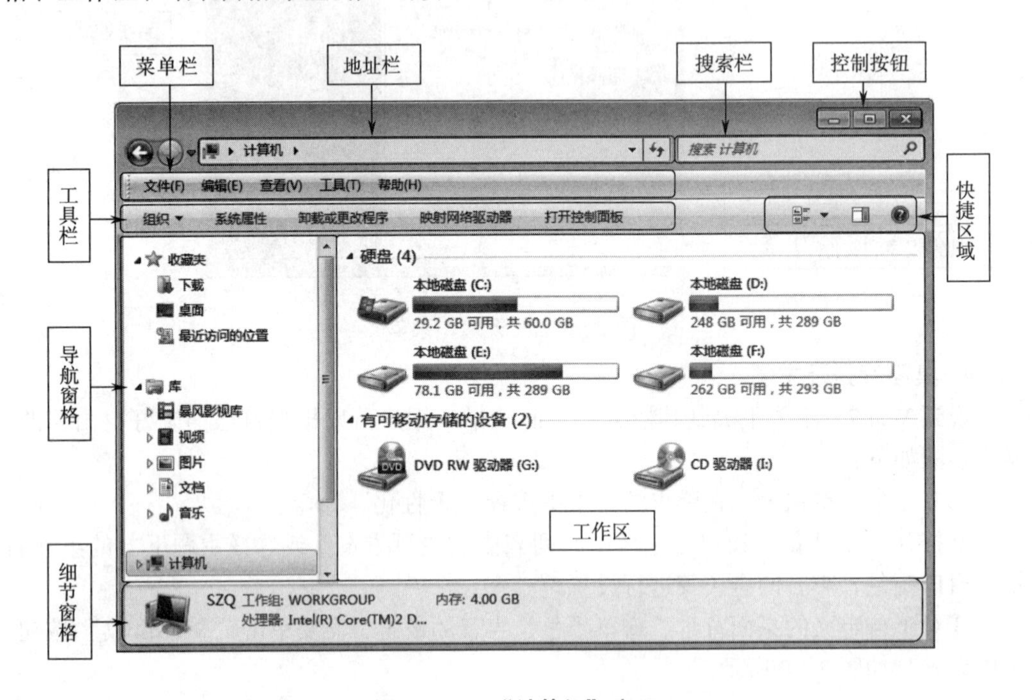

图 2－10　“计算机”窗口

1. 快速切换窗口

在使用电脑时，可能会同时打开多个窗口，当前窗口在最前面，其他的窗口会被挡在下面或最小化。用户在操作时，经常需要进行窗口的切换，如果用户将鼠标悬停在缩略图上，则窗口将展开为全屏预览也可以直接通过缩略图关闭窗口。

①当鼠标指向任务栏中的窗口图标时，将显示其中包含的所有已打开窗口的预览页面，如图 2－11 所示，单击某个预览页面，即可切换到该窗口中。

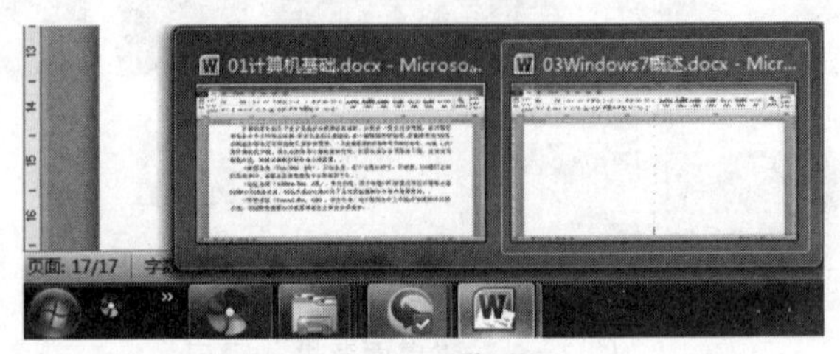

图 2－11　预览页面

②按“Alt + Tab”组合键，此时将弹出窗口图标方块，按住 Alt 键不放，每按一次 Tab 键，就会跳转一个窗口缩略图。当方块移动到需要的窗口缩略图时，松开 Alt 键，即可打开相应的窗口。

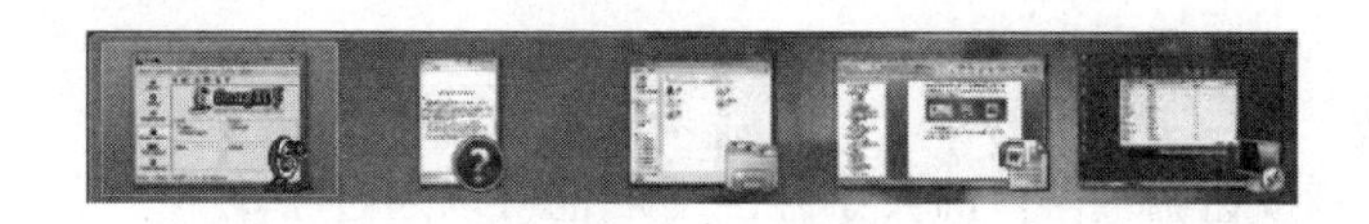

图 2 - 12 窗口图标方块

2. 工作区显示方式和效果设置

当用户打开一个窗口后，可能看到工作区对象的显示方式和效果是不尽相同的。用户可以通过“查看”和“排序方式”命令进行设置。“查看”方式有超大图标、大图标、中等图标、小图标、列表、详细信息、平铺和内容等。“排序方式”有名称、修改日期、类型和大小等（不同文件夹有所区别），每种排序方式都可以选择递增或递减排序。

①右击窗口工作区的空白区域，在弹出的快捷菜单中选择“查看”命令，就会弹出如图 2 - 13 所示的级联菜单，在其中单击选择自己所需的查看方式即可。

②在图 2 - 13 中，选择“排序方式”命令，在弹出的级联菜单中单击选择自己所需的排序方式即可，如图 2 - 14 所示的“名称”、“递增”。

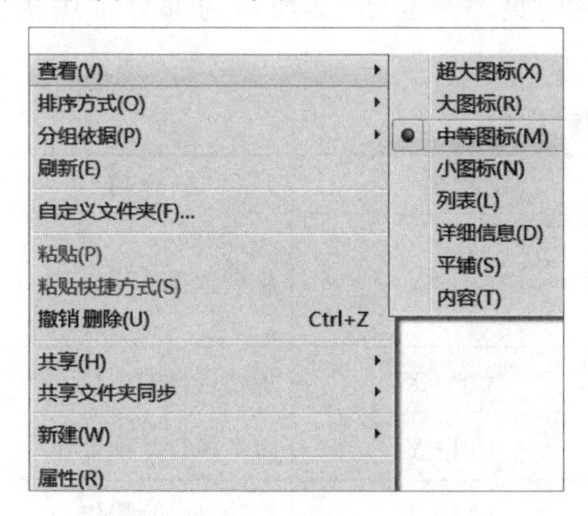

图 2 - 13 “查看”级联菜单

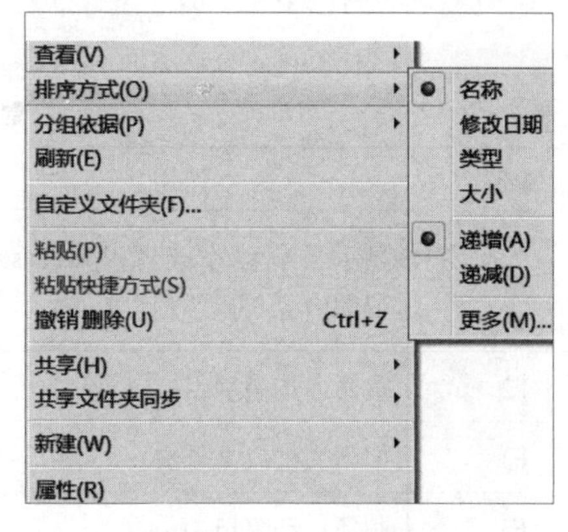

图 2 - 14 排序方式

3. 移动窗口

在窗口没有最大化时，窗口的位置是可以随意移动的。如果要移动窗口，请将鼠标指针移至其标题栏，鼠标指针变成“ ”形状，此时按住鼠标左键不放，将窗口拖动到合适的位置释放鼠标左键即可。

4. 调整窗口

用户可以根据需求对窗口大小进行随意调整。调整窗口有以下几种方法。

（1）通过控制按钮调整

利用窗口右上方的控制按钮可以调整窗口的大小。具体方法如下：

①单击“最小化” 按钮，窗口从桌面消失，最小化的窗口将以图标按钮的形

式缩放到任务栏的程序按钮区。单击该图标，这个窗口重新恢复到原始大小。

②单击“最大化” 按钮或双击该窗口的标题栏，窗口会展开，占满整个屏幕。此时，最大化按钮就变成了“向下还原” 按钮，单击该按钮或双击该窗口的标题栏，窗口又恢复到原始大小。

（2）手动调整

除了用控制按钮调整窗口的大小外，用户也可以通过手动的方式调整窗口的大小。要调整窗口的大小，首先将鼠标移至窗口的任意边框或角，当鼠标指针变成双箭头时，按住鼠标左键拖动边框或角即可缩小或放大窗口，如图 2－15 所示。

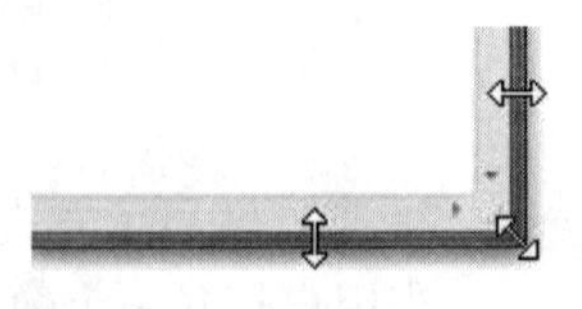

图 2－15 调整窗口大小

（3）智能调整

在 Win 7 中，有许多智能设置。用鼠标左键按下窗口的标题栏，当向桌面的左右两边靠近时，窗口会分别扩大到整个桌面屏幕的左半面和右半面；当向桌面的上边靠近时，窗口会最大化到整个桌面屏幕；当拖动窗口移向桌面中心时，窗口恢复原始大小。

5. 快捷键

在Windows 系统中，可以用键盘上的单键或组合键，根据特定的按键顺序完成一些特定的功能，这就是快捷键。用户可以通过键盘，利用快捷键打开、关闭和导航“开始”菜单、桌面、菜单、对话框以及网页等。表 2－2 所示为部分常用快捷键。

表 2－2 常用快捷键

键名	作用	键名	作用
F1	显示当前程序或者 Windows 的帮助内容	Ctrl + V	粘贴选择的项目
F2	重命名选中项目	Ctrl + X	剪切选择的项目
F3	搜索文件或文件夹	Ctrl + Y	重新执行某项操作
F5	刷新活动窗口	Ctrl + Z	取消上一步操作
Esc	取消当前任务	Ctrl + Alt + Delete（Del）	在系统中打开任务管理器
Delete（Del）	删除选择项目	Alt + F4	关闭活动项目或退出活动程序
Ctrl + A	选择文档或窗口下的所有项目	Alt + Tab	在打开的项目间切换
Ctrl + C	复制选择的项目	Shift + Delete（Del）	完全删除选择的项目

2.3 文件管理与应用

2.3.1 文件和文件夹的概念

1. 文件

文件是具有名称并存储在存储介质上的一组相关信息的集合，是操作系统用来存储和管理信息的基本单元。计算机系统中的源程序、可执行程序、数据等都以文件的形式存储在外部存储器上。文件可以是文本文档、图片、程序以及其他形式的数据等。

（1）文件名称

在计算机中，文件是按其名称存取的。文件名称是每个文件所特有的名字，用来区别于其他文件，文件名称通常简称为文件名。

（2）文件命名规则

文件名由文件主名和扩展名组成，文件主名和扩展名之间必须用分隔符半角圆点“.”隔开，格式为：<文件主名>. <扩展名>。

在 Windows 操作系统中，文件主名和扩展名必须使用合法的字符，如汉字、26 个英文字母、数字和特殊符号等为合法字符。非法字符包括“/ \ : * ? " < > |（英文符号）”等。

Windows 操作系统支持长文件名，其长度（包括扩展名）可达 255 个字符，并且文件主名中可以使用空格；扩展名一般由 1 ~ 4 个合法字符组成，但一般不使用空格。Windows 文件名可以使用多个分隔符，但只有最后一个分隔符“.”后面的部分是扩展名，例如，在“Hebei. China. docx”文件名中的“docx”是扩展名。文件扩展名是操作系统用来标志文件类型的一种机制，一般用户不需要自己命名，只是使系统知道打开这个文件时用哪种软件运行。

（3）文件属性

文件设置了“只读”、“隐藏”和“存档”3 种属性，可以在文件名上右击，在弹出的快捷菜单中选择“属性”选项，在打开的文件属性对话框中进行设置。

2. 文件夹

文件夹建立在磁盘上，是可以在其中存储各种文件或文件夹的容器，磁盘根目录（用“\”表示）中存有若干个文件和若干个文件夹。文件夹中还可以包含若干个文件夹和若干个文件，被包含的文件夹通常称为“子文件夹”。在同一文件夹下，不允许有相同名称的子文件夹或文件；在不同文件夹下，可以有相同名称的子文件夹或文件；具有包含关系的文件夹可以同名。

2.3.2 文件和文件夹的操作

Windows 操作系统中进行的所有操作中，最重要和频繁的操作是对文件与文件夹的操作，包括新建、重命名、移动、复制、删除、显示隐藏文件等。

1. 新建文件夹或文件

创建新的文件和文件夹的方法有许多种，其中最常用的方式是通过右键快捷菜单新建文件和文件夹。下面以新建一个文本文件的方法进行说明，具体操作如下：

①打开要新建文件所在的文件夹或磁盘。

②在空白处右击，在弹出的快捷菜单中选择“新建”→“文本文档”命令，如图2－16所示。

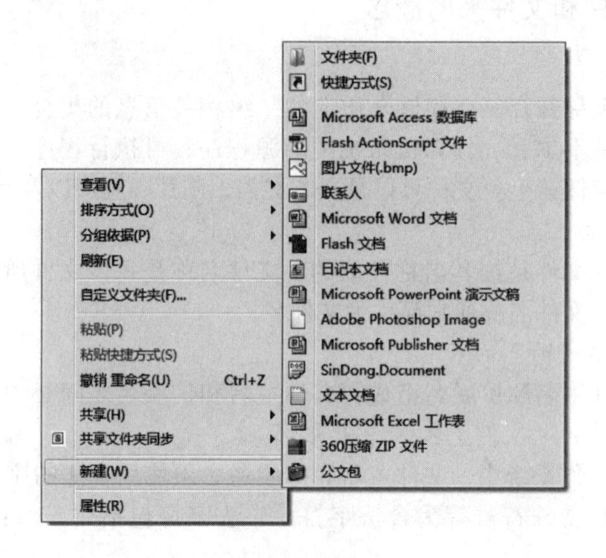

图2－16 新建文件

③此时，在窗口中显示一个默认名称为“新建文本文档”的文件。名称可进行编辑，输入一个名称，按Enter键确认即可。

2. 重命名

建立好的文件和文件夹，在日后管理的过程中，可能会对已有的文件和文件夹进行重命名操作，可以通过以下三种方法来实现。

①选择需要更名的文件或文件夹，右击在弹出的快捷菜单中选择“重命名”命令，修改名称后按Enter键确认即可。

②选择需要更名的文件或文件夹，单击文件或文件夹名称后修改名称，按Enter键确认即可。

③选择需要更名的文件或文件夹，按“F2”键后修改名称，然后按Enter键确认即可。

3. 移动、复制文件和文件夹

复制文件或文件夹是指在保留源文件或文件夹的同时，在计算机其他位置存放一份它们的副本，用户可以独立于源文件对副本进行修改。移动文件或文件夹是指将文件或文件夹移动到目标文件夹。

（1）鼠标拖动实现复制、移动

打开存放文件或文件夹的源文件夹，再打开要复制到的目标文件夹，并使其都可见。选择要复制的文件或文件夹，然后按住Ctrl键（注意：源文件夹和目标文件夹不属于同一逻辑磁盘时，不需要按住Ctrl键），按住鼠标左键不放拖动源文件或文件夹到目标文件夹窗口，然后释放鼠标即可完成复制操作。

移动文件或文件夹的方法与复制文件或文件夹的方法类似，通过拖动的方法实现同一逻辑磁盘上文件或文件夹的移动时，不需要像复制那样按住 Ctrl 键，而是直接拖动即可；若要把某一逻辑磁盘上的文件或文件夹利用拖动的方法移动到另一个逻辑磁盘时，必须先按住 Shift 键，然后再拖动。

(2) 通过命令实现复制、移动

选中需要操作的文件和文件夹，右击，在弹出的快捷菜单中选择“复制”或“剪切”命令（或按下 Ctrl + C 复制快捷键/Ctrl + X 剪切快捷键）。然后在目标位置窗口中的空白处右击，在弹出的快捷菜单中选择“粘贴”命令（或按下 Ctrl + V 键）实现复制或移动操作。

4. 删除文件和文件夹

右击需要删除的文件或文件夹，在弹出的快捷菜单中选择“删除”命令，或选择需要删除的文件或文件夹，按 Delete，此时弹出一个确认删除的对话框，单击“是”按钮，即可将文件或文件夹删除。

5. 搜索

如果用户知道所要查找的目标位于某个特定的磁盘分区或文件夹等位置，就可以使用相应窗口上的“搜索”文本框进行搜索查找了。这样只搜索当前打开磁盘或文件夹中的内容，从而减少搜索范围。如，在“本地磁盘（D:)”中查找与“Windows”相关的信息、在“本地磁盘（F:)”按日期搜索。操作步骤如下：

①在“本地磁盘（D:)”窗口顶部右侧的“搜索”文本框中输入“Windows”。输入后，会对整个本地磁盘（D:）自动搜索，并在窗口下方显示文件中包含“Windows”信息的所有对象，如图 2－17 所示。

图 2－17　搜索“Windows”的信息结果

②在“本地磁盘（F:)”窗口的“搜索”文本框中单击，弹出一个下拉列表，在其中单击“修改日期”弹出“选择日期或日期范围”下拉列表，如图 2－18 右侧所示。单击选择一个日期或日期范围即可按该日期或日期范围进行搜索。

图 2-18 按日期搜索

2.3.3 回收站

回收站是用于收集用户通过普通删除操作删除了的文件或文件夹，实质上是一个特殊的文件夹。回收站中的文件或文件夹将一直被保留着，直到用户将其清空，或将已删除的文件或文件夹还原到原来的位置，也就是说，回收站中的文件或文件夹会占用磁盘的可用空间。

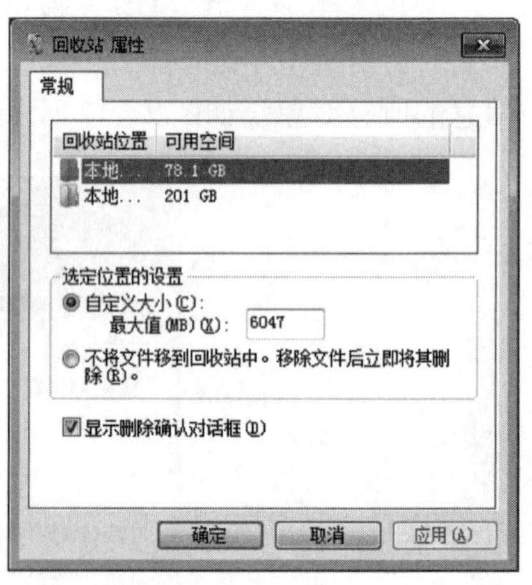

图 2-19 “回收站属性”对话框

1. 设置回收站的大小

用户可以通过设置回收站的大小，合理利用磁盘空间资源。具体操作如下：

①右击桌面的回收站图标，在弹出的快捷菜单中选择“属性”命令。

②在打开的“回收站属性”对话框中，选择需要调整的回收站所在磁盘，如图 2-19 所示。

③在“选定位置的设置”选项组中，设置“自定义大小”选项的最大值数值，然后单击“确定”按钮即可。

所删除的文件或文件夹将被移至回收站。如需完全清除，须按Shift+Delete键，将文件或文件夹直接从计算机中完全清除。

2. 清空回收站

如果要彻底将放在回收站的文件删除，可以清空回收站的内容。只需右击桌面上的“回收站”图标，在弹出的快捷菜单中选择“清空回收站”命令即可。

如果回收站有多个文件，但只需删除其中一个文件，此时需要双击“回收站”图标，打开“回收站”窗口，选中需要删除的文件，按 Delete 键即可。

3. 还原

如发现有用的文件被删除，在回收站内还能找到该文件，可以将其还原到删除前的位置。

打开“回收站”窗口，选中需要还原的文件，单击工具栏中“还原选定的项目”或“还原此项目”按钮即可。

2.4 计算机硬件管理和系统属性

在 Win 7 系统中，内含了大量的硬件驱动程序（通常简称硬件驱动），一般在安装完 Win 7 系统后，相应的驱动程序会自动安装。但也会有 Win 7 所没有内含的硬件驱动，或为了发挥部分硬件的全部性能，需要安装硬件厂商提供的驱动程序。硬件驱动的安装分为即插即用型硬件设备驱动的安装和非即插即用型硬件设备驱动的安装。

2.4.1 安装/卸载即插即用硬件驱动

即插即用英文是 Plug - and - Play，缩写 PnP。一般情况下，即插即用设备只要连接上计算机，系统就会自动地为其安装驱动程序，用户无须进行任何操作，只需等待系统识别该硬件并安装完驱动程序后即可使用，如图 2-20 所示。常见的即插即用设备包括 U 盘、移动硬盘、摄像头、数码相机等。目前，并不是所有通过 USB 进行连接的设备都是即插即用设备。

当即插即用设备使用完成后，要先从系统中卸载后才能拔出，以免损坏设备。以 U 盘为例介绍其具体操作步骤。

①在任务栏的通知区域中单击“显示隐藏的图标”按钮，如图 2-21 所示。

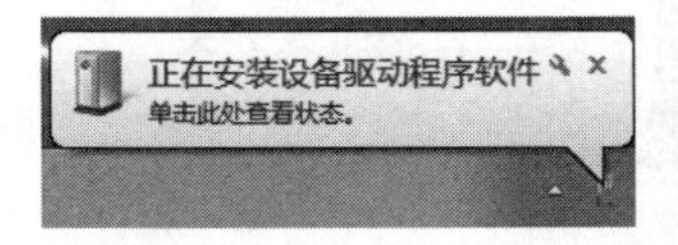

图 2-20 即插即用硬件驱动安装

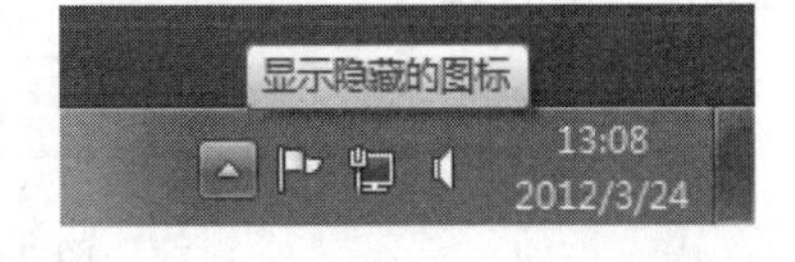

图 2-21 “显示隐藏的图标”按钮

②在弹出的菜单中找到“安全删除硬件并弹出媒体”按钮，右击该按钮，从级联菜单中选择“弹出 Data Traveler”命令，如图 2-22 所示。

③当弹出如图 2-23 所示的“安全地移除硬件”提示框时，表示 U 盘已被安全移除，此时就可以将 U 盘从 USB 口拔出了。

图 2-22　弹出设备菜单

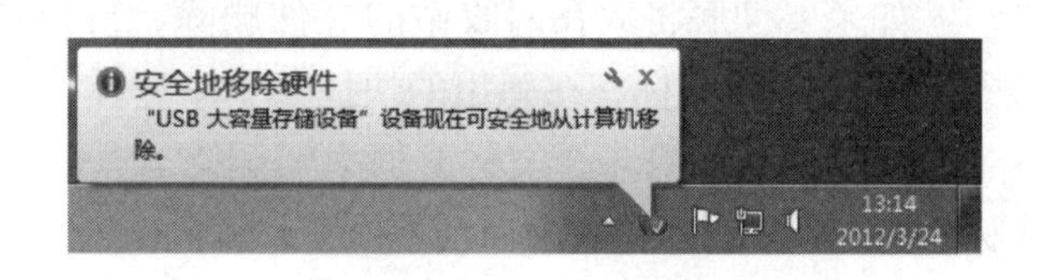

图 2-23　移除硬件提示

2.4.2　安装/卸载非即插即用硬件驱动

非即插即用硬件设备与即插即用硬件设备是相对的，这些硬件设备一般带有与之相匹配的驱动程序光盘（或从网上下载），用户在使用前需要安装这些驱动程序。

卸载非即插即用硬件驱动程序需要在“设备管理器”窗口中进行。以卸载打印机设备为例，具体操作步骤如下：

①在桌面上右击“计算机”图标，在弹出的快捷菜单中选择“管理”命令，弹出“计算机管理”窗口，如图 2-24 所示。

②在左侧的列表中选择“设备管理器”命令，在中间的窗格中即可显示出计算机中安装的硬件设备相关信息及驱动程序的安装状态，如图 2-24 中间部分所示。

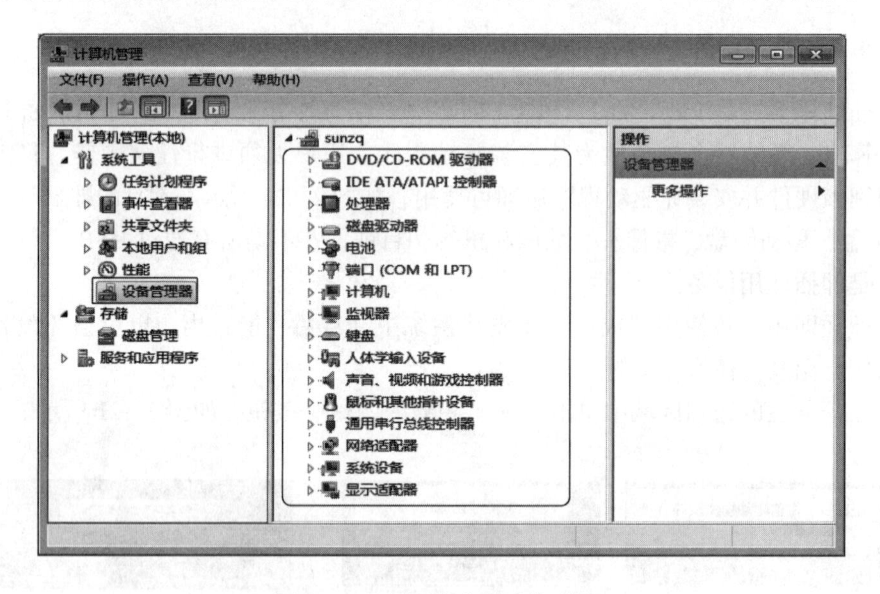

图 2-24　“计算机管理”窗口

③从中找到要卸载的硬件设备名。本例中，首先展开“通用串行总线控制器”，在其子项列表中找到“USB 打印支持”，如图 2-25 所示。

④右击“USB 打印支持”，在弹出的快捷菜单上选择“卸载”，如图 2-26 所示。

⑤接着弹出“确认设备卸载”对话框，单击“确定”按钮即可卸载打印机驱动程序。

图 2-25 “通用串行总线控制器”子项列表

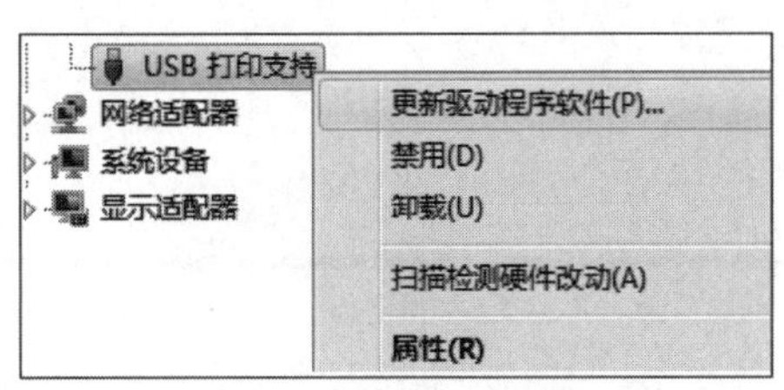

图 2-26 硬件驱动卸载

2.4.3 计算机系统属性

当用户想要了解当前计算机性能和系统配置的详细情况时，可以查看计算机的系统属性。在桌面右击“计算机”图标，在弹出的快捷菜单中选择“属性”命令，打开如图 2-27 所示的“系统”窗口。从中可以看到当前计算机使用的 Windows 版本为“Windows 7 旗舰版”，处理器为“Intel（R）Core（TM）i7 - 3770 CPU E8200 @ 3.4GHz 3.40GHz”，内存（RAM）为“8.00GB”，系统类型为“64 位操作系统”，计算机名为“QLZ”，计算机全名为“QLZ”，计算机描述为“QLZ’s Computer”，工作组为“WORKGROUP”，Windows 已激活其产品 ID 号为“00426 - OEM - 8992662 - 00006”。

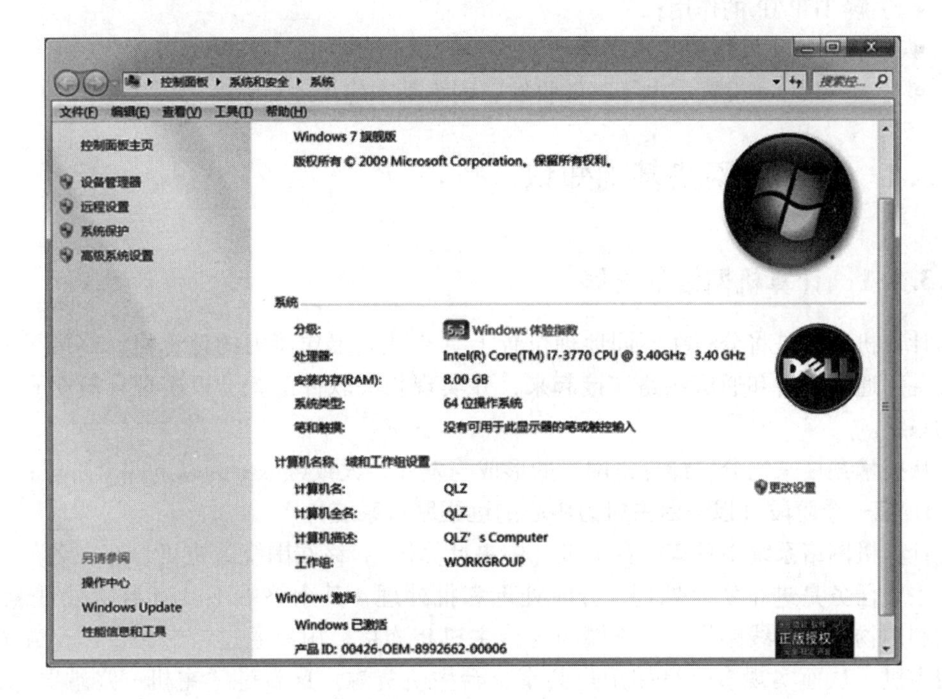

图 2-27 “系统属性”窗口

第3章

Internet 应用

Internet 的中文译名为“因特网”，Internet 将全世界不同的国家和地区、不同类型的计算机通过网络设备连接在一起。Internet 改变了人们的生活方式，它已经成为人类生活、工作、学习、交流不可缺少的一部分。随着科技与信息技术的发展，掌握网络的基本应用已经成为现代人必备的技能。

本章学习目标：

- 了解计算机网络的产生及发展；
- 掌握计算机网络的基本概念及术语；
- 了解 TCP/IP 的作用；
- 掌握计算机网络的基本操作；
- 掌握 Internet 设置、电子邮件收发、网络基本应用。

3.1 计算机网络基础知识

3.1.1 计算机网络的发展

计算机网络是将分布在不同地理位置上具有独立工作能力的计算机、终端及其附属设备用通信设备和通信线路连接起来，并实现相关软件配置，以实现计算机资源共享的系统。

从技术角度来划分，计算机网络的形成与发展，大致可以分为以下四个阶段：

1. 第一个阶段（以一台主机为中心的远程联机系统）

计算机网络系统中只有一台主机（中央计算机），终端围绕着主机分布在各处。主机的主要任务是进行实时处理、分时处理和批处理，其余终端不具有自主处理能力。人们利用物理通信线路将多台终端与这台主机相连接，用户通过终端命令以交互方式使用主机，从而实现多个终端用户共享一台主机资源。这就是“主机—终端”系统，这个阶段的计算机网络又称为“面向终端的计算机网络”，它是计算机网络的雏形。

2. 第二个阶段（多台主机互联的通信系统）

多台主机互联的通信系统是面向资源子网的计算机网络，兴起于 20 世纪 60 年代后期，它利用网络将分散在各地的主机经通信线路连接起来，形成一个以众多主机组成的资源子网，网络用户可以共享资源子网内的所有软硬件资源。最典型的是1969年美国国防部高级研究计划署（ARPA）开发的ARPANET，它标志着计算机网络的发展进入到了一个新纪元，并促使计算机网络的概念发生了根本性变化。ARPANET被认为是Internet的前身。

3. 第三个阶段（国际标准化的计算机网络）

起初，由于各个公司的网络体系结构各不相同，导致不同公司之间的网络不能互联互通。为了实现不同网络互联兼容，ISO（国际标准化组织）于1981年制定并颁布了开放系统互联参考模型（Open System Interconnect，OSI）。

在OSI参考模型推出后，网络发展一直走标准化道路，而网络标准化的过程直接推动了Internet的飞速发展。Internet遵循TCP/IP（传输控制协议/网际协议）参考模型，由于TCP/IP仍然使用分层模型，因此Internet仍属于第三代计算机网络。

4. 第四个阶段（以下一代互联网络为中心的新一代网络）

计算机网络经过三代的发展，创造了巨大的使用价值，表现出了良好的应用前景。进入20世纪90年代，微电子技术、大规模集成电路技术、光通信技术等电子和通信技术不断发展，为网络技术的发展提供了有力支持。网络应用正朝着高速化、实时化、智能化、集成化和多媒体化的方向发展，以下一代互联网络为中心的新一代网络必然成为新的技术热点。目前随着IPv6（Internet Protocol version 6）技术的发展，使人们坚信发展IPv6技术将成为构建高性能、可扩展、可运营、可管理、更安全的下一代网络的基础性工作。曾经独立发展的电信网、闭路电视网和计算机网将合而为一，三网融合后信息孤岛现象将逐渐消失。

3.1.2 计算机网络的分类

计算机网络的分类标准和方法很多，如按传输介质、交换方式、通信方式、服务方式和网络覆盖范围等方法划分。按网络覆盖范围大小划分，可将计算机网络分为局域网（LAN）、城域网（MAN）、广域网（WAN）和互联网（internetwork）。

1. 局域网（Local Area Network，LAN）

局域网是指范围在几米到十几千米内办公楼群或校园内的计算机网络。局域网被广泛应用于校园、工厂及机关，所以它一般属于一个单位所有。学校、教室、办公室，甚至两台计算机就可以组成一个局域网。大多局域网基于“客户机/服务器”结构，客户机和服务器都可以是独立的计算机。决定局域网特性的主要技术因素有：拓扑结构、传输形式（基带、宽带）、介质访问控制方法等。局域网可以与广域网连接，实现与远地主机或远地局部网络之间的相互连接，形成规模更大的网络。

2. 城域网（Metropolitan Area Network，MAN）

城域网所采用的技术与局域网相似，但规模上要大一些，它是位于一座城市的一组局域网。城域网既可以覆盖相距较远的几栋办公楼，也可以覆盖一个城市；既可以是专用网，也可以是公用网；既可以支持数据和语音传输，也可以与有线电视相连。城域网的传输速度比局域网慢，并且由于把不同的局域网连接起来需要专门的网络互联设备，所以连接费用较高。

3. 广域网（Wide Area Network，WAN）

广域网通常覆盖很大的物理范围，如多个城市或国家，并能提供远距离通信，因此对通信的要求高，复杂性也高。广域网是包含很多用来运行用户应用程序的机器集合，我们通常把这些机器叫做主机（Host）。把这些主机连接在一起的是通信子网，通信子网的任务是在主机之间传送报文。在大多数广域网中，通信子网一般都包括两部分：传输信道和转接设备。传输信道用于在机器间传送数据；转接设备是一台专用计算机（广域网交换机，又称为路由器），用来连接两条或多条传输线。

广域网一般采用存储转发方式进行数据交换。也就是说，广域网是基于报文交换或分组交换技术的（传统的公用电话交换网除外）。广域网中的交换机先将发送给它的数据包完整地接收下来，然后经过路径选择找出一条输出线路，最后交换机将接收到的数据包发送到该线路上去，依此类推，直到将数据包发送到目的结点。广域网可以提供面向连接和无连接两种服务模式。对应于两种服务模式，广域网有虚电路和数据报两种组网方式。通常广域网的数据传输速率比局域网低，而信号的传播延迟却比局域网要大很多。除了使用卫星的广域网外，几乎所有的广域网都采用存储转发方式。

广域网通常由两个以上的局域网构成，这些局域网间可以有较长的距离。大型的广域网可以由各大洲的许多局域网和城域网组成。最典型的广域网就是国际互联网（Internet），它由全球成千上万个局域网和城域网组成。在实际应用中，广域网可以与局域网互联，即局域网可以是广域网的一个终端系统，支持局域网与广域网互联的关键设备是路由器。构建广域网，必须按照一定的网络体系结构和相应的协议进行，以实现不同系统的互联和相互协同工作。

4. 互联网

目前世界上有许多网络，而不同网络的物理结构、协议和所采用的标准是各不相同的。如果连接到不同网络的用户需要进行相互通信，就要将这些不兼容的网络通过网关设备连接起来，并由网关完成相应的转换功能。多个网络相互连接构成的集合称为互联网（注意，这里不是指国际互联网 Internet，而是指 internetwork）。互联网的常见形式是多个局域网通过广域网连接起来，从技术角度上讲互联网是一个更大的广域网。随着计算机技术和通信技术的发展，国际互联网（Internet，因特网）应运而生，而且 Internet 发展非常迅速，它是互联网的典型代表。

3.1.3 网络的拓扑结构

网络中各节点连接的形式和方法称为网络的拓扑结构，主要有总线形、星形、环形、树形和网状形 5 种拓扑结构。

1. 总线形拓扑结构

总线形拓扑结构通过一根传输线路将网络中所有节点连接起来，这根线路称为总线，如图 3-1 所示。网络中各节点都通过总线进行通信，在同一时刻只能允许一对节点占用总线通信。其优点是结构简单、电缆长度短、易实现、易维护、易扩充；其缺点是故障检测比较困难，一个地方出问题会影响整条线路。

2. 星形拓扑结构

星形拓扑结构中各节点都与中心节点连接，呈辐射状排列在中心节点周围（点到点），如图3－2所示。网络中任意两个节点的通信都要通过中心节点转接。其优点是连接方便，通信控制比较简单，容易检测和隔离故障，单个节点的故障不会影响到网络的其他部分；其缺点是中心节点的故障会导致整个网络瘫痪，此外，需要的电缆较长，也不容易扩展。

3. 环形拓扑结构

环形拓扑结构中各节点首尾相连形成一个闭合的环，环中的数据沿着一个方向绕环逐点传输，如图3－3所示。环形拓扑结构中，任意一个节点或一条传输介质出现故障，都将导致整个网络的故障。其优点是电缆长度短，抗干扰性能好，尤其适合传输速度高、能抗电磁干扰的光缆使用；其缺点是节点故障会引起全网故障，故障诊断也较困难，且不易重新配置网络。

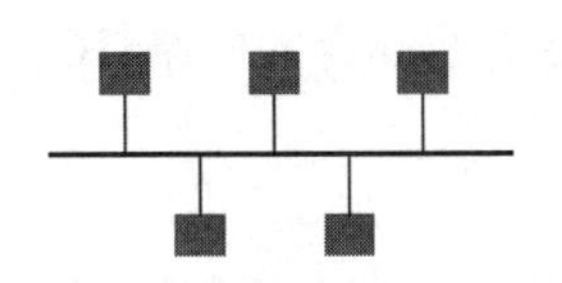

图3－1　总线形拓扑结构

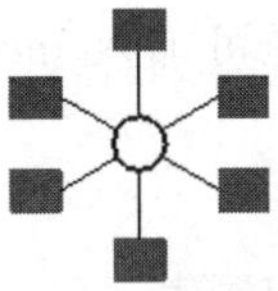

图3－2　星形拓扑结构

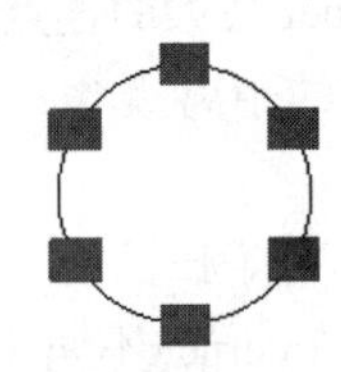

图3－3　环形拓扑结构

4. 树形拓扑结构

树形拓扑结构由总线形拓扑结构演变而来，其结构图看上去像一棵倒挂的树，如图3－4所示。树最上端的节点叫根节点，一个节点发送信息时，根节点接收该信息并向全树广播。树形拓扑结构容易扩展和隔离故障，但对根节点依赖性大。

5. 网状形拓扑结构

网状形拓扑结构又称为无规则形拓扑结构。在网状形拓扑结构中，节点之间的连接是任意的，没有规律，如图3－5所示。其优点是系统可靠性高，故障诊断比较容易，容错能力强；其缺点是结构复杂，安装和维护困难，成本高。目前实际存在和使用的广域网基本上都是采用网状形拓扑结构。

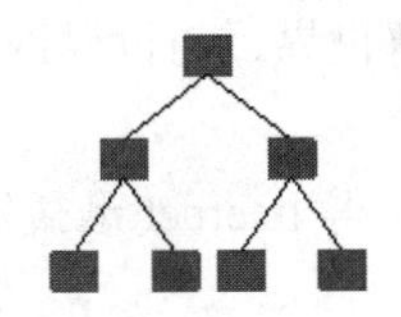

图3－4　树形拓扑结构

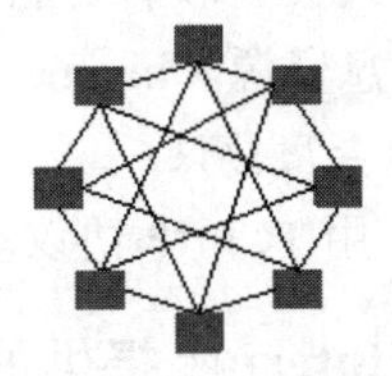

图3－5　网状形拓扑结构

3.2 Internet 概述

3.2.1 Internet 的基本概念及其特点

1. Internet 的基本概念

Internet 是由世界上许多不同计算机网络通过网络互联而构成的特大计算机网络，或者说是“网络的网络”。Internet 通常译为“因特网”，有时也译为“互联网”或“国际互联网”。Internet 是全球的、开放的信息互联网络，世界各地只要是采用开放系统互联协议的计算机都能够互相通信。Internet 是全球最具影响力的计算机互联网，也是世界范围内最重要的信息资源网。

2. Internet 的特点

（1）开放性

Internet 最大的优点就是对各种类型的计算机开放。它没有时间和空间的限制，没有地理上的距离概念，任何人随时随地可加入 Internet，只要遵循规定的网络 TCP/IP 协议。

（2）平等性

整个 Internet 不属于任何个人、任何国家、任何政府或机构，也没有任何固定的设备和传输介质。没有任何一个国家或机构能把整个 Internet 网全部管理起来，Internet 的成员可以自由地接入和退出。Internet 是由许多属于不同国家、部门和机构的网络互联起来形成的网络（网间网）。任何执行 TCP/IP 协议，且愿意接入 Internet 的网络都可以成为 Internet 的一部分，其用户可以共享 Internet 的资源，用户自身的资源也可以向 Internet 开放。

（3）技术通用性

Internet 允许使用各种技术规格的通信媒介（计算机通信使用的线路）。连接 Internet 计算机的电缆包括办公室中构造小型网络的电缆、专用数据线、本地电话线、全国性的电话网络（通过电缆、微波和卫星传送信号）和国家间的电话载体等。

（4）广泛性

Internet 规模庞大，是一个包罗万象的网络，可以包含天文、地理、政治、经济、新闻、时事、人文、教育、科技、购物、农业、气象、医学、军事、娱乐和聊天等，具有丰富的信息资源。Internet 已成为人们走向世界、了解世界、与世界沟通的窗口。

（5）使用专用协议

Internet 使用 TCP/IP 协议。由于 TCP/IP 的通用性，使得 Internet 迅猛发展。

3.2.2 Internet 提供的服务

Internet 上提供的服务种类繁多，通过 Internet 所提供的各种服务，网络用户可以获得分布于 Internet 上的各种信息资源和进行各种信息交流。同时，也可以将自己的信息发布到网上，这些信息也成为网上的资源。Internet 所提供的服务非常广泛且与时俱进，下面介绍几种较为经典的服务。

①万维网WWW（World Wide Web）：一种建立在Internet上的全球性、交互的、动态的、多平台、分布式信息系统网，是一个基于超文本方式的信息检索工具。对WWW的访问是通过一种叫做浏览器（Browser，Web浏览器）的软件来实现的，如Windows自带的IE浏览器。无论用户所需的信息在何处，只要浏览器为用户检索到，就可以将这些信息传输到用户的计算机屏幕上。由于WWW采用了超文本链接，你只需轻轻单击鼠标，就可以很方便地从一个页面跳转到另一个页面。浏览WWW主要采用HTTP协议。

②电子邮件（E-mail）：是Internet应用最广泛的服务，是通过网络进行通信的电子邮件系统。用户先向Internet服务提供商申请一个免费或收费电子邮箱，再利用电子邮件客户端程序（如Microsoft Outlook 2010）在Internet上发送、接收和管理电子邮件。目前大多数ICP（Internet Content Provider）都提供基于Web的E-mail服务，如新浪的免费邮箱服务。

③文件传输（FTP）：可以在两台远程计算机之间进行文件传输。网络上存在着大量的共享文件，获得这些文件的主要方式就是使用FTP。

④搜索引擎（Search Engine）：一个对Internet上的各种信息资源进行搜集整理，然后供用户查询的系统，是一个为用户提供信息“检索”服务的网站。搜索引擎使用专用程序把Internet上的所有信息进行归类，以帮助人们在海量信息中搜寻到所需要的各种信息。

⑤即时通信：即时通信与电子邮件相对应，是一种即时的在线通信方式，可以随时得到对方的回应。与世界各地的人通过键盘、音频、视频等多种方式进行实时交谈，现在大家常用的即时通信软件有QQ、MSN等。

⑥BBS（Bulletin Board System，电子公告板）：Internet最早的功能之一，它早期只是发表一些信息，如股票价格、商业信息等，并且只能是文本形式。而现在，BBS主要是为用户提供一个交流意见的场所，能提供信件讨论、软件下载、在线游戏、在线聊天（一般不包含音频和视频）等多种服务。

⑦博客（Blog）：继E-mail、BBS、QQ、MSN之后出现的一种网络交流方式。Blog的全名应该是Weblog，中文意思是“网络日志”，后来缩写为Blog，而博客（Blogger）就是写Blog的人。个人博客网站就是网民通过互联网发表各种言论的虚拟场所。

⑧电子商务：网上开店和网上购物是互联网作为商务平台的重要体现，商家和网民通过这个平台各取所需共同获益。如，淘宝网（www.taobao.com）就是一个综合的电子商务平台，当当网（www.dangdang.com）和亚马逊（www.amazon.cn）是以网上书店为主的电子商务平台，而携程网（www.ctrip.com）是以电子机票、旅游、酒店等为主的电子商务平台。

⑨在线教育：即网络教育，是随着现代信息技术发展而产生的新型教育模式。网络学校通过网站提供基于网络的课程，学习者可以在任何时间和任何地点学习任何课程的任何章节，同样还可以接受网络学校通过互联网提供的远程实时辅导。

⑩其他服务：其他常用的服务还有远程登录（在因特网上，可以将一台计算机作为另一台主机的远程终端，此服务称为远程登录，即 Telnet）、新闻组、音频视频点播、网络游戏、远程医疗等。

现在，通过网络收听音乐、收看影视作品已经成为一种时尚，这都得益于宽带点播的普及和视频网站的兴起。PPLive 就是一款用于互联网的视频直播软件。

3.2.3 Internet 的接入方式

ISP（Internet Service Provider）是 Internet 服务提供商的简称。由于租用数据专线直接连到 Internet 主干线需要很高的费用，一般用户负担不起，因此一些商业机构先出资架设或租用某一地区到 Internet 主干线路的数据专线，把位于本地区的某台计算机与 Internet 主干线相连，这台计算机就称为“Internet 接入服务器”。这样，本地区的用户就可以通过各种接入方式接入“Internet 接入服务器”，然后通过它间接接入 Internet。用户接入 ISP 专线网线的方法有多种，一般分为拨号接入、专线接入、无线接入和卫星接入 4 种。

1. 拨号接入

电话拨号接入 Internet 是个人用户最早使用的接入方式，也是前几年我国个人用户接入 Internet 使用较多的方式之一。只要具备一条能打通 ISP 特服电话（如 16900、16300 等）的电话线、一个调制解调器（Modem）和一台计算机就可以接入 Internet 了。通过电话线，可以将计算机连入到 ISP、实现间接连入 Internet。由于目前的电话线路使用模拟信号，而计算机只识别数字信号，所以需要一种将计算机和电话线路连接起来的中间设备，即调制解调器。调制解调器将计算机中的数字信号“调制”为模拟信号，同时也能将电话线路的模拟信号“解调”为数字信号。调制解调器有内置式和外置式两种，家庭用计算机一般配置有内置式调制解调器。

2. 专线接入

非对称数字用户环路（Asymmetric Digital Subscriber Line，ADSL）是一种数据传输方式，因为上行（从用户到网络）和下行（从网络到用户）带宽不对称，因此称为非对称数字用户线环路。它采用频分复用技术把普通的电话线分成了电话、上行和下行三个相对独立的信道，从而避免了相互之间的干扰。即使边打电话边上网，也不会发生上网速率和通话质量下降的情况。通常 ADSL 在不影响正常电话通信的情况下可以提供最高 3.5Mbps 的上行速度和最高 24Mbps 的下行速度。

ADSL 接入 Internet，有专线接入和虚拟拨号两种方式。采用专线接入的用户只要开机即可接入 Internet。一般用户现在都采用的是虚拟拨号方式，在接入 Internet 时需要输入用户名和密码。ADSL 就是现在人们常说的“宽带”，实际上与真正的宽带还有一定的差距。

3. 无线接入

无线接入 Internet 分为移动和 Wi - Fi 两种。

（1）移动接入

移动接入是指采用无线上网卡接入 Internet。无线上网卡实际上是无线广域网卡，通过它可以接入无线广域网，如中国移动的 TD - LTE、中国电信的 TD - LTE、FDD - LTE、中国联通的 TD - LTE、FDD - LTE 网络等。无线上网卡的功能相当于有线的调制解调器，它可以在手机信号覆盖的任何地方利用手机的 SIM 卡或 USIM 卡连接到 Internet。无线上网卡常见的接口类型有 PCMCIA、USB 等。

（2）Wi - Fi 接入

Wi - Fi（Wireless Fidelity）是无线局域网（WLAN）的一种技术标准，全球通用。Wi - Fi 技术主要作为高速有线接入技术的补充，利用它并借助有线网络（如 ADSL、社区 LAN 等）可以在一定范围内（一般 Wi - Fi 的半径则可达 95 米，但会受墙壁等影响，实际距离会小一些）构成一个无线局域网（WLAN）并实现无线上网，且不用向 ISP 额外支付网费。

现在大多数笔记本电脑、平板电脑和智能手机都支持 Wi - Fi 上网。Wi - Fi 应用越来越广泛，在宾馆、机场、火车站以及咖啡厅等公共区域都有 Wi - Fi 信号，大都免费使用。当我们去旅游时，就可以在这些场所使用我们的掌上设备尽情网上冲浪了。Wi - Fi最主要的优势在于不受布线条件的限制，因此非常适合移动办公用户的需要。并且由于发射信号功率低于 100MW，低于手机发射功率，所以 Wi - Fi 上网是相对安全健康的。

4. 卫星接入

卫星接入是指用户通过计算机卫星调制解调器、卫星天线和卫星配合便可接入 Internet。使用卫星上网不受地域限制，真正实现了 Internet 的无缝接入；速度比起传统的调制解调器，快上了数十倍到一百多倍，费用也比其他的上网方式要高。

3.2.4 IP 地址、域名和 TCP/IP 协议

1. IP 地址

电话号码是我们每个人都很熟悉的，在整个电话网中是唯一的，其作用是标识世界范围内电话网中的每一部电话。我们通过电话号码可以呼叫电话网中的任何一部电话。同样，在 Internet 中，计算机之间相互通信，也需要区别网络中的每一台主机。我们知道在 Internet 中使用的通信协议是 TCP/IP 协议，其中 IP 协议是网际协议，负责数据在网上的传递。IP 协议要求 Internet 上的每个节点主机要有一个统一格式的逻辑地址作为其主机在 Internet 上的标识，这个逻辑地址称为符合 IP 协议的地址，简称 IP 地址（或称为 Internet 地址）。Internet 中的每一台主机必须有一个 IP 地址来标识，而全世界的网络也通过此地址相互通信。IP 地址能唯一地确定 Internet 上每台计算机与每个用户的位置。

IP 地址的长度为 32 位，分为 4 段，每段 8 位，用十进制数字表示，每段数字范围为 0～255，段与段之间用英文句点隔开，如 192. 168. 1. 1。

2. 域名

由于 IP 地址用数字表示主机的地址，很显然不容易记忆。为了便于理解、记忆和交流主机的地址，要用字母来代替 IP 地址，这些字母缩写就是域名。由于 Internet 内部是以 IP 地址区分某台计算机而不是使用域名，因此还要用一个在 ISP 中称为域名服务

器（Domain Name Server，DNS）的设备完成域名到IP地址的翻译（域名解析）工作。但要注意的是，域名和IP地址的关系并非完全一一对应。注册了域名的主机一定有IP地址，但不一定每个IP地址都有相应的域名。DNS是通过请求及回答来获取主机和网络相关信息的。

域名（或称为域名地址）是主机拥有者起的名字，但它必须得到上一级域名管理机构的批准。国际互联网络信息中心（INTERNIC）和各地的NIC（Network Information Center）是负责管理域名的机构。与邮政通信中使用国家、城市、街道、门牌号码表示地址的方法类似，域名也采用分层式的管理方式。某一层的域名只需向其上一层的域名服务器注册即可，而该层以下的域名则由该层自行管理。

按照国际惯例，域名可以按国别、组织机构类型进行划分，表3-1中列出了部分域名。

表3-1 部分域名分类及域类型

域名	含义	域名	含义
com	商业组织	cn	中国
net	网络技术组织	us	美国
edu	教育机构	jp	日本
org	非营利性组织	uk	英国
int	国际性组织	ca	加拿大
mil	军队	hk	中国香港
gov	政府部门	tw	中国台湾

3. TCP/IP协议

TCP/IP协议是一组网络通信协议的简称，是一套工业标准协议集，是Internet中计算机之间进行通信必须共同遵守的一种通信规则。现在，TCP/IP协议是Internet的核心协议。TCP/IP协议具有很强的通用性，规范了网络上的所有通信设备，尤其是主机与主机之间数据交换的格式及传输方式。TCP/IP协议实际上是一个协议集（包含TCP、IP、HTTP、FTP、SMTP等），它不依赖于任何组织和硬件，是最早出现的网络协议，也是最早出现的互联网协议。

TCP是传输控制协议（Transmission Control Protocol），保证数据传递的可靠性、正确性。IP是网际协议（Internet Protocol，互联网协议），负责数据传输。首先由TCP协议把数据分成若干数据段（数据报），并给每个数据报加上一个TCP信封（报头），上面写上数据报的编号，以便在接收端把数据还原成原来的格式。

IP协议把每个TCP信封再套上一个IP信封，在上面写上接收主机的地址。一旦准备好IP信封，就可以在物理网上传送数据了。IP协议还具有利用路由算法进行路由选择的功能，这些IP信封可以通过不同的传输途径（路由）进行传输。由于路径的不同，再加上其他的原因，可能出现顺序颠倒、数据丢失、数据失真甚至重复的现象。

这些问题都由TCP协议来处理，它具有检查和处理错误的功能，必要时还可以请求发送端重发。

TCP/IP分层模型被称为Internet分层模型或Internet参考模型，从下到上包括物理链路层、网络层（也叫IP层）、传输层（也叫TCP层）和应用层4层。传输层定义了两种协议，即TCP和UDP（User Datagram Protocol，用户数据报协议）。TCP/IP核心功能是寻址和路由选择（网络层的IP）以及传输控制（传输层的TCP、UDP）。

3.2.5 诊断网络的简单命令

1. ipconfig命令

ipconfig命令可用于显示当前的TCP/IP协议属性的设置值，这些信息一般用来检验人工设置的TCP/IP协议属性是否正确。ipconfig命令可以让用户了解自己的计算机是否成功地获得了IP地址。如果已经获得，则可以了解它目前分配到的具体IP地址。了解计算机的IP地址、子网掩码和默认网关，实际上是进行网络测试和故障分析的必要条件。

当使用ipconfig命令不带任何参数时，那么它显示当前用户计算机的IP地址、子网掩码和默认网关值。具体操作步骤如下：

①在“开始”菜单选择“所有程序”→“附件”→“命令提示符”命令，弹出如图3-6所示的“命令提示符”窗口。

②在命令提示符“>”之后输入：ipconfig，按Enter键，则显示当前用户计算机的IP地址、子网掩码和默认网关值，如图3-6中的后4行分别为使用静态IP地址（固定IP地址）时所得到的IPv6地址、IPv4地址、子网掩码和默认网关。

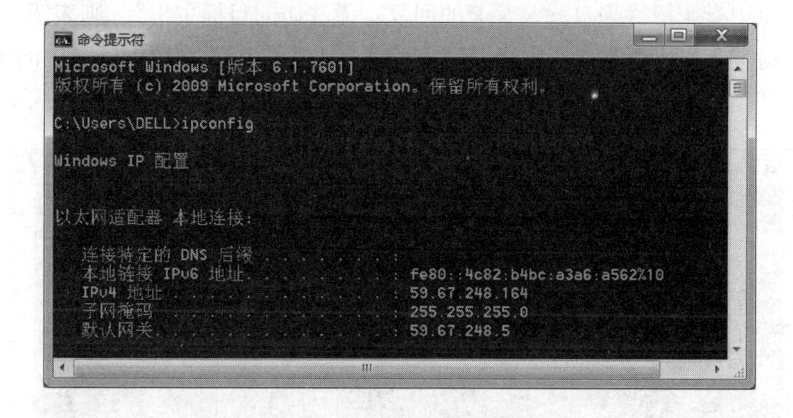

图3-6 ipconfig命令得到的结果

当使用“all”参数时（输入ipconfig/all），ipconfig命令追加显示主机名，IP路由器、WINS和DHCP是否已启用，并且显示本机所用网卡的物理地址（Physical Address，以太网的物理地址简称为MAC地址）以及DNS服务器地址。如图3-7所示为作者计算机在使用固定IP地址和固定DNS服务器地址时，执行“ipconfig/all”命令所得到的结果。

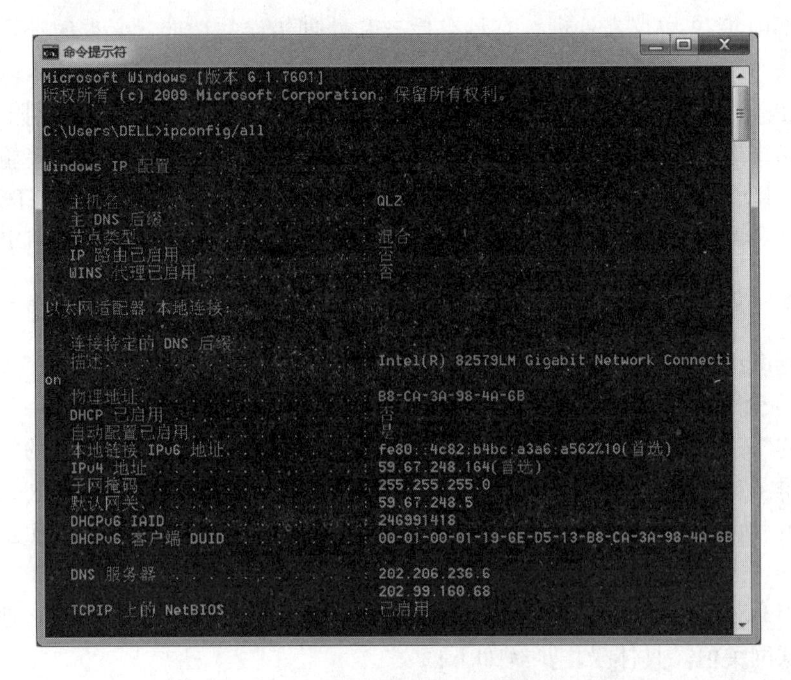

图 3-7 ipconfig/all 命令得到的结果

2. ping 命令

ping 是最基本的检查网络是否正常连接的命令，用于确认本地主机与另一台主机连接是否正常。它的使用方法与 ipconfig 命令基本一样，只是 ping 命令后面总是带有 IP 地址或域名。根据反馈的信息可以推断 TCP/IP 参数是否正确以及网络运行、连接是否正常，如果反馈的信息中有 4 行“来自××××的回复：无法访问目标主机”，则表明“无应答”，属于网络运行或连接不正常；否则表明“有应答”，属于正常。如图 3-8 中的第一个 ping 命令“有应答”，属于正常，而第二个 ping 命令“无应答”，属于不正常。

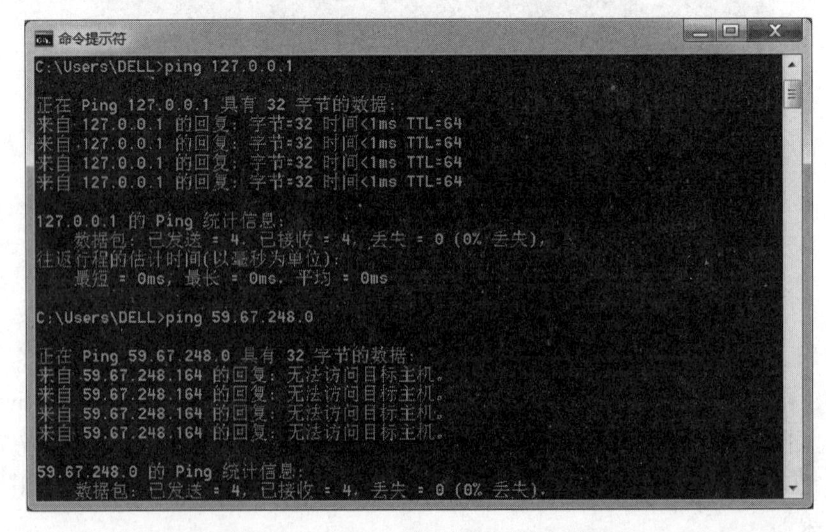

图 3-8 两个ping 命令得到的不同结果

ping命令常见的使用场合如下：

①ping 127.0.0.1：这个命令用于测试TCP/IP协议是否正常运行。如果“无应答”，表示TCP/IP的安装或运行存在某些最基本的问题。

②ping本机IP地址：这个命令用于检查用户自己计算机配置的IP地址是否正常。自己的计算机始终都应该对ping命令做出应答，如果“无应答”，则表示配置或安装存在问题。出现此问题时，局域网用户请断开网络，然后重新发送该命令。如果网络断开后本命令正确，则表示另一台计算机可能配置了相同的IP地址。

③ping局域网内的其他IP地址：这个命令用于检查局域网中的其他计算机。如果有应答，表明本地网络中的网卡和载体运行正确；如果无应答，表示子网掩码不正确或网卡配置错误或电缆系统有问题。

④ping网关IP地址：这个命令用于检查局域网中的网关设置是否正常。如果有应答，则表示网关路由器工作正常；否则，属于不正常。

⑤ping远程IP地址：这个命令用于检查远程IP地址上的计算机是否可以接通并访问。如果有应答，表示成功使用了默认网关并且已经接通。对于拨号上网用户则表示能够访问Internet（但不排除ISP的DNS会有问题）。如ping 202.205.11.70。但要注意的是：有的远程IP地址禁止ping命令的使用。

⑥ping网址：这个命令用于检查网站（如www.hebnetu.edu.cn、www.edu.cn）的DNS服务器是否正常。如果收到应答（其中有该网站的IP地址），则表示该网站的DNS服务器的IP地址设置正确和该网站的DNS服务器没有故障（对于拨号上网的用户，一般不需要设置DNS服务器）；如果无应答，则表示该网站的DNS服务器的IP地址设置不正确或该网站的DNS服务器有故障。利用该命令可以查看某网站的IP地址。

如果使用上面所列出的ping命令时，都有应答，那么用户的计算机进行本地和远程通信的功能基本上就可以实现了。但是，并不表示所有的网络设置都没有问题，如某些子网掩码错误就可能无法用这些方法检测到。

3.3 Internet的应用

3.3.1 IE浏览器的应用

1. 利用选项卡打开多个网页

具体使用方法如下：

①打开IE，在地址栏输入www.sina.com.cn，打开新浪首页，如图3－9所示。

②如果想在不关闭新浪网的同时，再打开一个网站，单击“新浪首页”选项卡右侧的“新选项卡”按钮，即可建立新选项卡窗口，在此窗口可以打开新的网页。

2. 收藏夹栏和收藏夹

用户可以将经常访问的网站收藏到“收藏夹栏”或“收藏夹”，便于以后查找和访问，具体操作步骤如下：

①打开要收藏的网页，如百度网，在“收藏夹栏”单击“添加到收藏夹栏”按钮

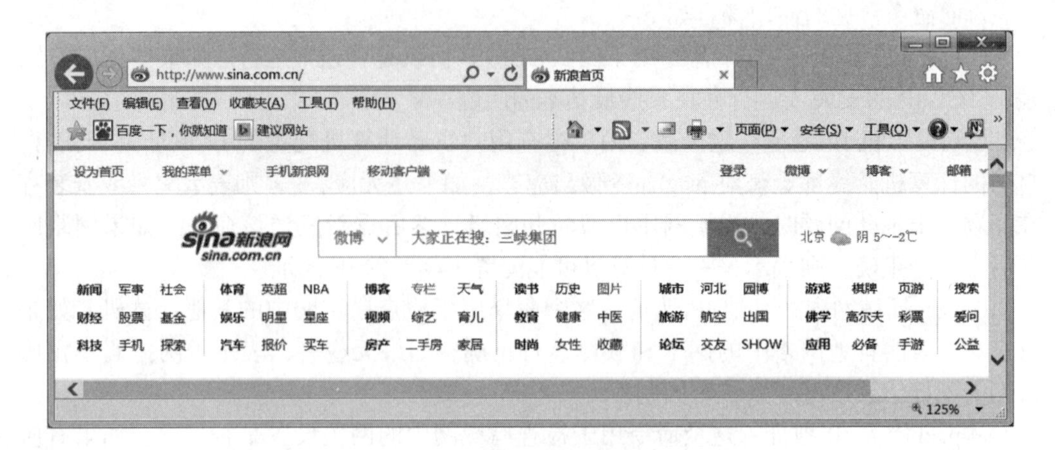

图 3-9　新浪首页

或在“收藏夹”菜单选择“添加到收藏夹栏”命令，即可将该网站添加到“收藏夹栏”，如图 3-10 所示的百度一下，你就知道。

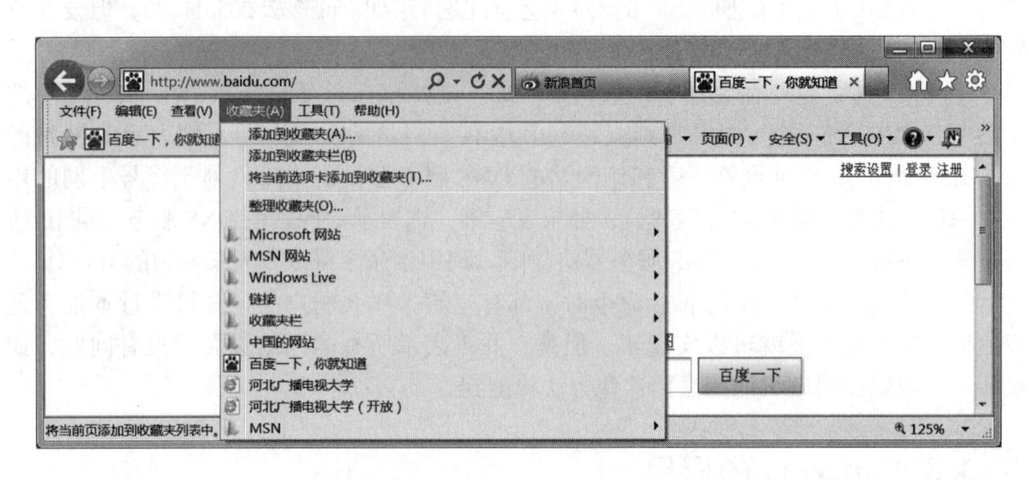

图 3-10　新选项卡窗口

②在如图 3-10 所示的“收藏夹”下拉菜单，选择“整理收藏夹”命令，打开“整理收藏夹”对话框，如图 3-11 所示。在此可以对“收藏夹”的内容进行移动、重命名和删除。

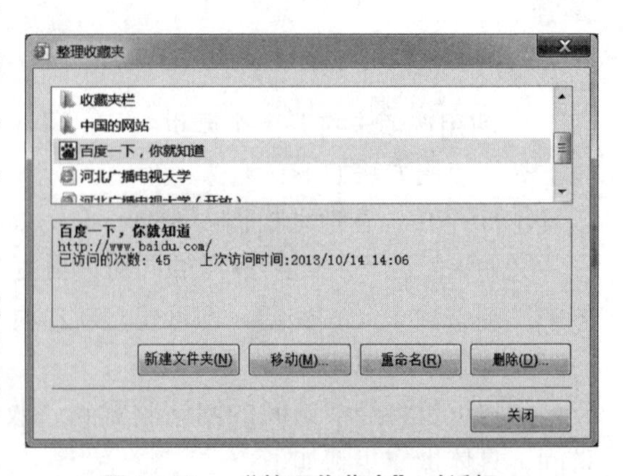

图 3-11　“整理收藏夹”对话框

3. 设置主页

开启浏览器后所看到的第一个页面就是主页。为了浏览起来更加方便，用户可以将经常访问的网页设置为主页。以百度网为例，具体的操作步骤如下：

①打开 IE，打开百度网，在“命令

栏”单击“主页”下拉按钮右侧的下拉箭头，弹出快捷菜单，选择“添加或更改主页”命令，弹出如图3－12所示“添加或更改主页”对话框，选择“将此网页用作唯一主页”单选项，单击“是”按钮。

②在下次启动IE时，会自动加载百度网的首页。

③若要打开主页，只要在“命令栏”单击“主页”按钮，或在地址栏右侧的“常用选项”栏单击“主页”按钮，或按Alt＋Home组合键，都可以打开主页。

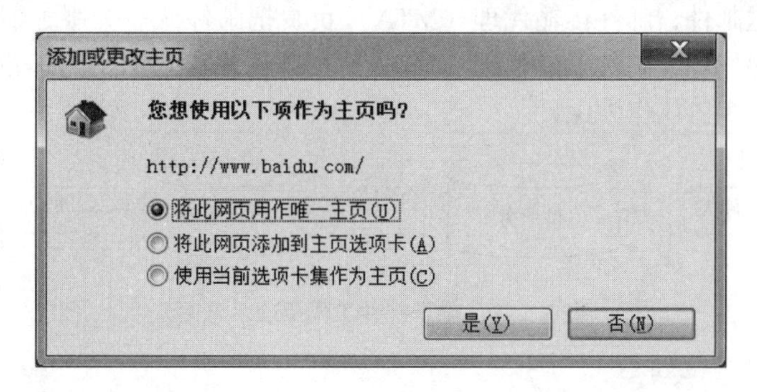

图3－12 “添加或更改主页”对话框

4. 利用搜索引擎搜索信息

（1）搜索引擎的概念

搜索引擎根据一定的策略、运用特定的计算机程序从互联网上按检索词搜集信息，并对搜集到的包含检索词的文章信息进行排序，最后输出排序结果。除此之外，还要有所谓的“蜘蛛”（Spider）系统，该系统能从互联网上自动收集网页信息，并将收集的网页信息交给索引和检索系统处理，就形成了我们常见的Internet搜索引擎系统。

（2）搜索引擎的主要任务

各种搜索引擎的主要任务包括以下三个方面：

①信息搜集。各个搜索引擎都利用绰号为蜘蛛（Spider）或机器人（Robots）的网页搜索软件，搜索网络中公开区域的每一个站点并记录其网址，将它们带回搜索引擎，从而创建出一个详尽的网址目录。

②信息处理。将网页搜索软件带回来的信息进行分类整理，建立搜索引擎数据库，并定时更新数据库内容。在进行信息分类整理阶段，不同的搜索引擎会在搜索结果的数量和质量上产生明显的差异。

③信息查询。每个搜索引擎都必须向用户提供一个良好的信息查询界面，一般包括分类目录及关键词两种信息搜索途径。

（3）利用搜索引擎搜索信息的基本方法

最简单的搜索方法是在搜索引擎中输入关键词，然后单击“搜索”按钮，但是这种方法查询的结果却不准确。因此，在搜索引擎中要尽量输入比较具体的搜索条件，搜索条件越具体，搜索出的内容就越接近用户需要的信息，而且信息数目也越少，这样可以大大节约用户的时间。否则，大量无用信息都会呈现在用户的面前，浪费用户的时间。

3.3.2 电子邮件

1. 电子邮件概述

电子邮件与普通邮件很相似，电子邮件发送者注明收件人的电子邮箱地址，发送时发送方服务器把电子邮件传送到收件方服务器，收件方服务器再把电子邮件发到收件人的电子邮箱中，工作原理示意图如图 3-13 所示。邮件用户代理（MUA）帮助用户读、写和发送邮件，邮件传输代理（MTA）负责把邮件从一个服务器传到另一个服务器或邮件投递代理，邮件投递代理（MDA）把邮件投送到用户的邮箱。这些过程都由 SMTP 和 POP3 协议作为保证。

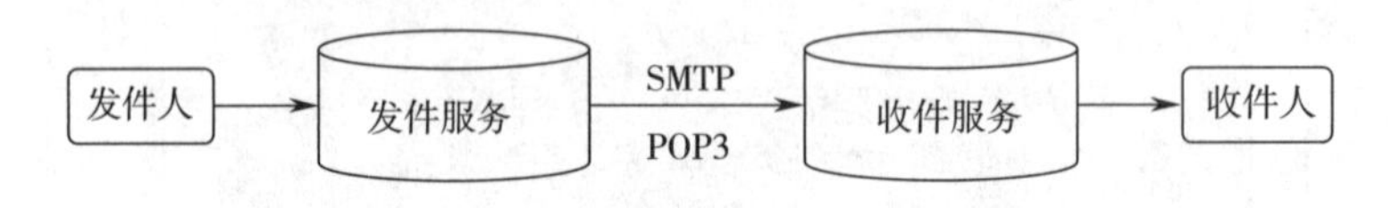

图 3-13　电子邮件工作原理示意图

（1）电子邮件地址

用户要使用 Internet 上提供的电子邮件服务，必须拥有自己的电子邮箱（E-mail账户）。电子邮箱实际上是 ISP 在邮件服务器上为用户分配的一块磁盘存储空间，这块磁盘存储空间专门用于存放来往的电子邮件，并由专门的电子邮件管理系统进行管理。用户可以上网申请一个免费的电子邮箱或收费的电子邮箱，无论是哪种电子邮箱都必须用一个特定的名称来标识，这个名称就是电子邮箱地址（E-mail 地址）。其格式如下：

用户名@电子邮件服务器名

用户名由用户自己命名，电子邮件服务器名由提供电子邮件服务的网站给定。后置符号@是用户名与邮件服务器名之间的分隔符，其含义是“在”，读作“at”。如在jsj568@sina.com 电子邮箱地址中，jsj568 是用户名，而 sina.com 是电子邮件服务器名。用户接收、发送电子邮件除了必须有电子邮箱地址外，另外还必须有与电子邮箱地址相匹配的密码，密码供邮件服务器（主机）核对账户。

（2）电子邮件的优点

①快速：发送电子邮件后，只需几秒钟就可通过网络传送到邮件接收人的电子邮箱。

②方便：书写、收发邮件都通过计算机完成，双方接收邮件都无时间和地点的限制。

③内容丰富：电子邮件不仅可以传送文本，还可以传送声音、视频等多种类型的文件。

④可靠：每个电子邮箱地址都是全球唯一的，确保邮件按发件人输入的地址准确无误地发送到收件人的邮箱中。

2. 在网站申请电子邮箱

目前有很多网站都提供了免费的电子邮箱服务，在收发电子邮件之前，用户需要先注册申请一个免费的电子邮件作为自己的账户。如果读者还没有免费的电子邮箱，则可以到新浪网站（www. sina. com. cn）或其他提供免费电子邮箱的网站去注册申请。在不同网站注册申请电子邮箱的步骤可能不尽相同，但大致是类似的。下面以注册申请新浪免费电子邮箱为例介绍操作步骤：

①打开 IE 浏览器，在地址栏输入提供免费电子邮箱的网址，本例输入 www. sina. com. cn，按 Enter 键后打开如图 3－14 所示的新浪网站首页。

②在新浪网站首页找到“免费邮箱”字样，如图 3－14 右侧所示，并单击它就会进入免费电子邮箱窗口，再单击“立即注册”，以后的注册申请操作按照该窗口中的提示进行即可。

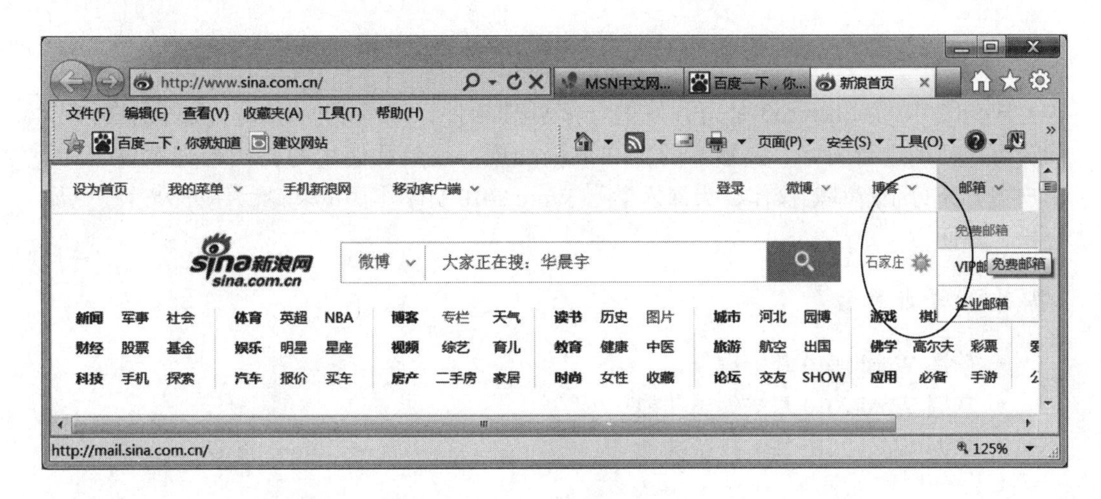

图 3－14 申请免费电子邮箱

免费电子邮箱申请成功后，在免费电子邮箱窗口，用户就可以凭用户名和密码进入免费电子邮箱收发电子邮件了。

第4章

Word 2010 基础操作

Word 2010 是 Microsoft 公司开发的文字处理软件，继承了 Windows 友好的图形界面，可方便地进行文字、图形、图像和数据处理，是最常使用的文档处理软件之一。用户需要充分了解基础操作，为深入学习 Word 2010 打下牢固的基础，使办公过程更加轻松、方便。

本章学习目标：

- 掌握 Word 2010 基础操作；
- 掌握 Word 2010 基本编辑功能；
- 掌握 Word 2010 基本排版功能。

4.1 启动/退出 Word 2010

1. 启动方式

启动 Word 应用程序的方法有多种，这里只介绍三种最基本的方法：

①选择“开始”菜单中的“所有程序”→“Microsoft Office”→“Microsoft Word 2010”即可启动 Word。

②双击 Word 2010 图标即可启动 Word。

③在桌面的空白处右击，新建一个“Microsoft Office Word 文档”后，双击文件图标。启动 Word 2010 后，将自动新建一个空白文档。

2. 退出方式

Word 2010 的退出方式，常见的有以下 4 种：

①单击 Word 2010 窗口右上角的“关闭”按钮。

②右击标题栏，在弹出的快捷菜单中选择“关闭”命令。

③双击左上角 Word 按钮。

④单击 Word 按钮，在弹出的菜单中选择“关闭”命令。

4.2　Word 2010 的窗口

4.2.1　Word 2010 的工作窗口

启动 Word 2010 之后，出现如图 4－1 所示的工作窗口。工作窗口由标题栏、快速访问工具栏、功能区、编辑区、状态栏和导航窗格等组成。

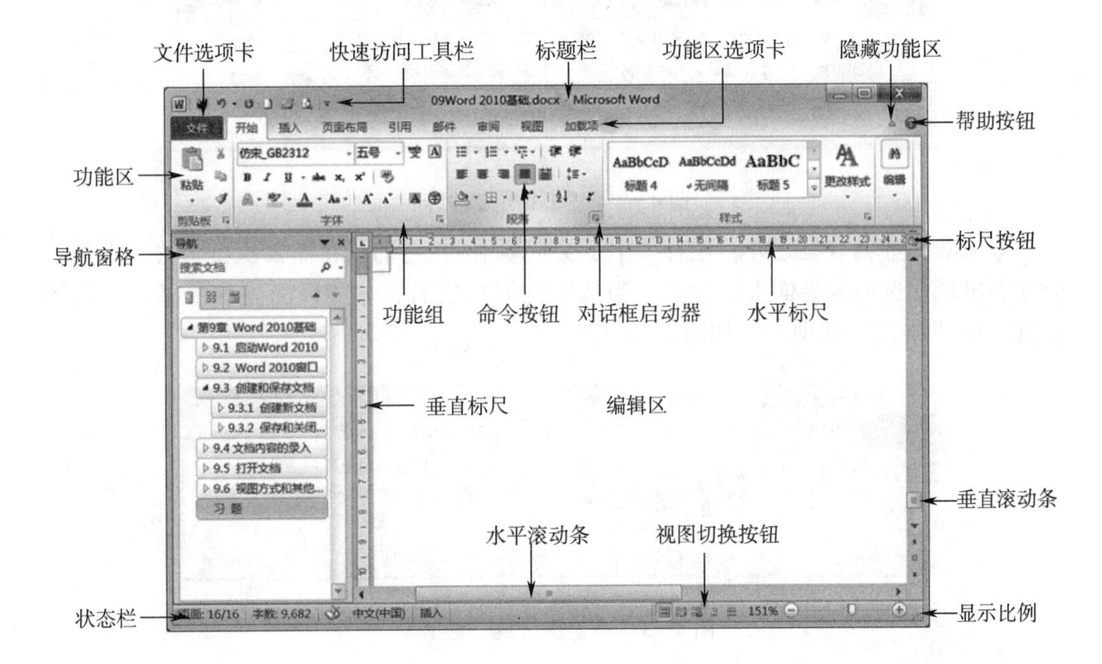

图 4－1　Word 2010 窗口

1. 标题栏

标题栏位于窗口的第一行，它的最左边是 Word 标识图标，图标右侧是“快速访问工具栏”。标题栏最右侧从左到右分别是最小化、最大化或向下还原、关闭按钮。

2. 快速访问工具栏

快速访问工具栏是一个可自定义的工具栏，它包含一组独立于当前选项卡的命令按钮。系统默认的快速访问工具栏位于 Word 的窗口标题栏的左侧，但用户可以通过自定义快速访问工具栏右侧的下拉按钮进行切换。

3. 功能区

Word 2010 中的“功能区”位于“标题栏”的下面。功能区由若干个选项卡组成，每个选项卡下又有多个相应的功能组（常简称“组”）。单击某个选项卡，在功能区就会显示出相应的多个组，如默认打开的“开始”选项卡中包含“剪贴板”、“字体”、“段落”、“样式”以及“编辑”等 5 个组，如图 4－2 所示。组名在该组的最底部，如“字体”。每个组又由若干个相应的命令按钮和下拉按钮组成，另外大部分功能组还有“对话框启动器”按钮（在各个组的右下角），单击它可以打开相应组的对话框或任务窗格，如“字体”对话框。在“帮助”按钮左侧有一个功能区最小化按钮，单击该按钮可以最小化或展开功能区（也可按 Ctrl+F1）。

第一次启动 Word 时，在功能区上可以看到标准的选项卡集：“文件”、“开始”、“插入”、“页面布局”、“引用”、“邮件”、“审阅”和“视图”等。默认打开“开始”选项卡，如4-2所示。

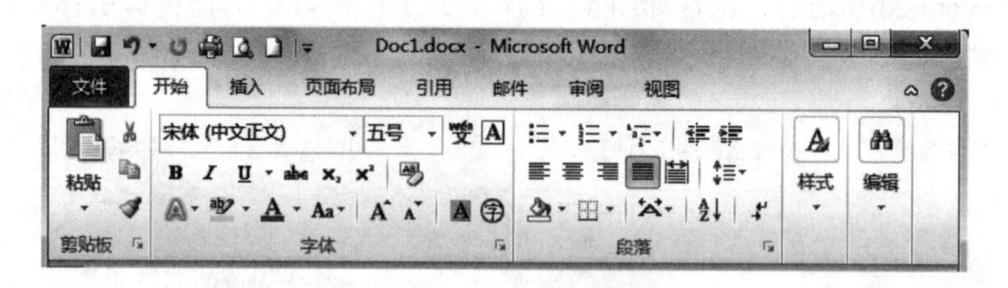

图 4-2　“开始”选项卡

除标准的选项卡集之外，还有“上下文选项卡”，它们只在需要执行相关处理任务时才会出现在选项卡界面上。例如，当选中图形对象后，才能以高亮颜色显示“绘图工具”的“格式”选项卡，如图 4-3 所示。

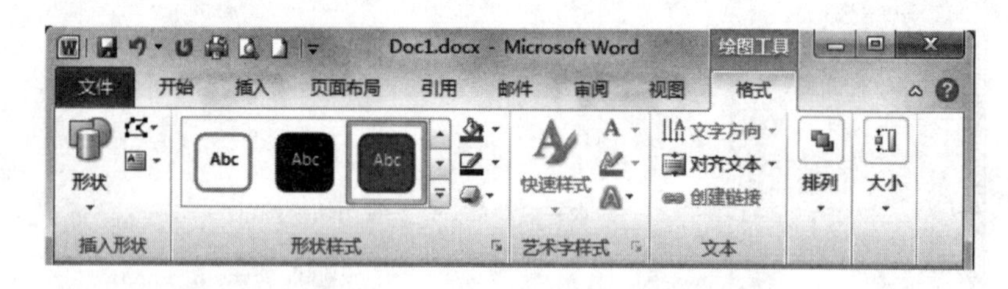

图 4-3　“绘图工具”选项卡

4. 标尺

水平标尺和垂直标尺分别位于编辑区的上边和左边。利用水平标尺和垂直标尺可以进行文本定位，改变段落的缩进，调整页边距，改变栏宽等。在水平标尺上，拖动“首行缩进”滑块▽设置段落的首行缩进，拖动“悬挂缩进”滑块△设置段落的悬挂缩进，拖动“左缩进”滑块△设置段落的左缩进，拖动右侧的“右缩进”滑块△设置段落的右缩进。

技巧：同时按住 Alt 键拖动可以实现精确调整。若不需要显示标尺，可以将其隐藏，方法是单击右侧垂直滚动条上方的“标尺”按钮即可；若希望恢复标尺，再次单击该按钮。

5. 文档编辑区

编辑区位于 Word 窗口中央，是用来输入和编辑文本及其他对象的区域。可以在插入点输入文字、插入图片和表格，还可以进行删除等操作。

6. 滚动条

在 Word 窗口的右侧有一个垂直滚动条，而在底部有一个水平滚动条。单击滚动条上的滚动按钮（上、下、左、右），可以使屏幕上、下滚动一行或左、右滚动一列。拖动滚动条上的滚动块，可以迅速到达要显示的位置。单击垂直滚动条上的“下一页”按钮或“前一页”按钮，则跳转到下一页或前一页。

7. 状态栏

状态栏位于Word窗口的最下方，用来显示当前页的状态（当前页数/总页数）、字数、语言状态（中文或其他文）、插入状态等。右击状态栏，可弹出“自定义菜单栏”菜单，用户可根据需要设置状态栏。

状态栏右侧有5个视图方式按钮，分别表示页面视图、阅读版式视图、Web版式视图、大纲视图和草稿。最右侧为“显示比例”按钮 100%，用户可根据需要移动滑块位置，选择合适的窗口显示比例；按缩小按钮或放大按钮也可以缩小或放大窗口的显示比例。

4.2.2 Word 2010 的视图方式

在Word窗口中，文档的某种特定的显示方式称为视图方式。视图方式主要有6种，分别是页面视图、阅读版式视图、Web版式视图、大纲视图、草稿视图和打印预览视图方式。其中前5种可以在“视图”选项卡的“文档视图”组中找到，单击相应的视图方式按钮即可切换视图方式；或直接单击文档窗口状态栏右端的视图切换按钮来切换视图方式。若需要“打印预览”视图，则需要在“文件”选项卡选择“打印”命令，此时窗口最右侧将出现“打印预览”视图；还可以直接单击快速访问工具栏的“打印预览和打印”按钮进行该项操作。用户可以根据需要对视图大小进行调整，方法是直接通过状态栏上右侧的“显示比例”控制条 100% 指定显示比例即可。

1. 页面视图方式

页面视图方式是Word中最为常用的视图方式，也是启动Word后默认的视图方式。页面视图具有“所见即所得”的效果，页眉、页脚、标注、脚注、文本框和图形等都显示在实际位置上，而且显示文档的页面布局、页面的4个角及水平标尺和垂直标尺。可用于检查文档的外观，适合于文档的编辑和排版操作，是用户最常用的视图方式。

2. 阅读版式视图

如果打开文档仅仅是为了进行阅读，则可以选择阅读版式视图方式。此时，阅读版式将显示文档的背景、页边距，并可进行文本的输入、编辑等操作，但不显示文档的页眉和页脚。若需要对阅读版式视图进行相应的设置，选择“阅读版式视图”窗口右上角的 视图选项 下拉按钮，在弹出的下拉菜单中选择所需的选项即可。例如，选择“允许键入”选项，即可在阅读版式视图下进行文本的输入、编辑等操作。

3. Web 版式视图方式

在Web版式视图方式下，文档的显示方式基本上与Web浏览器窗口一样。正文显示得更大，并且永远自动换行以适应浏览器窗口，使用户能够更快捷、更清楚地浏览文档。

4. 大纲视图方式

在大纲视图方式下，文档的标题和正文采用分级显示方式，不显示图形对象。大纲视图方式是查看整个文档框架的有效方式。用户可通过拖动标题来移动、复制和重新组织文本；同时用户可通过双击标题左侧的标记，展开或折叠文档，使其显示或隐藏各级标题及内容；也可以单击某个标题后，单击上移标题、单击下移标题、单击展开标题下的文本、单击折叠标题下的文本。根据实际需要，还可以通过改变“显示级别”，让大纲视图只显示文档的主标题。

5. 草稿视图

草稿视图方式下，简化了页面的版式，隐藏了页面边缘、页眉、页脚和图形对象等。它是输入、编辑和格式化文本的标准视图。

6. 打印预览

在“打印预览”页面下，用户可以选择“双页”、“单页”、“页宽”等方式查看文档，根据打印需要，用户可以对页边距、纸张大小等进行设置，但不能更改文档内容。

7. 拆分窗口

拆分窗口就是将某一个文档窗口一分为二，用上、下两个窗口同时显示同一个文档。拆分窗口后可以同时查看同一文档前后相差很远的两部分内容，以方便用户对文档内容的比较和复制。拆分窗口的方法和步骤如下：

①在“视图”选项卡，单击“窗口”组中的“拆分”按钮，屏幕上出现一条水平线。

②移动鼠标带动水平线到希望拆分的位置，然后单击鼠标，屏幕就被分成上、下两个窗口，如图4-4所示。

③若将拆分的窗口恢复为一个窗口，在“视图”选项卡，单击“窗口”组中的“取消拆分”按钮即可。

技巧：用鼠标直接拖动垂直滚动条上方的，也可以将屏幕分成上、下两个窗口。

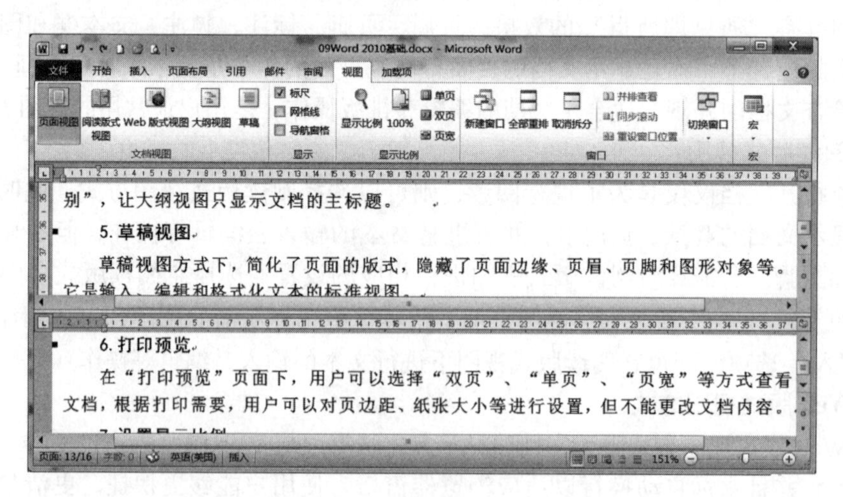

图4-4　拆分后的两个窗口

4.3　编辑文本

4.3.1　创建新文档

创建一个新文档最常用的方法是创建一个空白文档，用户可以在空白文档编辑窗口中进行文本录入、编辑等操作。如果用户要建立具有某些特殊格式的文档，如传真、名片、备忘录、简历等，使用 Word 为用户提供的模板会更加快捷、方便。

1. 创建空白文档

创建空白文档的常用方法有以下几种。

- 单击“文件”选项卡，然后单击其中的“新建”命令选项，双击默认的“空白文档”图标，即可创建一个空白文档。
- 直接单击快速访问工具栏上的“新建”按钮，即可创建一个空白文档。
- 按“Ctrl+N”组合键即可创建一个空白文档。

2. 根据模板创建新文档

模板是一种特殊文档，包含某些基本内容、版面样式、自动图文集等。利用模板可以快速地建立具有某种文体风格的新文档，避免从头编辑和设置文档格式。Word 中的模板有多种，如本机上的模板、网站上的模板等，本书只介绍利用本机上的模板创建新文档的方法。

在“文件”选项卡，选择其中的“新建”命令，打开“模板”对话框，如图 4-5 所示。在该对话框的“可用模板”选项组单击选择一种模板，如“书法字帖”，单击“创建”按钮或双击该模板即可根据“书法字帖”创建新文档。

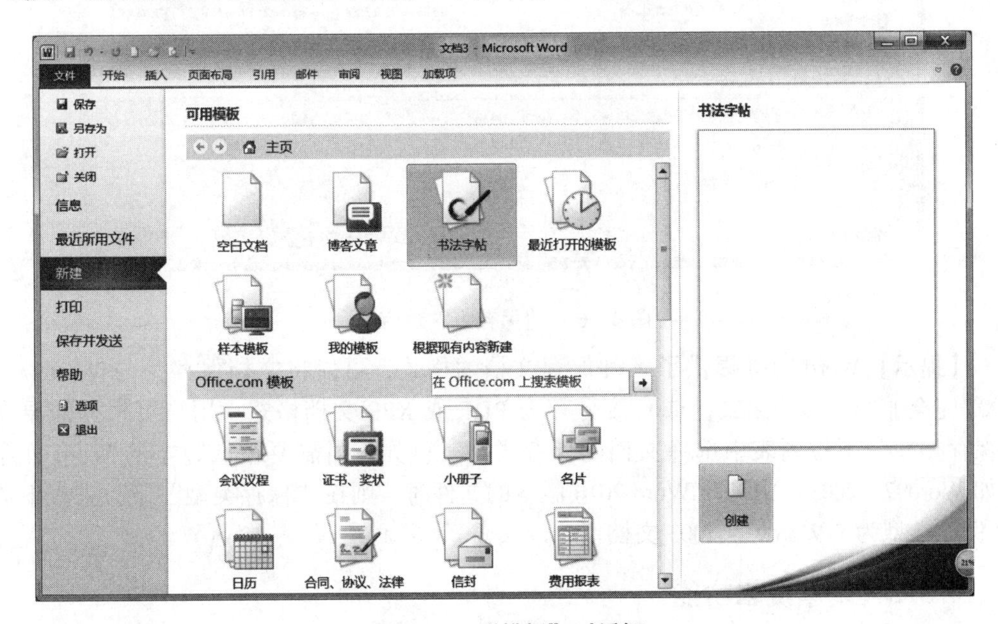

图 4-5　“模板”对话框

“Office. com 模板”选项区中显示了可以从 Office. com 上搜索并下载的模板，可下载的模板包括会议议程、证书、名片、日历、广告、传单等。单击所需要的模板，程序会自动在微软网站上搜索相应的模板，选中自己所需的模板，单击“下载”按钮，下载完毕后即可使用。

4.3.2 保存文档

当用户创建了一个新文档或对旧文档进行修改后，就需要对文档进行保存。其具体操作步骤如下：

①直接单击快速访问工具栏上的“保存”按钮；或按“Ctrl + S”组合键；或在“文件”选项卡选择“保存”或“另存为”命令。打开如图 4-6 所示的“另存为”对话框。

②首先在此对话框选择文档保存的位置；在“文件名”文本框输入文件的名称；在“保存类型”下拉列表选择保存类型，默认保存类型为“Word 文档（* . docx)”；单击 工具(L) 下拉按钮，选择“常规选项”可以设置密码。

③单击“保存”按钮，新文档被保存，此后标题栏会显示出该文档的名称。

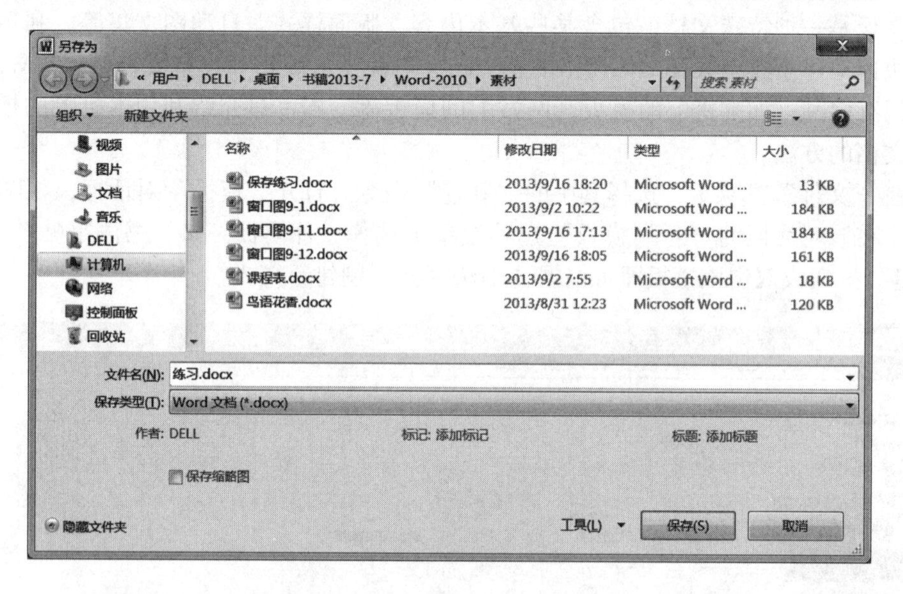

图 4-6 “另存为”对话框

【提示】Word 2010 提供了多种保存文档的格式，可以将文档保存为与 Word97 - 2003 完全兼容的文档格式，或直接另存为 PDF 或 XPS 文档格式。用户可根据需要在“保存类型”下拉列表中选择文档的保存类型。例如，当需要在低版本的 Word 程序（如 Word97、2003）中打开 Word 2010 版本的文件时，则在“保存类型”下拉列表中选择保存类型为“Word97 - 2003 文档（* . doc）”。

4.3.3 基本编辑功能

用户新建一个 Word 文档后，Word 窗口的编辑区是空白的。在编辑区的左上方有

一个闪烁的竖形|光标，表示插入点位置。这时，用户可以从插入点开始输入新的文档内容。文档内容主要是文字，还可以是符号、图片、表格、图表和屏幕截图等。

1. 输入英文字母和数字

英文字母和数字可以直接从键盘输入。如果当前处于中文输入状态，此时需要切换到英文输入状态，然后再输入。在录入或编辑过程中，用 Backspace 键（退格键）来删除插入点左边的字符，用 Delete 键删除插入点右边的字符。

2. 输入汉字

常用的汉字输入方法在前面章节已经介绍过了。选择一种中文输入法，然后再进行汉字输入。

3. 输入符号

在某种中文输入法状态下，用户可以利用键盘输入常用的中文标点符号、货币符号、数学符号等，但是键盘上可供选择的符号并不多。在 Windows 7 中提供了十几种不同的软键盘，每种软键盘都安排有一类符号，可供选择的符号较多，如图 4－7 所示为“微软拼音输入法 2010”下的数学符号软键盘和特殊符号软键盘。

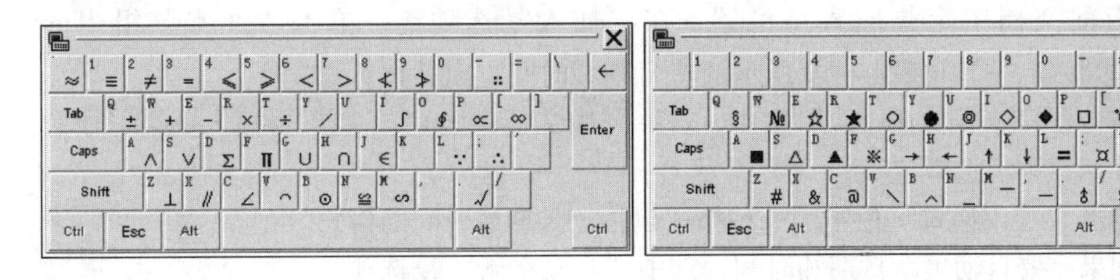

图 4－7　数学符号软键盘和特殊符号软键盘

4.3.4 插入对象

1. 插入符号

在“插入”选项卡，单击“符号”组中的“符号” Ω 命令，在弹出的菜单中单击“其他符号”，或在插入点右击鼠标并从弹出的快捷菜单中选择“插入符号”命令，打开“符号”对话框，如图 4－8 所示。

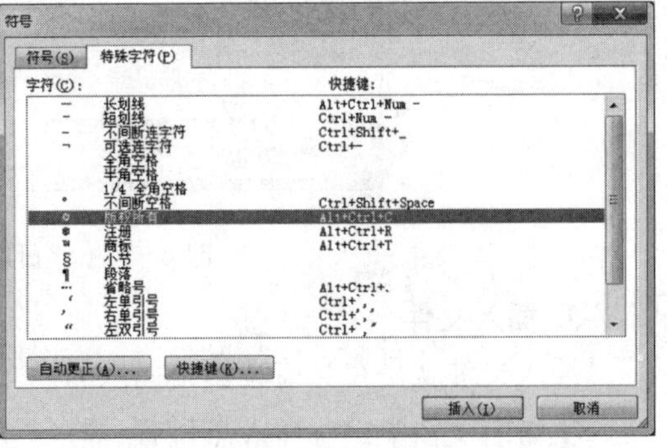

图 4－8　“符号”对话框中的“符号”选项卡和“特殊字符”选项卡

在“符号”对话框中有两个选项卡，其中“符号”选项卡包含按“字体”及其相应的“子集”分类的下拉列表，分别单击其下拉按钮可以打开相应的下拉列表，然后分别选择某种字体和子集，如图4－8左侧中的字体为“（普通文本）”、子集为“带括号的字母数字”。单击列表中的某个符号，或在“字符代码”框中输入符号的十进制或十六进制字符代码值定位某个字符，然后单击“插入”按钮；或双击列表中的某个符号，就可把符号插入到当前光标处。如果想继续插入，则重复上面的操作，否则，单击“关闭”按钮结束符号插入。

【提示】用字符代码值定位某个字符，需先在“来自”下拉列表选择Unicode（十六进制），然后再输入字符代码值，如图4－8中的2462，即可定位字符③。

使用“符号”对话框中“特殊字符”选项卡可以插入长画线、短画线、不间断连字符、可选连字符、全角空格、半角空格、1/4全角空格、不间断空格、版权所有、注册、商标、小节、段落等特殊字符。

2. 插入日期和时间

插入日期和时间的方法及操作步骤如下：

①当前文档中定位插入点位置，在“插入”选项卡，单击“文本”组中的日期和时间按钮，打开如图4－9所示的“日期和时间”对话框。

②在“语言（国家/地区）”栏中，选择“中文（中国）”（如果要插入英语习惯的时间和日期，则应选择“英语（美国）”）。

③单击“可用格式”栏中的一种格式以指定日期或时间的格式。

④如果需要自动更新日期和时间，选中“自动更新”复选项。

⑤单击“确定”按钮，完成当前计算机系统日期或时间的插入。

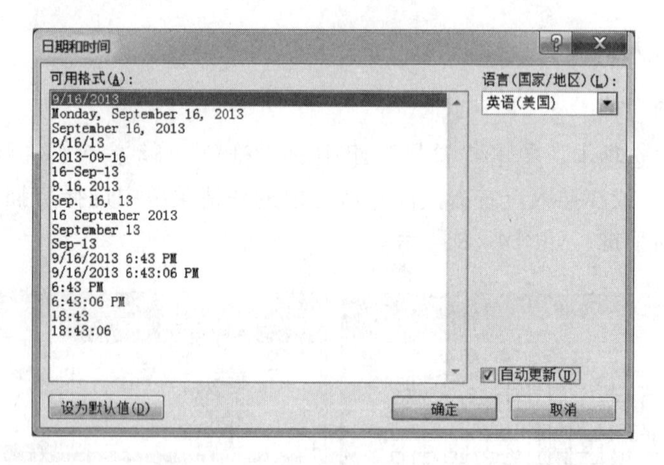

图4－9 “日期和时间”对话框

3. 插入文件

插入文件就是在当前文档中插入另一个文件的内容，其方法和步骤如下：

①当前文档中定位插入点位置，在“插入”选项卡，单击“文本”组中的对象按钮，打开如图4－10所示的“对象”对话框。

②选择“由文件创建”选项卡，单击“浏览”按钮打开“浏览”对话框，选择需要插入的文件，单击“插入”按钮，返回“对象”对话框，单击“确定”按钮即可。

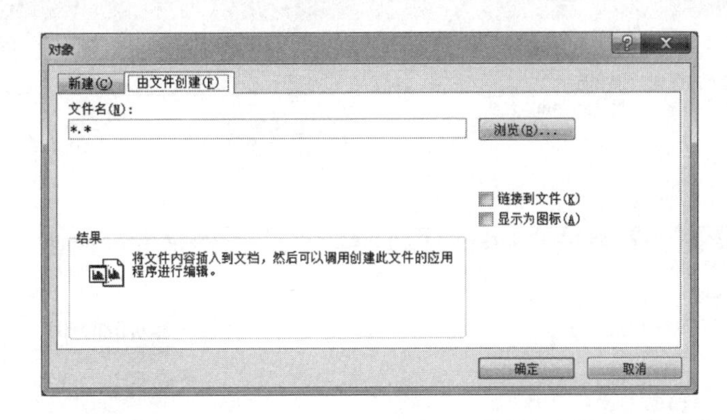

图 4-10 “对象”对话框

4.3.5 查找与替换

1. 查找

在“开始”选项卡，单击“编辑”组中的“替换”按钮，或按“Ctrl + H”快捷键，打开“查找和替换”对话框，然后选择“查找”选项卡，如图4-11所示。

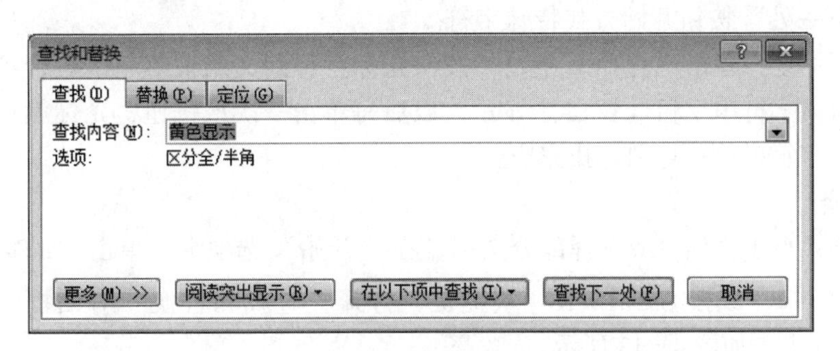

图 4-11 “查找和替换”对话框→“查找”选项卡

在图4-11所示的“查找内容”文本框中输入要查找的字符串（最多为255个字符，也可以使用通配符，但此时必须单击“更多”按钮并选中“使用通配符”选项），然后按以下方式操作：

查找一般字符：单击“查找下一处”按钮开始查找一般字符。

查找指定格式的字符：单击“更多”按钮，屏幕显示如图4-12所示。在“查找内容”文本框输入要查找的字符串；单击“格式”按钮，弹出一个“格式”列表，在其中选择某一格式，然后在相应的“查找×××”对话框中设置要查找字符的格式，如选择“字体”格式设置为黑体、二号。单击“查找下一处”按钮开始查找指定格式的字符串。

查找特殊格式：在图4-12所示的对话框中单击“特殊格式”按钮，从弹出的“特殊字符”列表中选择要查找的特殊字符，如段落标记、制表符和手动分页符等。单

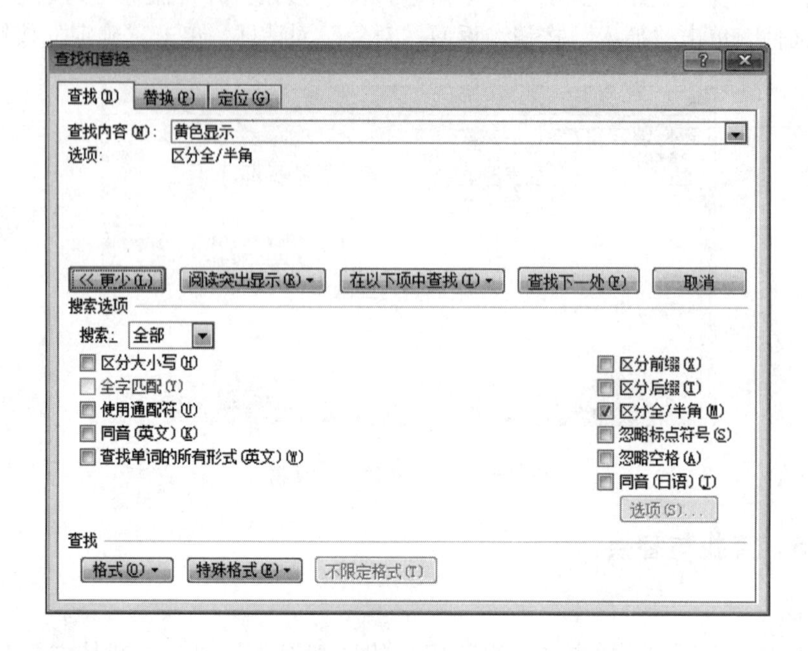

图 4-12 “查找和替换”对话框→“查找”选项卡

击“查找下一处”按钮开始查找特殊字符。

查找下一处：单击“查找下一处”按钮光标将移到文档中第一个符合条件的字符串处，此时该字符串反相（反白）显示。以后每单击一次该按钮，光标就移到下一个符合条件的字符串处，直到查找完毕。

2. 替换

定位插入点于文档中或选择部分文档，在“开始”选项卡，单击“编辑”组中的“替换”按钮，或按“Ctrl + H”快捷键，打开“查找和替换”对话框，然后选择“替换”选项卡，如图 4-13 所示。

在“查找内容”框输入要查找的字符串，在“替换为”框中输入要替换的字符串；其他设置与“查找”操作完全相同，不再赘述。

单击一次“替换”按钮，仅替换一个符合条件的字符串。单击“全部替换”按钮，则一次把全部符合条件的字符串用新的字符串替换；单击“查找下一处”按钮，仅查找定位符合条件的字符串，而不进行替换。

3. 定位

利用“查找和替换”对话框中的“定位”选项卡，可以很方便地把插入点定位在指定的位置。如图 4-14 所示，定位目标可以是页、节、行、域、表格和图形等。

4.3.6 拼写和语法检查及字数统计

Word 提供的“拼写和语法”检查功能，可以对文档中的拼写和语法错误进行检查。默认情况下，自动进行拼写检查，并用红色波浪下划线表示可能出现的拼写问题，

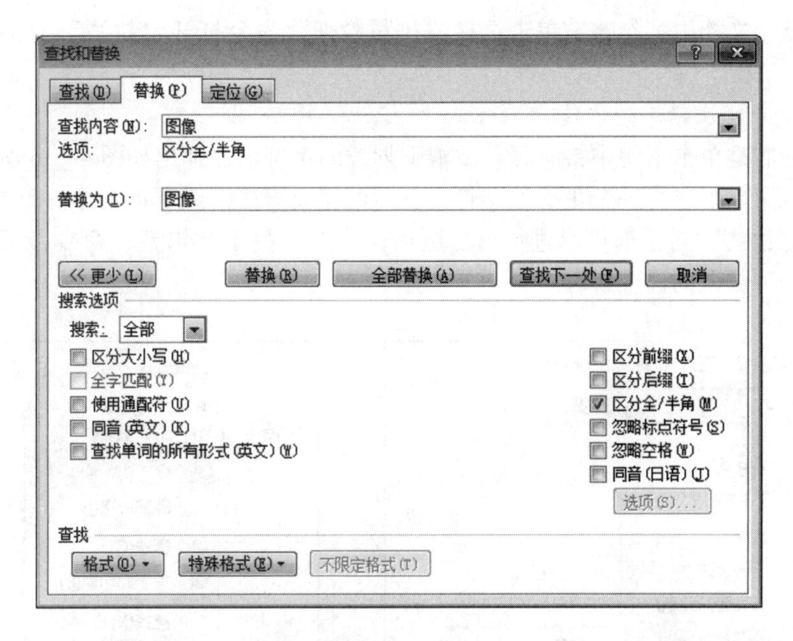

图4-13 “查找和替换”对话框→“替换”选项

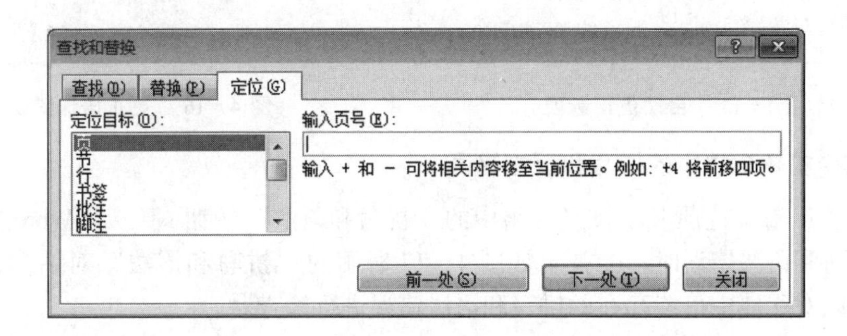

图4-14 “查找和替换”对话框→“定位”选项卡

用绿色波浪下划线表示可能出现的语法问题。如果不进行拼写和语法检查，用户可以执行“文件”选项卡的“选项”命令打开“Word选项”对话框，在其“校对”组进行重新设置。

1. 键入时自动检查拼写和语法错误

如果在键入字符时，希望Word自动检查拼写和语法错误，必须首先确认拼写和语法自动检查功能是否已经设置。

(1) 更正拼写错误的方法

用鼠标右键单击带有红色波浪下划线的字符串，弹出如图4-15所示的快捷菜单，在该菜单选择一个正确的字符串，或选择“自动更正”子菜单中的字符串，即可完成拼写错误更正工作。

注意：一旦选择了“自动更正”子菜单中的某个字符串，则在下次输入该错误的拼写时就会自动更正为该字符串。如果用户认为该字符串是正确的，可以选择“忽略”或“全部忽略”或“添加到词典”，其中“忽略”只是忽略一次，而其他两种选择都是在当前整个文档中都忽略。单击选择“拼写检查”命令打开“拼写”对话框可以进行拼写更正。

（2）更正语法错误的方法

用鼠标右键单击语句中带有绿色波浪下划线的字符串，弹出如图 4－16 所示的快捷菜单，在该菜单中选择一个正确的字符串，即可完成语法错误更正工作。单击“语法”命令打开“语法”对话框可以进行语法更正；单击“关于此句型”命令，可以获得该项语法或句型错误的详细解释。

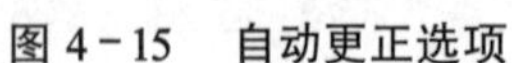
图 4－15　自动更正选项

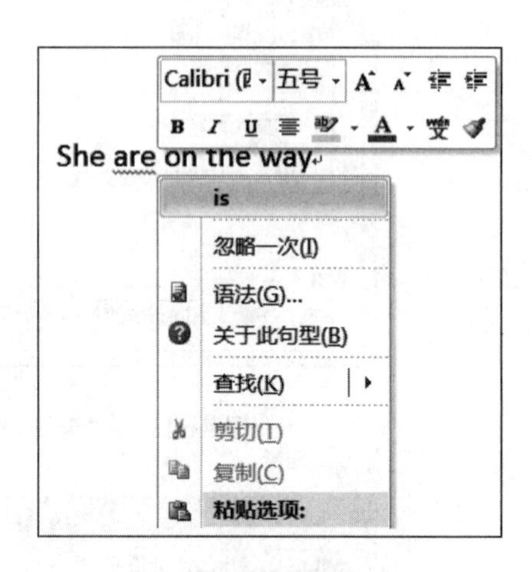

图 4－16　更正语法错误

2. 集中检查文档中的拼写和语法错误

单击“审阅”选项卡“校对”组中的“拼写和语法”按钮，当 Word 发现存在可能的拼写和语法错误时，会弹出如图 4－17 所示的“拼写和语法”对话框，利用该对话框可以对文档中可能存在的拼写和语法错误进行检查。

根据需要执行下列操作：

• 若单击“添加到词典”按钮，则将该词条添加到词典中，以后 Word 就不会认为它是错误的拼写和语法了。

• 若根据 Word 提供的建议词条更改，则首先单击“建议”列表框中的建议词条，然后单击“更改”或“全部更改”或“自动更改”按钮。

• 若不采用建议词条更改，则可以直接在文档中对拼写和语法错误进行修改，然后单击对话框中的“下一句”按钮修改下一句。

• 若该处不需要更改，则单击对话框中的“忽略一次”或“全部忽略”按钮，此时自动移到下一语句，根据需要进行更改即可。

3. 字数统计

单击“审阅”选项卡“校对”组中的“字数统计”按钮，打开如图 4－18 所示的“字数统计”对话框，该对话框给出了当前文档的页数、字数、字符数、段落数、行数等信息。当选中部分文本时，再执行以上命令则只给出选中部分的字数统计信息。

图4-17　“拼写和语法”对话框

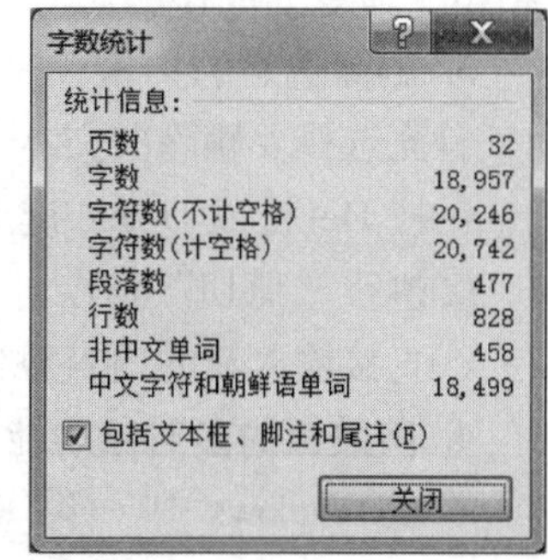

图4-18　“字数统计”对话框

4.4　文档的排版

4.4.1　复制、移动和删除文本

灵活地利用复制、移动和删除功能，可以减少重复输入，也便于文档内容的调整和修改。复制和移动都可以通过鼠标拖动或执行命令的方法来实现。执行命令是执行“复制”或“剪切”命令将选择的对象暂时存放到剪贴板中，然后利用“粘贴”命令将其粘贴到目标位置。由于剪贴板是系统提供的，因此，通过它不仅能实现同一文档中某对象的复制和移动，还能在不同的 Windows 应用程序之间实现数据复制和移动。

执行复制、剪切和粘贴命令都有以下4种方式：使用“开始”选项卡中对应的命令；使用右键快捷菜单中对应的命令；使用鼠标右键拖动法；使用快捷键（复制—Ctrl + C、剪切—Ctrl + X、粘贴—Ctrl + V）。在以后的章节中不再有如上的详细说明，只是说执行“×××”命令。

1. 复制文本

复制文本是指将所选的文本在一个或多个位置复制出来，原始文本并不改变。

（1）采用鼠标拖动复制文本

按住 Ctrl 键，拖动已选择的文本到目标位置，先松开鼠标左键，再松开 Ctrl 键即可。

（2）采用命令复制文本

首先选择文本，然后单击“复制”命令把它复制到剪贴板中，在目标位置执行“粘贴”命令完成复制。剪贴板中的内容可以粘贴多次，所以同一内容可以复制到多个位置。

2. 移动文本

移动文本是指将选择的文本从当前位置移到新的位置，原位置文本消失。

（1）采用鼠标拖动移动文本

用鼠标将已选择的文本拖动到新的位置即可。

（2）采用命令移动文本

首先选择文本，然后执行“剪切”命令把它剪切到剪贴板中，在目标位置执行“粘贴”命令完成移动。

3. 删除选定的文本

首先选择要删除的文本，执行下列操作之一均可删除文本：

①按 Del 键或 Delete 键或 Backspace 键。

②执行“剪切”命令。

③直接输入新的内容替代（覆盖）选择的文本。

4. 剪贴板的多对象功能

像在 Windows 中一样，Office 2010 中也有剪贴板，二者概念相同，但使用方法不尽相同。在 Office 2010 中，存放在剪贴板上的内容不会丢失，可以使用它们反复粘贴，不限次数。剪贴板中最多可以存放 24 个对象，这就是剪贴板的多对象功能，使得用户可以同时复制与粘贴多项内容。当用户复制或剪切内容多于 24 次时，按先进先出的原则自动删除最早的内容。

用户若要打开剪贴板，只需要单击“开始”选项卡下“剪贴板”组的对话框启动器按钮即可，如图 4－19 所示。剪贴板中的对象在没有清空之前，可以多次重复粘贴，也可以单击其中的“全部粘贴”按钮完成全部对象的粘贴。

已打开剪贴板的使用方法如下：

①执行“复制”命令或“剪切”命令将选中的对象放到剪贴板中。

②确定插入点位置，单击剪贴板中的某个对象即可实现该对象在当前位置的粘贴；单击“全部粘贴”按钮完成全部对象的粘贴。

③右击剪贴板中的某个对象，在弹出的菜单中单击“删除”命令即可清除该对象；单击“全部清空”按钮可以清除剪贴板中的全部对象。

【提示】进行粘贴操作时，可选择右键快捷菜单中的“粘贴选项”，选择数据粘贴后的格式，如图 4－20 所示。有三种格式：保留源格式、合并格式、只保留文本。

图 4－19　剪贴板

图 4－20　粘贴选项

注意：执行“粘贴”命令时，选择“选择性粘贴”命令，可以指定粘贴的内容是否带格式。

4.4.2　字符格式设置

1. 利用“字体”功能组设置字符格式

“字体”功能组位于“开始”选项卡，通过该组可以快速地对文本的字体、字号、颜色等进行操作。“字体”功能组如图 4－21 所示。

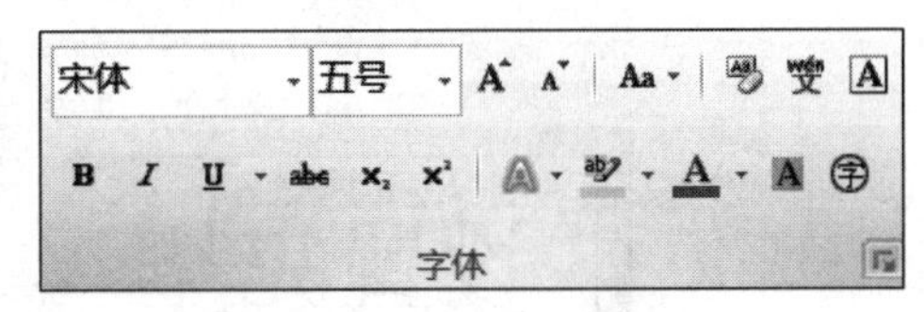

图 4－21　“字体”功能组

（1）字体

所谓字体，是指文字在屏幕或打印纸上呈现的书写形式，如汉字的宋体、楷体、黑体等。在 Word 中，正文默认的中文字体是宋体、西文字体是 Times New Roman。常用的中文字体有宋体、黑体、华文仿宋、楷体、幼圆、隶书、方正舒体、方正姚体、华文中宋、华文细黑、华文新魏、华文彩云和华文行楷等。

选择需要设置字体的文本，从“字体”下拉列表中选择所需的字体。

（2）字号

在 Word 中，中、西文文字的大小一般用“字号”来表示，从初号到八号，初号字最大，八号字最小。另外，还可以选择磅值（5～72）或直接输入 1～1638 之间的磅值来设定中、西文文字的大小。磅，即印刷业中的基本计量单位——点，1 磅等于 1/72 英寸（大约等于 0.3528 毫米）。正文默认的中、西文文字字号都是五号。

选择需要设置字号的文本，在“字号”列表框选择所需的字号。

（3）其他设置

- 加粗：单击此按钮可为所选文字设置或取消粗体。
- 倾斜：单击此按钮可为所选文字设置或取消向右倾斜。
- 下划线：为所选文字设置或取消下划线。单击按钮右侧的下箭头按钮，可选择下划线类型。
- 删除线：单击此按钮可为所选文字设置或取消删除线。
- 下标：单击此按钮可将所选文字设置为下标显示，再次单击可取消。
- 上标：单击此按钮可将所选文字设置为上标显示，再次单击可取消。
- 增大字体：单击此按钮可增大所选文字的字号大小。
- 缩小字体：单击此按钮可缩小所选文字的字号大小。
- 更改大小写：单击此按钮，在弹出的菜单命令中可选择用于英文及标点符号设置大小写的命令。
- 清除格式：单击此按钮可清除所选字体的所有格式，还原到默认格式。
- 拼音指南：单击此按钮弹出“拼音指南”对话框，如图 4－22 所示。在对话框中可设置显示所选文字的读音。设置完毕后，单击“确定”按钮，会在所选文字的上方显示其汉语拼音。

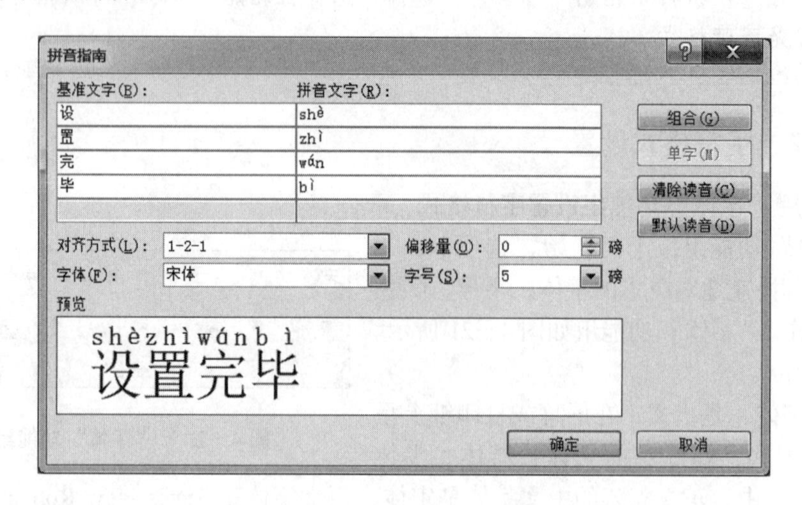

图 4－22　“拼音指南”示意图

- 字符边框：单击此按钮可在所选文字周围显示边框。
- 文本效果：为所选文字设置外观效果（阴影、发光和映像）。
- 以不同颜色突出显示文本：为所选文字设置突出显示。单击按钮右侧的下箭头按钮可选择颜色。
- 字体颜色：为所选文字设置字体颜色。单击按钮右侧的下箭头按钮可选择颜色。
- 字符底纹：单击此按钮为所选文字设置或取消底纹。
- 带圈字符：为所选的单个汉字设置带圈符号，用于加以强调。

【提示】Word 2010 提供了快速格式化字符的方式。当选中需要格式化的文本时，在被选文本的右上方会显示出半透明状态的“浮动工具栏”，如图 4－23 所示。将鼠标移到该工具栏上面，便可对选中的文本进行格式设置。

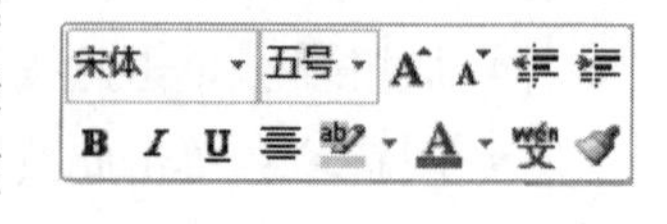

图 4－23　浮动工具栏

2. 利用“字体”对话框设置字符格式

在“字体”组中只列出了常用格式工具，更详细的设置要在“字体”对话框中进行。

(1)“字体”选项卡

在“开始”选项卡，单击“字体”组的对话框启动器按钮或按 Ctrl + D 快捷键，打开“字体”对话框。利用其中的“字体”选项卡，可以对文本一次进行多种格式设置操作，如图 4－24 所示。

在“字体”选项卡可以进行如下设置：中文字体、西文字体、字形、字号、字体颜色、下划线线型、下划线颜色、着重号和效果（如删除线、下标、隐藏等）。

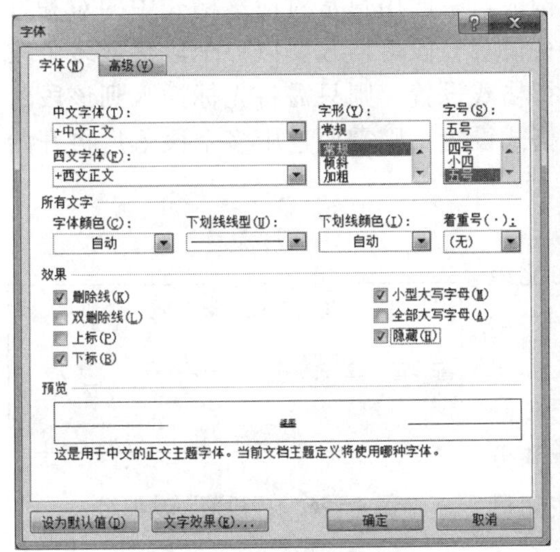

图 4-24　“字体”对话框

图 4-25　“字体”对话框中的“高级”选项卡

(2)“高级”选项卡

在“字体”对话框，选择“高级”选项卡，如图 4-25 所示，在其中可以进行如下主要设置。

缩放：在“缩放”下拉列表中选择百分比数值，可以改变字符在水平方向上的缩放比例。

间距：设置文字之间空隙的大小。可以选择文字间距为“标准”、“加宽”或“紧缩”，在后面“磅值”处可设置需要增加或缩减的距离。

位置：调整所选文字相对于标准文字基线的位置。可以选择文字位置为“标准”、“提升”或“降低”，在后面“磅值”处设置需要提升或降低的大小。

为字体调整字间距：选中了“为字体调整字间距”复选框，在应用缩放字体时，只要它们大于等于指定的大小，Word 将自动调整字间距。

【提示】还可以调整数字间距和数字形式等。

(3) 格式复制

录入文本时，在段落的最后位置按 Enter 键，新开始的段落将继续沿用前一段落已设置的格式。为了保证某个段落的格式与另一段落的格式完全一致或加快格式设置的速度，可以使用“开始”选项卡“剪贴板”组中的格式刷按钮进行格式复制，方法是：选择要被复制格式的段落、字符或将光标插入到要被复制格式的段落中，单击格式刷按钮，鼠标指针变为刷子形，然后像选择文本一样选择要复制格式的字符、段落或段落标记即可实现格式复制；双击格式刷按钮可实现多次格式复制；要取消格式刷状态，可按 Esc 键或单击格式刷按钮。

4.4.3　段落格式设置

段落是文档的基本组成单位，按一次 Enter 键就会产生一个段落。段落可由任意数量的文字、图形、对象及其他内容所构成。一般用户常对段落格式中的对齐方式、缩进方式、段间距、行间距等内容进行设置。段落格式要以一个段落或多个段落为单位进行设置，如果要对一个段落进行格式设置，则只需将光标插入到该段落中即可开始设置；如果要对多个段落进行格式设置，则需要选中多个段落后再开始设置。

1. 利用“段落”功能组设置段落格式

在“开始”选项卡，单击“段落”功能组中的按钮可以对文档段落进行设置，如图 4－26 所示。

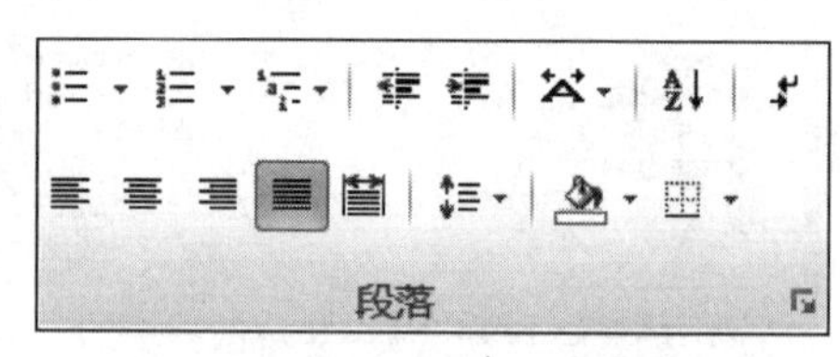

图 4－26　“段落”功能组

对齐方式：段落水平对齐一般分为左对齐、居中对齐、右对齐、两端对齐和分散对齐。在“段落”组中单击相应功能按钮可以完成对齐方式设置。

文本段落默认的对齐方式为两端对齐。两端对齐是指段落中的各行均匀地靠左、右缩进位置对齐，最后一行靠左缩进位置对齐。标题通常采用居中对齐方式；信函或通知的落款和时间往往采用右对齐。如果要使段落相对于左右边距对齐，则首先要保证段落的左、右缩进值均为 0。图 4－27 所示为各种对齐方式的示意图。

两端对齐示意两端对齐示意两端对齐示意两端对齐示意两端对齐示意两端对齐示意两端对齐示意

居中对齐示意居中对齐示意居中对齐示意

分　散　对　齐　示　意　分　散　对　齐　示　意

左对齐示意

右对齐示意

图 4－27　对齐方式示意图

在“段落”组，单击“减少缩进量”按钮可以使段落向左移动，单击“增加缩进量”按钮可以使段落向右移动。

在“段落”组，单击“行和段落间距”下拉按钮可以调整行间距、段落前间距和段落后间距。

2. 利用“段落”对话框设置段落格式

在“开始”选项卡，单击“段落”组的对话框启动器按钮，或单击鼠标右键，在打开的快捷菜单中选择“段落”命令，打开“段落”对话框，如图 4－28 所示。一般利用其中的“缩进和间距”和“中文版式”选项卡，对段落格式进行详细设置。

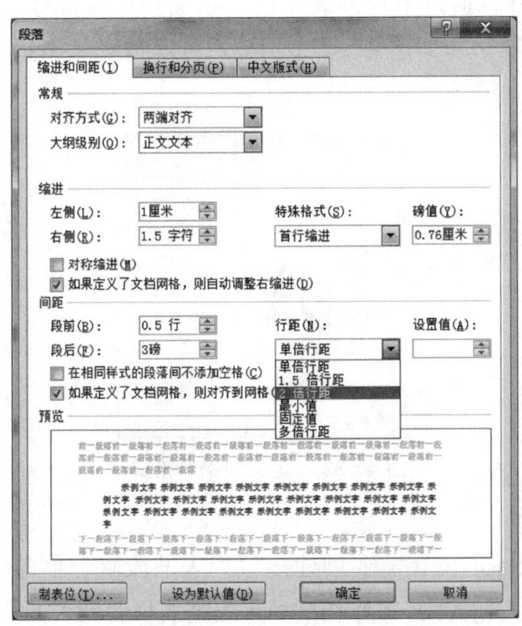

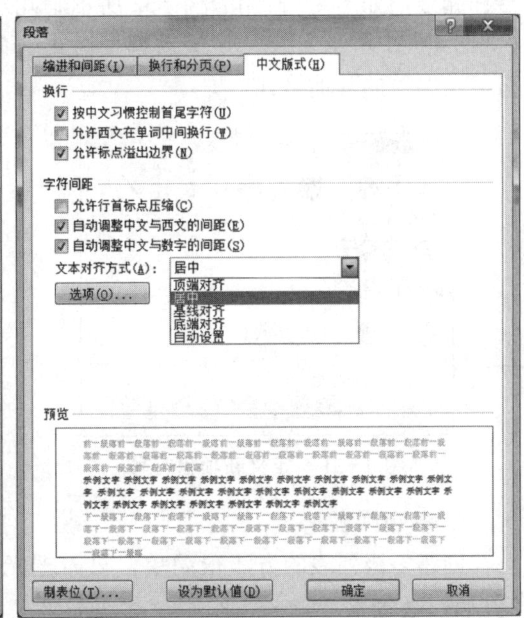

图 4－28　“段落”对话框中的“缩进和间距”选项卡和“中文版式”选项卡

4.5　美化文档

4.5.1　项目符号、编号和多级列表

1. 添加项目符号和编号

为了便于阅读，可以在文本中添加项目符号或编号。方法是：选择要添加项目符号或编号的段落，然后在“开始”选项卡单击“段落”组中的“项目符号”按钮或“编号”按钮进行设置。默认状态下，项目符号的样式是一个实心原点，编号的格式是阿拉伯数字。项目符号或编号的表示形式可以通过单击相应按钮右侧的下拉按钮打开下拉列表进行设置，如图 4－29 和图 4－30 所示。

把光标插入到有项目符号或编号的段落中，再次单击“段落”组中的“项目符号”或“编号”按钮，或在“项目符号”和“编号”下拉列表中选择“无”，即可删除已添加的项目符号或编号。

添加项目符号的效果：

• 计算机应用

• 财务会计

图 4－29　添加项目符合的效果

添加编号的效果：

①计算机应用

②财务会计

图 4－30　添加编号的效果

2. 更改项目符号和编号列表的格式

除了默认的项目符号和编号之外，Word 还分别提供了其他几种标准格式的项目符号和编号，如图4-31和图4-32所示。此外，通过下拉列表中的“定义新项目符号”（如图4-31所示）及“定义新编号格式”命令（如图4-32所示），可以自定义项目符号及编号的其他格式。

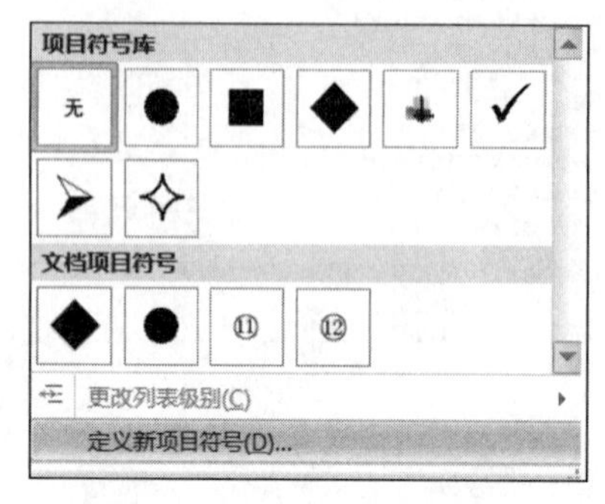

图4-31　定义新项目符号

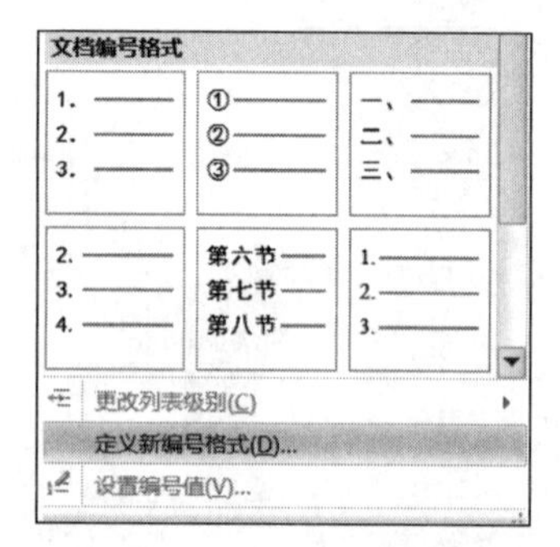

图4-32　定义新编号格式

3. 多级列表

创建多级列表的方法很简单，只需把光标定位在需要创建多级列表的段落，单击“开始”选项卡“段落”组中“多级列表”按钮，选择相应的多级列表样式即可。

4.5.2　首字下沉

在书籍和报刊中经常采用将段落的第一个字放大数倍的方法来引起读者的注意，利用首字下沉可以实现用户的这个愿望。操作步骤如下：

①将插入点定位到某个段落；在“插入”选项卡单击“文本”组中的“首字下沉”按钮，打开“首字下沉”下拉列表，如图4-33所示，选择“下沉”即可设置首字下沉。

②如需要对首字下沉的参数进行设置，单击“首字下沉选项”，则打开“首字下沉”对话框，如图4-34所示。

①在“位置”选项组单击选择“下沉”方式。

②在“字体”下拉列表中设定首字的字体，本例设为隶书。

③在“下沉行数”数值框中输入首字占据的行数，默认值为3，本例设为2行。

④“距正文”数值框中设置首字与右侧正文的距离，本例采用默认值0。

⑤单击“确定”按钮，完成设置。

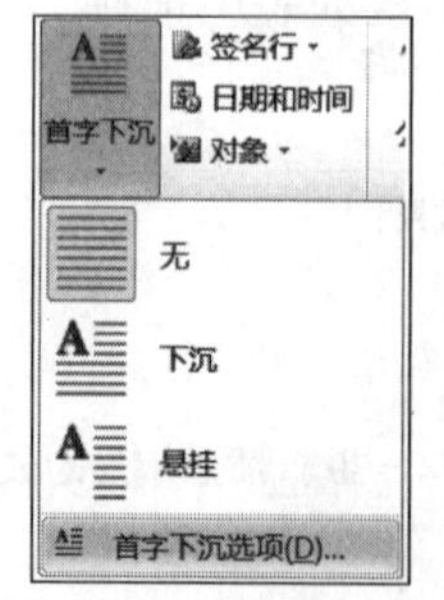

图4-33　首字下沉选项

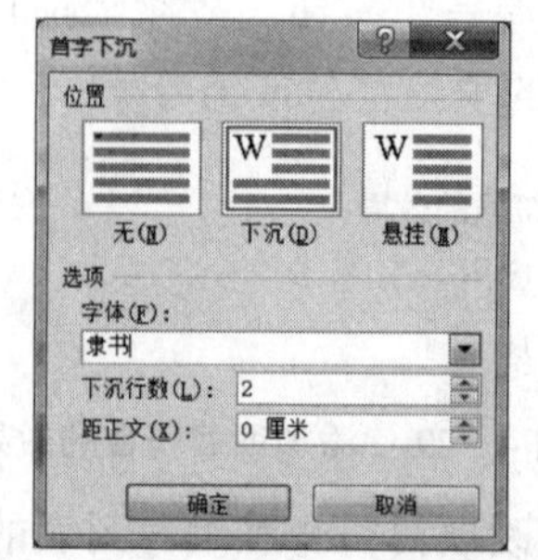

图4-34　“首字下沉”对话框

【提示】还有一种“悬挂”下沉方式，设置时只要在“首字下沉”对话框的“位置”栏中单击“悬挂”即可。若在“位置”栏中选择“无”，则取消首字下沉。

4.5.3　边框和底纹

为了修饰对象，可以对所选的对象（包括字符、段落、表格、图片和文本框）加上边框和底纹。边框是指围在对象四周的一个或多个边上的线条，底纹是指用某种背景填充对象。边框和底纹可以添加在某一段落中，也可以添加在选择的字符或整个页面中。

1. 设置边框

在“页面布局”选项卡，单击“页面背景”组中的“页面边框”按钮；或在“开始”选项卡单击“段落”组中的“边框和底纹”按钮，打开“边框和底纹”对话框，选中“边框”选项卡，如图 4-35 所示。

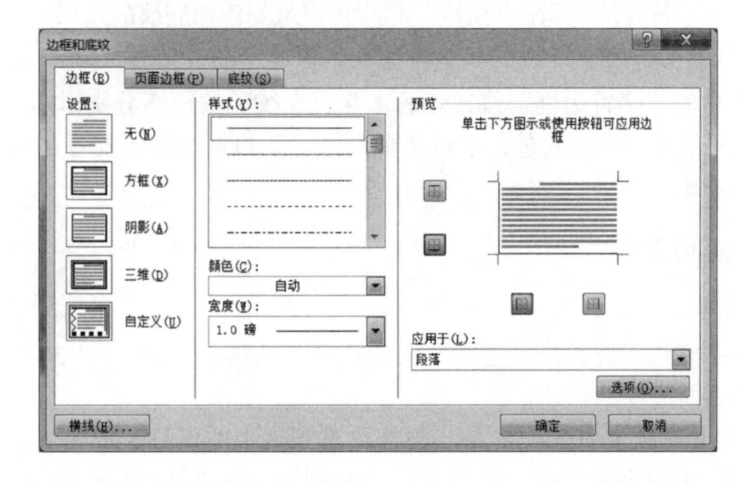

图 4-35　“边框和底纹”对话框→“边框”选项卡

2. 底纹

选定要添加底纹的文字或表格。在如图 4-35 所示的“边框和底纹”对话框中选择“底纹”选项卡，如图 4-36 所示。

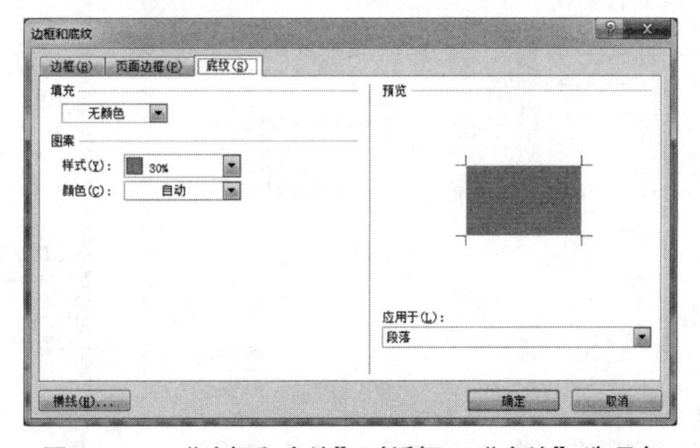

图 4-36　“边框和底纹”对话框→“底纹”选项卡

利用“填充”下拉列表填充底纹颜色。默认为无颜色填充，用户可以通过单击选择某种填充颜色；在“填充”下拉列表单击“其他颜色”按钮打开“颜色”对话框，如图4-37所示，利用其中的“标准”和“自定义”选项卡可以自定义填充颜色。

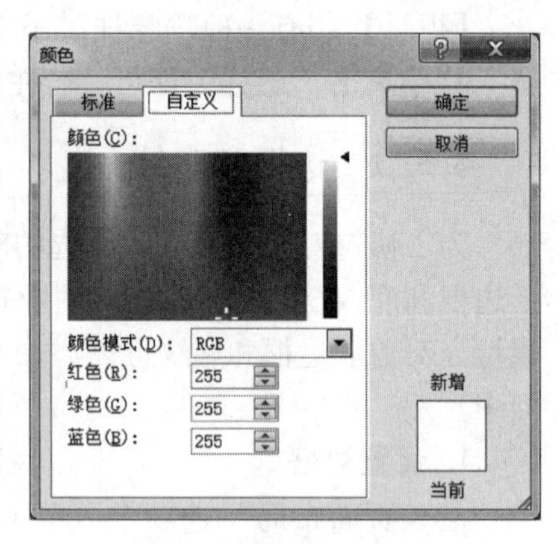

图4-37 “颜色”对话框

在“图案”栏设置图案底纹，其中有“样式”和“颜色”两个下拉列表，默认样式为“清除”，利用“样式”下拉列表可以选择其他样式，如“30%”；默认颜色为“自动”，利用“颜色”下拉列表可以选择其他颜色。

在“应用于”下拉列表选择添加底纹的范围，若选择“段落”，则为段落底纹；若选择“文字”，则为文字底纹（字符底纹）。在“预览”栏中可以看到添加底纹的效果。

【提示】如果要添加字符边框和字符底纹，最简单的方法是使用“开始”选项卡下“字体”组中的“字符边框”按钮和“字符底纹”按钮分别添加。但用这种方式添加的底纹只能是单一的灰色，字符边框的某一条边框线也不能像段落边框那样单独取消或单独添加。

4.5.4 页面背景

1. 页面边框

在“边框和底纹”对话框，选择“页面边框”选项卡，如图4-38所示，可以为整个文档添加页面边框。

“页面边框”选项卡中的项目与“边框”选项卡中的项目大致类似，所不同的是多了“艺术型”下拉列表，在“应用于”下拉列表中可供选择的范围也发生了变化。如果选择“方框”、选择一种“艺术型”、应用于“整篇文档”，则效果如图4-39所示。

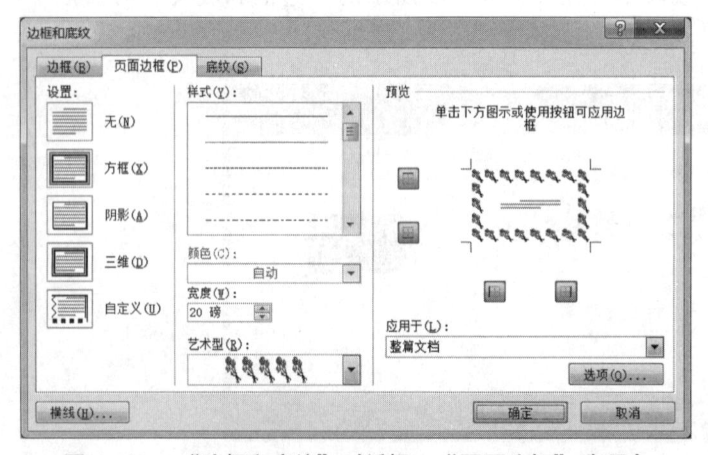

图4-38 “边框和底纹”对话框→“页面边框”选项卡

图4-39 页面边框效果

要取消设置的页面边框，在“页面边框”选项卡的“设置”栏单击“无”即可。

2. 页面颜色

在“页面布局”选项卡，单击“页面背景”组的“页面颜色”按钮，打开“页面颜色”下拉列表，选择其中的“其他颜色”或“填充效果”分别打开如图 4－40 和图 4－41 所示的“颜色”和“填充效果”对话框。

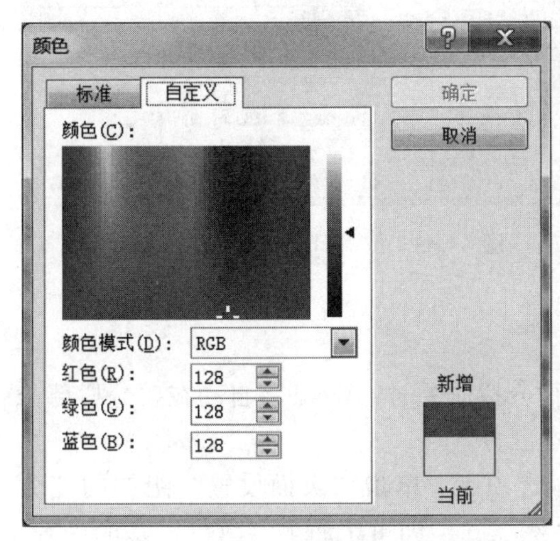

图 4－40 “颜色”对话框

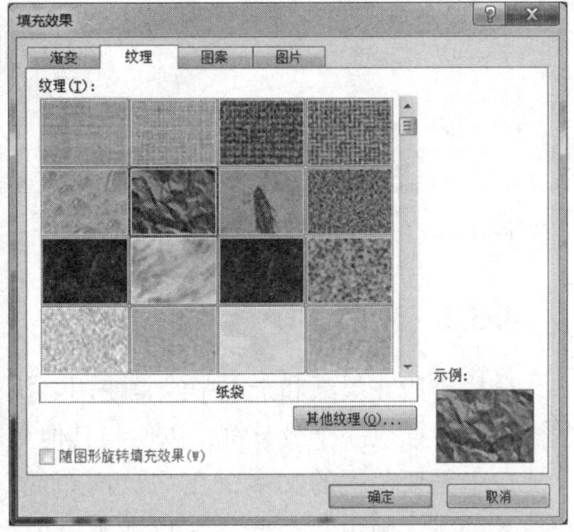

图 4－41 “填充效果”对话框

利用“颜色”和“填充效果”对话框，可以设置整个文档的背景填充颜色或背景填充效果图像，以达到用某种颜色或图片做页面背景美化文档的效果。如果取消页面颜色，只需单击“页面背景”组的“页面颜色”按钮，在弹出的列表中选择“无颜色”即可。

【提示】背景填充颜色和背景填充效果默认不被打印输出，一般只在 Word 窗口中显示出来。如果需要打印背景颜色或图像，单击“文件”选项卡的“选项”命令，在弹出的“Word 选项”对话框中选择“显示”，在“打印选项”中选择“打印背景色和图像”。

3. 水印

水印是指印在页面上的一种透明的花纹。用户可以使用 Word 2010 内置的水印，也可以设置自己需要的水印。在“页面布局”选项卡，单击“页面背景”组中的“水印”按钮，打开“水印”下拉列表，在此列表中选择一种水印，如“机密 1”，即可给页面设置一种内置的水印。在“水印”下拉列表选择“删除水印”即可取消水印设置。

如果在“水印”下拉列表选择“自定义水印”命令，打开如图 4－42 和图 4－43 所示的“水印”对话框。若选择“图片水印”，则单击“选择图片”按钮查找并插入图片，选择“冲蚀”复选项，如图 4－42 所示，单击“确定”按钮即可设置图片水印；若选择“文字水印”，则需要设置文字、字号、颜色、版式等，选择“半透明”复选项，如图 4－43 所示，单击“确定”按钮即可设置文字水印。在“水印”对话框选择

“无水印”即可取消水印设置。

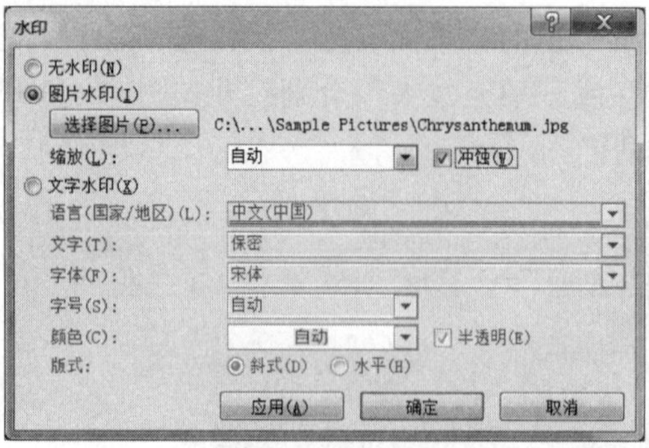

图 4－42　“水印”对话框之图片水印

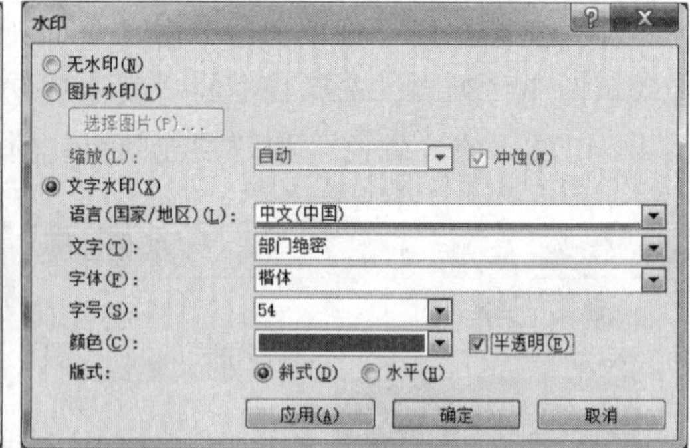

图 4－43　“水印”对话框之文字水印

4.5.5　分栏

分栏排版在报纸和杂志中经常使用。执行分栏命令时，Word 将自动在要分栏部分的上、下各插入一个分节符，以便与其他文本区分。

选中需要分栏的文本，在“页面布局”选项卡，单击“页面设置”组中的“分栏”按钮，弹出“分栏”下拉列表，单击选择其一即可。如果需要进一步的设置，单击“更多分栏”命令，打开“分栏”对话框，如图 4－44 所示。在“分栏”对话框中，在“预设”栏选择分栏方式，如“三栏”；如果需要的栏数更多，可以在“栏数”数值框中设定所需的栏数，最多可设置的栏数不定，因文档字号的大小、页面的大小等有所不同；在“应用于”下拉列表中可以选择分栏的范围，如选择“所选文字”；如果选中“分隔线”复选项，可以在各分栏之间加上分隔线，将各栏隔开，在图 4－44 中选中了“分隔线”复选项；如果选中“栏宽相等”复选项，Word 将自动调整各栏宽度使其相同。单击“确定”按钮，分栏效果如图 4－45 所示。

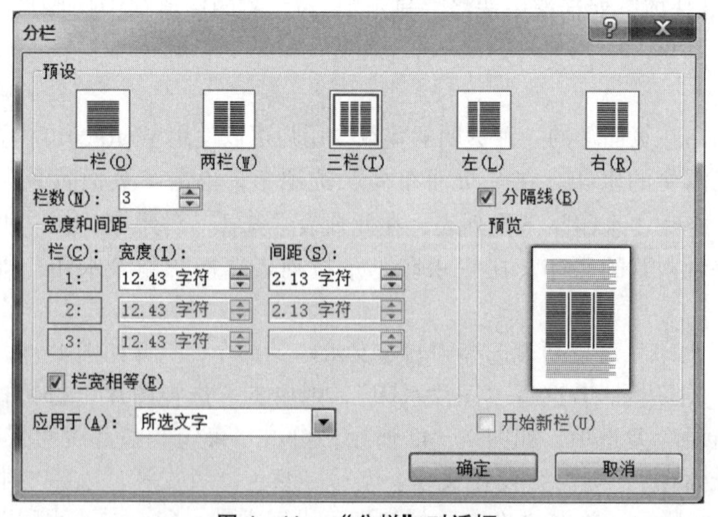

图 4－44　“分栏”对话框

当选择多栏时，在取消“栏宽相等”复选标记“√”后，“宽度和间距”栏会出现各栏的栏宽和间距，此时用户可以调整各栏的宽度和间距的数值，以符合实际需要。

如果要取消分栏设置，则在“分栏”对话框的“预设”栏单击选择“一栏”即可。

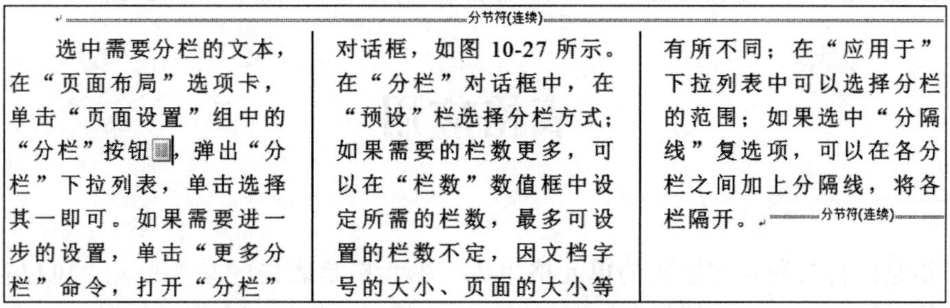

分节符(连续)

选中需要分栏的文本，在“页面布局”选项卡，单击“页面设置”组中的“分栏”按钮，弹出“分栏”下拉列表，单击选择其一即可。如果需要进一步的设置，单击“更多分栏”命令，打开“分栏”对话框，如图 10-27 所示。在“分栏”对话框中，在“预设”栏选择分栏方式；如果需要的栏数更多，可以在“栏数”数值框中设定所需的栏数，最多可设置的栏数不定，因文档字号的大小、页面的大小等有所不同；在“应用于”下拉列表中可以选择分栏的范围；如果选中“分隔线”复选项，可以在各分栏之间加上分隔线，将各栏隔开。分节符(连续)

图 4-45　分栏效果

第 5 章

表格应用

表格是由行与列相交形成的单元格组成，单元格是表格的基本单元。可以在单元格中填写文字和插入图片等信息，还可以嵌套表格。表格的基本组成如图 5－1 所示。

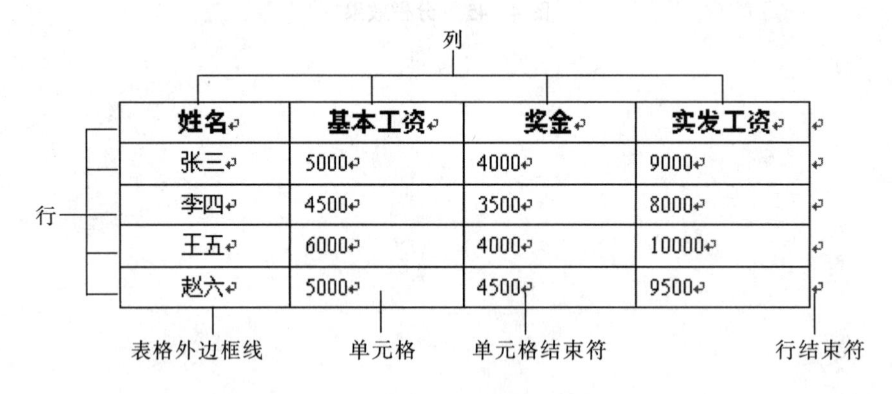

姓名	基本工资	奖金	实发工资
张三	5000	4000	9000
李四	4500	3500	8000
王五	6000	4000	10000
赵六	5000	4500	9500

图 5－1　表格的基本组成

本章学习目标：

- 掌握表格的创建与编辑；
- 掌握设置表格样式和表格计算排序。

5.1　创建表格

在“插入”选项卡，单击“表格”组中的“表格”按钮，弹出如图 5－2 所示的“插入表格”下拉菜单。其中提供了 6 种创建表格的方式：单元格选择板创建表格、插入表格、绘制表格、文本转变为表格、Excel 电子表格和快速表格。

1. 使用单元格选择板直接创建表格

操作步骤如下：

①将光标定位于要插入表格的位置。

②在“插入”选项卡，单击“表格”组中的“表格”按钮，在弹出的网格框上拖动鼠标，选择所需的行数和列数，如图 5－3 所示选择了 4 行 3 列。

③放开鼠标左键，即可在插入点插入一个表格。

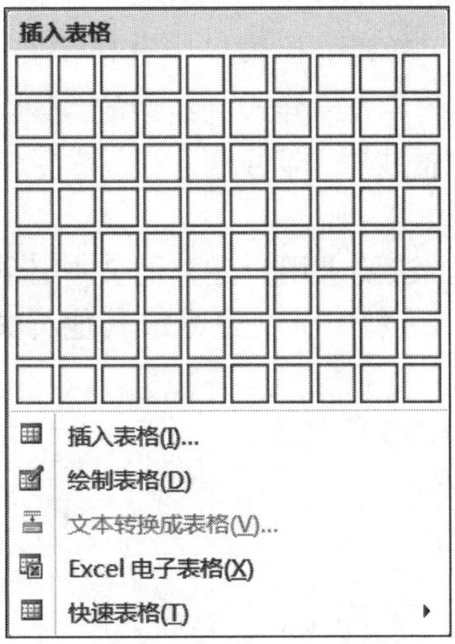

插入表格
插入表格(I)...
绘制表格(D)
文本转换成表格(V)...
Excel 电子表格(X)
快速表格(T)

图5-2 “插入表格”下拉菜单

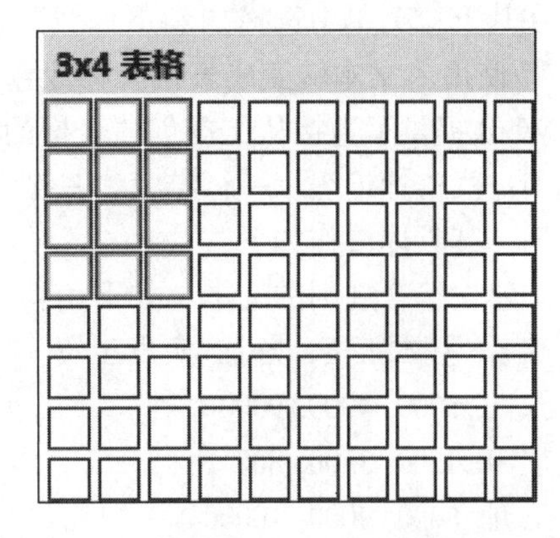

图5-3 使用单元格选择板直接创建表格

2. 使用“插入表格”命令创建表格

操作步骤如下：

①在“插入表格”下拉菜单中选择“插入表格”命令，打开如图5-4所示的“插入表格”对话框，根据需要设置表格的行数和列数（最大值为63列），这里我们设置的是4行3列，在“自动调整”操作组中，设置表格的列宽和调整方式。如果以后还要制作相同大小的表格，则选中“为新表格记忆此尺寸”复选项。

②单击“确定”按钮，则可生成相应的表格。

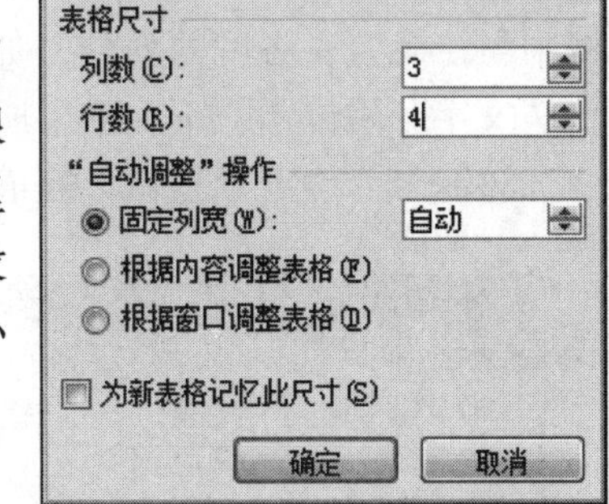

图5-4 “插入表格”对话框

3. 使用“绘制表格”命令创建表格

通过“绘制表格”命令可以绘制更为复杂的表格。操作步骤如下：

①在“插入表格”下拉菜单中选择“绘制表格”，此时光标会变成铅笔形状。

②把鼠标移动到准备创建表格的左上角，按下左键向右下方拖动，到达合适的位置时放开鼠标，此时选定位置就会出现一个矩形框，并激活“表格工具”，其中包含“设计”和“布局”两个选项卡。

③在需要添加表格线的位置拖动鼠标沿水平或竖直移动，则可以自动绘制出相应的行或列。如果要绘制斜线，则沿表格或单元格的对角线方向拖动鼠标，之后，松开鼠标即可。

④若需要更改表格边框线的粗细、样式和颜色，可通过“设计”选项卡下“绘图边框”组中的“笔颜色”、“笔样式”、“笔画粗细”进行设置。如果需要去掉不必要的线条，则点击“设计”选项卡下“绘图边框”组中的“表格擦除器”按钮，鼠标变成橡皮形状，此时单击单元格的某个竖线条或拖动鼠标擦除某个完整的竖线条，则自

动删除该线条。当竖线条删除到一定程度时，再删除横线条。

【提示】需要绘制单斜线表头时，先把光标定位在第一个单元格。单击“开始”选项卡下“段落”组中的“边框”下拉按钮，在其下拉菜单中选择“斜下框线”（或“斜上框线”）即可；或单击“设计”选项卡下“表格样式”组中的边框下拉按钮，在其下拉菜单中选择“斜下框线”（或“斜上框线”）即可。

4. 使用“文本转变成表格”命令创建表格

Word 提供了直接从文本创建表格的方法，此方法要求用户建立的文本必须有一定的规则：段落标记表示一行结束，一般用空格、制表符、英文逗号或其他英文符号表示分列。其具体操作如下：

①建立符合规则的文本，如下用英文逗号分隔的 5 行文本：

姓名, 基本工资, 奖金, 实发工资

张三, 5000, 4000, 9000

李四, 4500, 3500, 800

王五, 6000, 4000, 10000

赵六, 5000, 4500, 9500

②选中要转换为表格的文本。在“插入表格”下拉菜单中选择“文本转换成表格”命令，弹出如图 5－5 所示的“将文字转换成表格”对话框。其中，“列数”数值框中为转换为表格后的列数，如果所填列数大于数据元组的列数，则后面添加空列。在“文字分隔位置”下，选中所需的分隔符选项，如选择“逗号”。

③单击“确定”按钮，完成表格的转换，效果如图 5－6 所示。

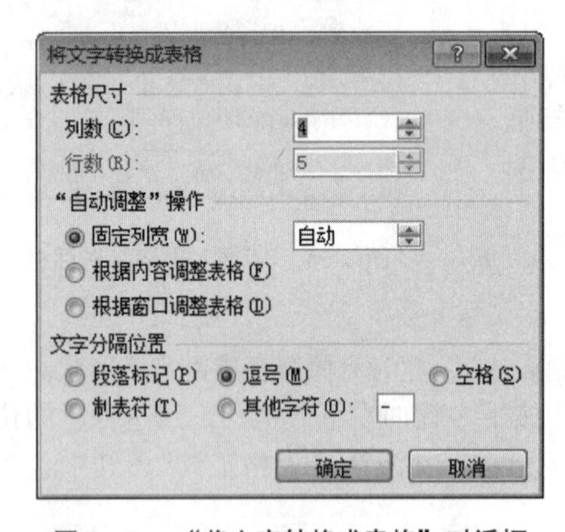

图 5－5 “将文字转换成表格”对话框

姓名	基本工资	奖金	实发工资
张三	5000	4000	9000
李四	4500	3500	800
王五	6000	4000	10000
赵六	5000	4500	9500

图 5－6 将文本转换为表格后的效果图

同样可以将表格转换为文本，操作步骤如下：

①把光标定位在表格的任意单元格。此时激活了“表格工具”，其中包含“布局”选项卡。

②在“布局”选项卡，单击“数据”组中的“转换为文本”按钮，打开“表格转换为文本”对话框，如图 5－7 所示。在“文字分隔符”选项组，选中所需的选项，例如“逗号”，单击“确定”按钮，完成转换，回到初始 5 行文本状态。

5. 在文档中插入Excel 电子表格

在“插入表格”下拉菜单中选择“Excel 电子表格”命令即可插入一个 Excel 电子表格。有关 Excel 电子表格的知识将在下一编介绍。

6. 使用“快速表格”命令快速创建表格

使用“快速表格”命令创建表格的操作步骤如下：

①单击文档中需要插入表格的位置。

②在“插入表格”下拉菜单中选择“快速表格”，在弹出的下拉列表中单击选择需要使用的表格样式即可。

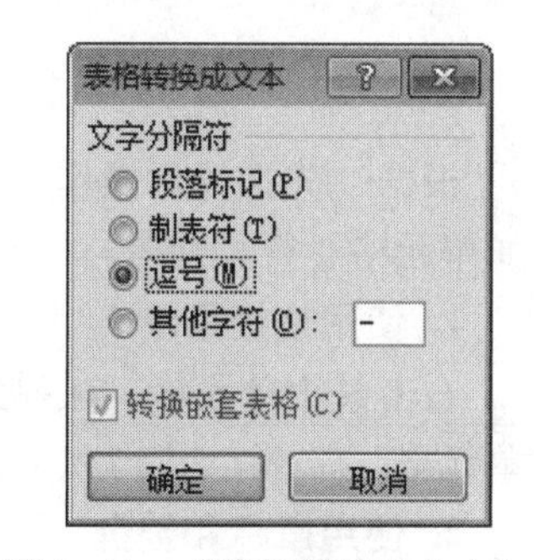

图 5－7 “表格转换为文本”对话框

【提示】在“插入表格”下拉菜单中选择“快速表格”，在弹出的下拉列表中选择“将所选内容保存到快速表格库”，可以将自己设计好的表格样式添加到“快速表格库”。

7. 表格嵌套

Word 允许在表格中建立新的表格，即嵌套表格，可以用以下两种方法嵌套表格：

• 首先在文档中插入或绘制一个表格，然后在需要嵌套表格的单元格内插入或绘制表格。

• 首先建立好两个表格，然后把一个表格拖曳到另一个表格中即可。

5.2 数据输入与表格选择

5.2.1 数据输入

创建表格后，插入点自动定位在第一个单元格中，此时可以向单元格内输入数据。数据的输入方式、编辑及格式设置方法均与普通文本的操作方法相同。

用鼠标单击某个单元格，可以将插入点定位到该单元格。按 Tab 键或→键可以将插入点右移一个单元格，按 Shift + Tab 组合键或←键可以将插入点左移一个单元格，按↑键可以将插入点上移一个单元格，按↓键可以将插入点下移一个单元格。

练习1：创建如表 5－1 所示表格，以“表格 5 - 1. docx”为文件名保存。

表 5－1　　2013 年上半年月度考核表

月份 姓名	1	3	4	5	6
张三	82	85	78	90	88
李四	78	80	82	79	86
王五	86	69	86	77	76
赵六	90	89	73	90	93
平均					
备注					

5.2.2 选择表格

根据“先选择后操作”的原则，编辑表格之前，也要先选择表格或表格的一部分（如单元格、行、列等）。

1. 使用快捷菜单

右击某个单元格，在弹出的快捷菜单中指向“选择”，在其下拉菜单中分别选择“单元格”、“列”、“行”、“表格”命令，即可分别选中相应的对象。

2. 使用鼠标和键盘

（1）选择单元格

将鼠标指针移到某个单元格的左侧并使其变为↗，如图5－8（a）所示，此时单击即可选择该单元格；或把光标定位在单元格中，然后三击鼠标左键。

如果要选择连续的多个单元格区域，则当鼠标移到第一个单元格的左侧并使其变为↗时，拖动鼠标到最后一个单元格后松开鼠标左键即可；也可以单击左上角的单元格，按下 Shift 键不放，单击右下角的单元格进行选定。

如果需要选择不连续的多个单元格区域，可选择第一个单元格，按下 Ctrl 键不放，单击选择其他单元格即可。

（2）选择行或列

将鼠标移到表格左侧选定栏，鼠标变成一个空白的右斜箭头↗，如图5－8（b）所示，此时单击即可选中该行，然后向下或向上拖动鼠标，可以选择连续的多行。如果要选中不连续的多行，则先用鼠标在表格左侧单击选中一行，再按住 Ctrl 键用同样方法单击其他行。

将鼠标移到表格上方，并使其变成一个粗黑向下的箭头⬇，如图5－8（c）所示，此时单击即可选中该列；然后向右或向左拖动鼠标，可以选择连续的多列。如果要选中不连续的多列，则先用鼠标在表格中选中一列，再按住 Ctrl 键用同样方法单击其他列。

（3）选择行结束符

将鼠标移向行结束符，鼠标变为粗黑右斜箭头↗，如图5－8（d）所示，此时单击可选中某行的行结束符，上下拖动鼠标可选中若干行的行结束符。

（4）选择整个表格

将光标定位在任意单元格中，单击表格左上角的“表格移动控制点”按钮⊞，则可以选中整个表格；也可以选择一列（或一行）之后紧接着选择一行（或一列）。

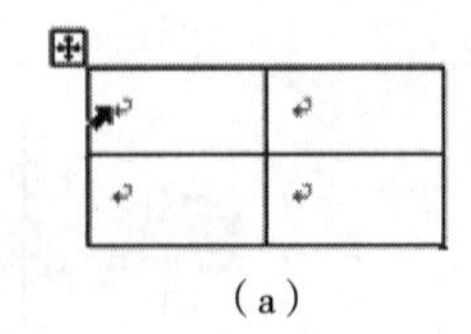
（a）

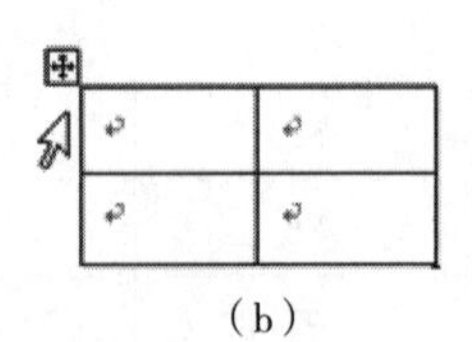
（b）

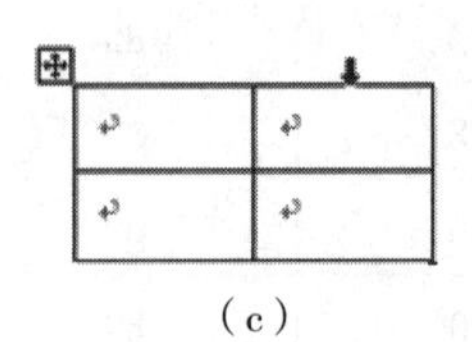
（c）

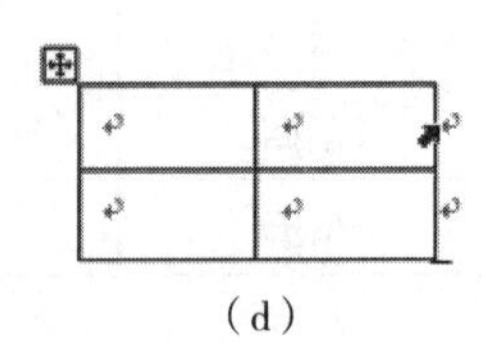
（d）

图5－8 单元格、列、行、行结束符的选择

5.3 编辑表格

5.3.1 插入单元格、行、列

1. 插入单元格

将光标定位在某单元格，在“布局”选项卡单击“行和列”组的对话框启动器按钮，或单击鼠标右键，在弹出的快捷菜单中选择“插入”→“插入单元格”命令，弹出“插入单元格”对话框，如图5－9所示。选择相应的操作，单击“确定”按钮即可。

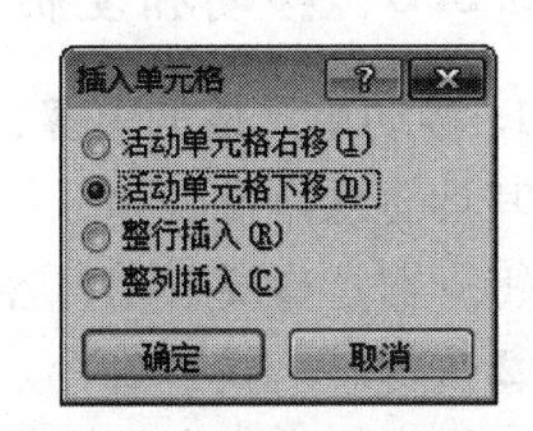

图5－9 “插入单元格”对话框

2. 插入行

将光标定位在单元格，在“布局”选项卡单击“行和列”组的“在上方插入”按钮或“在下方插入”按钮；或单击鼠标右键，在弹出的快捷菜单中选择“插入”→“在上方插入行（或在下方插入行）”命令即可。

技巧：把光标定位在某行的行尾（行结束符）处，按Enter键即可在当前行下方插入一个空行；把光标定位在最后一个单元格，按Tab键即可在表格尾添加一个空行。

3. 插入列

将光标定位在单元格，在“布局”选项卡单击“行和列”组的“在左侧插入”按钮或“在右侧插入”按钮；或单击鼠标右键，在弹出的快捷菜单中选择“插入”→“在左侧插入列”或“在右侧插入列”命令即可。

练习2：打开“表格5-1.docx”文档，在表格的第6行上方插入一行，并输入“田七、87、85、78、88、79”；在表格第3列的左侧插入一列，并输入“2月、78、90、67、86、81”；在表格最后一列的右侧插入一列，并在第一个单元格输入“综合”。最后结果如表5－2所示。以“表格5-2.docx”为文件名另存在“D:\×××练习”文件夹。

表5－2 2013年上半年月度考核表

月份 姓名	1	2	3	4	5	6	综合
张三	82	78	85	78	90	88	
李四	78	90	80	82	79	86	
王五	86	67	69	86	77	76	
赵六	90	86	89	73	90	93	
田七	87	81	85	78	88	79	
平均							
备注							

5.3.2 删除单元格、行、列、整个表格

选中要删除的行、列或单元格，在“布局”选项卡单击“行和列”组的“删除”按钮，根据删除的内容不同，在弹出的下拉菜单中选中相应的删除命令即可；或单击鼠标右键，在弹出的快捷菜单中选择“删除×××”命令即可。

5.3.3 移动和复制

1. 移动单元格的内容、整行、整列

其具体操作步骤如下：

①分别选择要移动内容的单元格、整行、整列。

②执行“剪切”命令。

③将光标定位在目标位置（如果是整行或整列移动，必须定位在其他行或其他列的第一个单元格），执行“粘贴”命令即可完成相应的移动操作。

2. 复制单元格的内容、整行、整列

其具体操作步骤如下：

①选择要复制内容的单元格、整行或整列。

②执行“复制”命令。

③将光标定位在目标位置（如果是整行或整列复制，必须定位在其他行或其他列的第一个单元格），执行“粘贴”命令即可完成相应的复制操作。

注意：在移动或复制整行、整列的操作中，执行“粘贴”命令后，被粘贴的整行在光标所在行的上方，被粘贴的整列在光标所在列的左侧。

5.3.4 调整列宽、行高

调整列宽、行高的方法有多种。本节只介绍利用鼠标拖动来粗略调整列宽、行高的方法，在下一节将介绍利用“表格属性”对话框精确设置列宽、行高的方法。

1. 调整列宽

将鼠标指针移到某条垂直线上，当鼠标指针形状变为 ⫲ 时按住鼠标，该垂直线就会变成一条垂直虚线，如图 5-10 所示；拖动该虚线到目标位置，释放鼠标即可完成垂直线的粗略调整，从而达到调整列宽的目的。调整时，垂直线两侧的列一个宽度增加，而另一个宽度减少，而表格的总宽度不变。

技巧：如果先按住 Ctrl 键，再进行以上操作，则可以让某条垂直线右侧所有表格列的宽度按比例增减，而表格的总宽度不变。如果先按住 Shift 键，再进行以上操作，此时向右拖动垂直线，则增加垂直线左侧表格列的宽度，向左拖动垂直线，则垂直线左侧表格列的宽度减少，表格的总宽度也随之发生变化。双击某列的右边线，可以将此列的宽度按内容进行自适应调整。按住 Alt 键进行以上操作可以微调列宽。

月份 姓名	1	2	3	4	5	6
张三	82	78	85	78	90	88
李四	78	90	80	82	79	86
王五	86	67	69	86	77	76
赵六	90	86	89	73	90	93
田七	87	81	85	78	88	79
平均						
备注						

图5-10 调整列宽

2. 调整行高

将鼠标指针移到某条水平线上，当鼠标指针形状变为÷时按住鼠标，该水平线就会变成一条水平虚线，如图5-11所示；向上拖动该虚线即可减少行高，向下拖动该虚线即可增加行高。【提示】按住Alt键进行以上操作可以微调行高。

月份 姓名	1	2	3	4	5	6
张三	82	78	85	78	90	88
李四	78	90	80	82	79	86
王五	86	67	69	86	77	76
赵六	90	86	89	73	90	93
田七	87	81	85	78	88	79
平均						
备注						

图5-11 调整行高

3. 调整单元格宽度

如果只调整某单元格的宽度，则必须先选中该单元格，然后利用鼠标向左或向右拖动该单元格的垂直线，就可调整该单元格的宽度。操作方法类似于调整列宽。

4. 平均分布各行或各列

选择多行（或多列），在“布局”选项卡单击“单元格大小”组中的分布行按钮（或分布列按钮）；或单击鼠标右键，在弹出的快捷菜单中选择“平均分布各行”（或“平均分布各列”）命令则自动将所选多行（或多列）的行高（或列宽）均匀分布。

5.3.5 合并单元格和表格

1. 合并单元格

合并单元格就是将多个连续的单元格合并成一个，具体操作步骤如下：

①选择要合并的多个单元格，如图 5－11 中最后一行的第 2～7 个单元格。

②在“布局”选项卡单击“合并”组中的“合并单元格”按钮；或单击鼠标右键，在弹出的快捷菜单中选择“合并单元格”命令。合并后的效果如图 5－12 所示。

2. 合并表格

独立建立的两个表格或拆分后的表格，若从未进行过移动操作，则可以利用 Delete 键删除两个表格中间的回车符来实现表格的合并。

5.3.6 拆分单元格和表格

1. 拆分单元格

拆分单元格是指将一个单元格或多个单元格拆分成多个单元格，具体操作步骤如下：

①选择要拆分的一个单元格或多个单元格，如图 5－12 中的最后一个单元格。

②在“布局”选项卡单击“合并”组中的“拆分单元格”按钮；或单击鼠标右键，在弹出的菜单中选择“拆分单元格”，打开如图 5－13 所示的“拆分单元格”对话框。在该对话框的“列数”和“行数”数值框中指定要拆分的列数和行数；如果是对多个单元格进行拆分，一般需要选择“拆分前合并单元格”选项。

③单击“确定”按钮即可拆分单元格。

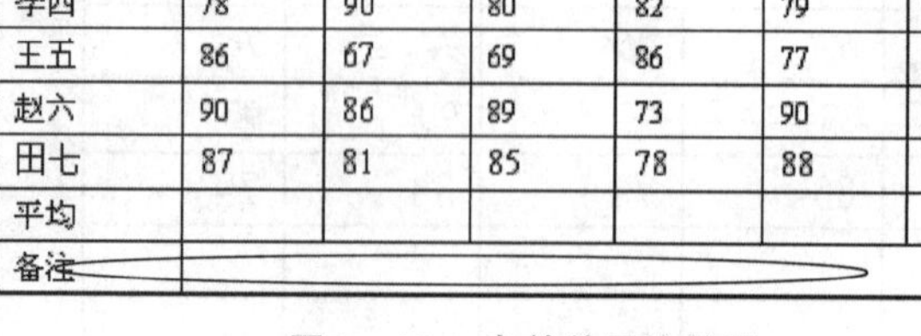

月份 / 姓名	1	2	3	4	5	6
张三	82	78	85	78	90	88
李四	78	90	80	82	79	86
王五	86	67	69	86	77	76
赵六	90	86	89	73	90	93
田七	87	81	85	78	88	79
平均						
备注						

图 5－12 合并单元格效果

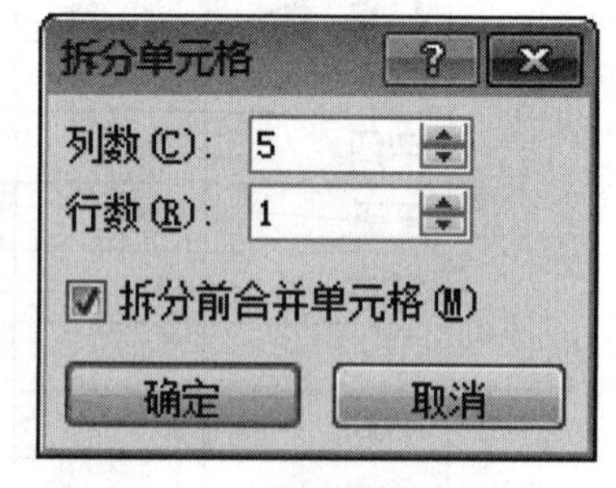

图 5－13 “拆分单元格”对话框

2. 拆分表格

拆分表格是指将一个表格拆分为上、下两个表格。将光标定位到表格中，单击“布局”选项卡下“合并”组中的“拆分表格”按钮，表格将以光标所在行为界被拆分成上、下两个表格。删除拆分表格中间的段落标记，可以还原表格。

5.3.7 缩放表格

缩放表格是指将表格整体放大或缩小。其具体操作方法是：单击某个单元格，在表格右下角出现一个表格尺寸控制点□，用鼠标拖动这个控制点到某个位置就可以按比例缩放表格的高度和宽度。

5.4 设置表格格式

设置表格格式包括设置表格属性、添加边框和底纹及使用表格自动套用格式等。

5.4.1 设置表格属性

光标定位在表格内，在“布局”选项卡单击“表”组中的“属性”按钮或右击鼠标，在弹出的菜单中选择“表格属性”，打开如图5-14所示的“表格属性”对话框。

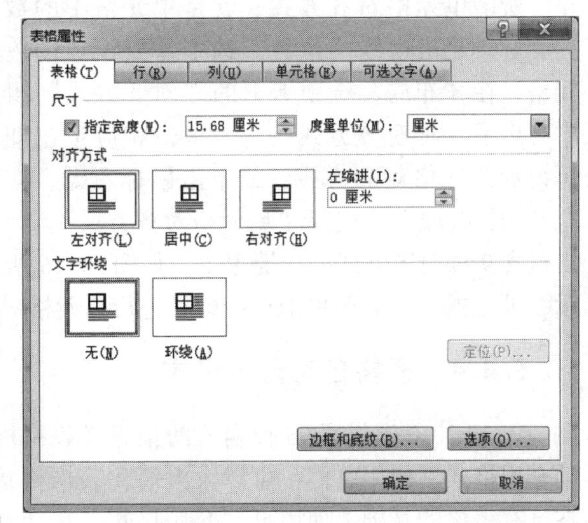

图5-14 “表格属性”对话框

5.4.2 设置底纹和边框

Word可以为整个表格或某个单元格区域设置边框和底纹，常用设置方法有两种：

①选中需要添加底纹或边框的部分，在“设计”选项卡单击“表格样式”组中的边框下拉按钮或底纹下拉按钮，弹出设置底纹颜色或设置边框格式的下拉菜单，选择相应的选项即可。

②选中需要添加底纹或边框的部分，在“设计”选项卡单击“绘图边框”组中的对话框启动器；或右击鼠标，在弹出的菜单中选择“边框和底纹”命令，打开“边框和底纹”对话框，如图5-15所示。具体设置方法请参照前面章节介绍的文本边框和底纹的设置方法即可。

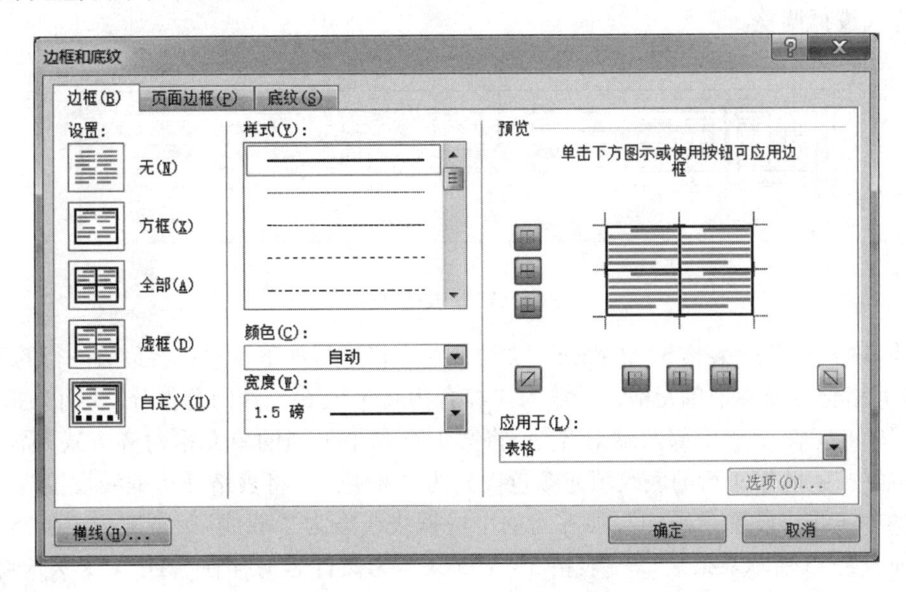

图5-15 “边框和底纹”对话框

5.4.3 设置单元格对齐方式

所谓单元格对齐方式，就是单元格中的数据相对单元格边线的位置。选中需要设置的单元格，在“布局”选项卡下的“对齐方式”组中列出了 9 种对齐方式按钮，单击相应按钮即可设置单元格对齐方式。或单击鼠标右键，在打开的快捷菜单中选择“单元格对齐方式”，弹出包含 9 种对齐方式的快捷菜单，如图 5－16 所示，可根据实际需要单击选择即可进行单元格对齐方式设置。

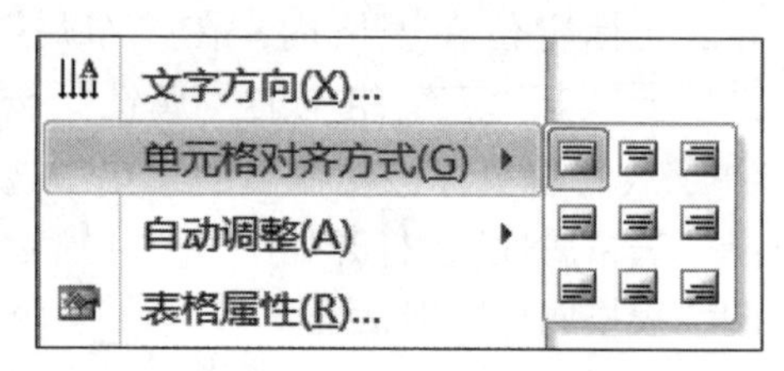

图 5－16　单元格对齐方式

5.4.4 表格自动套用格式

Word 2010 提供了 98 种内置的预定义表格格式供用户选择，这就是所谓的表格自动套用格式。使用它们，可以大大简化表格格式的设置。用户可以在生成新表格时或在已有表格的基础上使用自动套用格式。在已有表格的基础上使用自动套用格式的具体操作步骤如下：

①将光标置于表格的任意单元格，单击“设计”选项卡，可以看到“表格样式”组中提供了几种简单的表格样式，如图 5－17 所示。单击或按钮，可以上下翻动样式列表；或按按钮打开“表格样式”列表。

②单击选中某种样式，表格就会自动套用该样式。

③选中任一样式后，单击“设计”选项卡下的“表格样式选项”组中的相应按钮可对样式进行调整。

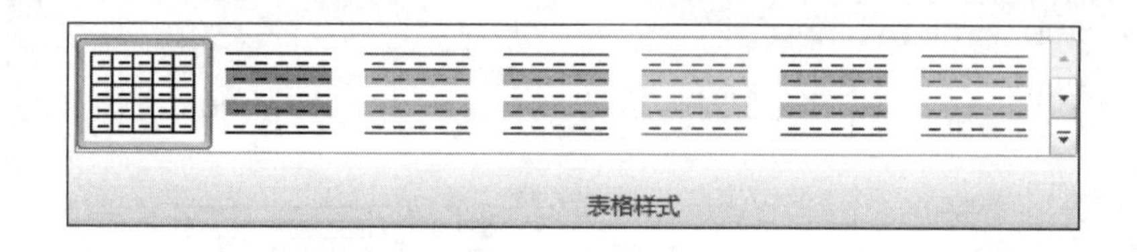

图 5－17　表格样式

练习3：打开“表格 5 - 2. docx”文档，对表格进行如下设置：将最后一行的第2～8 个单元格合并成一个单元格，并输入“综合为每个人 6 个月的总得分”，而且指定行高为“0. 8 厘米”、“中部两端对齐”；将第 1 行和第 1 列的单元格对齐方式都设置为“中部居中”；将第 1 行的底纹填充颜色设置为“橙色”；将表格外边框线设置为“1. 5 磅”的单实线；设置“平均”所在行的下边框线线型为“双线”、宽度为“0. 75 磅”。结果如表 5－3 所示。最后以“表格 5 - 3. docx”为文件名另存在“D: \ ×××练习”文件夹。

表5－3　　2013年上半年月度考核表

月份 姓名	1	2	3	4	5	6	综合
张三	82	78	85	78	90	88	501.00
李四	78	90	80	82	79	86	495.00
王五	86	67	69	86	77	76	461.00
赵六	90	86	89	73	90	93	521.00
田七	87	81	85	78	88	79	498.00
平均	84.60	80.40	81.60	79.40	84.80	84.40	82.53
备注	综合为每个人6个月的总得分						

5.5　表格计算和排序

在Word表格中还能进行一些简单的计算和排序。如果参与计算的单元格不在同一行或同一列上，可以借用单元格区域的概念加以解决。

在表格中，列从左到右依次用A、B、C……“列标”表示，行从上至下依次用1、2、3……“行号”表示。单元格用“列标＋行号”表示，如B3表示B列与第3行相交的单元格。单元格区域用“左上角单元格: 右下角单元格”来表示，如B2: D4表示以B2与D4单元格连线为对角线的矩形单元格区域。

5.5.1　表格计算

下面以表5－3中的单元格数据求和（SUM）、求平均值（AVERAGE）为例介绍表格的计算方法。最后以“表格5-4.docx”为文件名另存在“D: \ ×××练习”文件夹中。

①光标置于表5－3的H2单元格中。执行“布局”选项卡下“数据”组中的“公式” 公式命令，打开如图5－18所示的“公式”对话框。

②在“公式”文本框中输入公式：＝SUM（LEFT），或从“粘贴函数”下拉列表中选择“SUM”函数，然后在函数名右边的括号内输入计算范围，如“LEFT”；在“编号格式”下拉列表中选择计算结果的格式，如“0.00”，表示采用两位小数点。

③单击“确定”按钮，H2单元格中显示出它左边所有单元格的数值数据之和。

④用同样的方法分别计算H3、H4、H5、H6单元格的值。

⑤光标置于表5－3的B7单元格中。执行“布局”选项卡下“数据”组中的“公式” 公式命令，打开如图5－19所示的“公式”对话框。

⑥在“公式”文本框中输入公式：＝AVERAGE（ABOVE）；在“编号格式”下拉列表中选择计算结果的格式，如“0.00”。

⑦单击“确定”按钮，B7单元格中显示出它上面所有单元格的数值数据的平

均值。

⑧用同样的方法分别计算 C7、D7、E7、F7、G7 单元格的值。

⑨将光标置于表 5-3 的 H7 单元格中。

⑩执行“布局”选项卡下“数据”组中的“公式”命令，打开“公式”对话框，在“公式”文本框中输入公式：=AVERAGE（B2: G6）；在“数字格式”下拉列表中选择计算结果的格式，如“0.00”，单击“确定”按钮，完成 H7 单元格的数据计算。

图 5-18　求和“公式”对话框

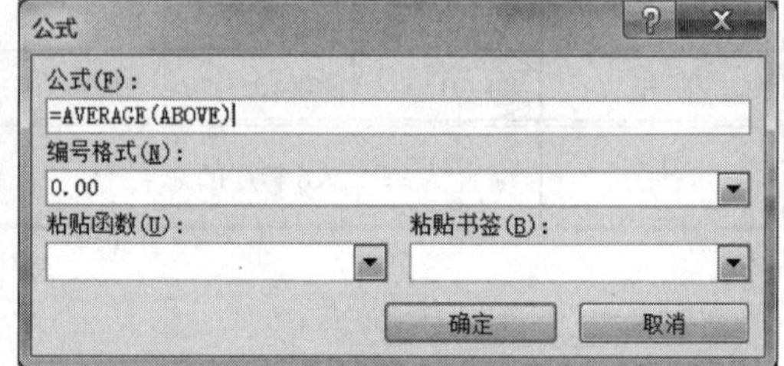

图 5-19　求平均值“公式”对话框

注意：在使用ABOVE和LEFT参数时，如果所要计算的列或行中含有空白单元格，则只有在空白单元格中键入0值后才能计算整列或整行的结果。如果所要计算的列或行中含有非数值数据时，则要使用=AVERAGE（B2：B6）、=SUM（B2：B6）等格式的公式。

5.5.2　表格排序

在 Word 中，可以按照笔画、数字、拼音或日期等形式对表格内容以升序或降序方式重新排列。表格排序只能按列进行，排序时，其他单元格数据随关键字整行移动。

下面以表 5-3 的排序为例介绍具体的操作步骤：

①打开“表格 5-3.docx”文档，选择要进行排序的范围（否则认为是整个表格范围），如在表 5-3 中选择第 2～6 行区域。

②在“布局”选项卡单击“数据”组中的“排序”按钮，打开如图 5-20 所示的“排序”对话框。在其中的“主要关键字”下拉列表中选择第 1 个排序依据，如“列 4”。在“类型”下拉列表中选择排序依据的类型，如“数字”。若要升序，则选择“升序”单选项；若要降序，则选择“降序”单选项，本例中选择“降序”。

③排序依据可以有多个，当按第 1 个排序依据进行排序出现相同数值时，再由第 2 个排序依据加以区分，如果还出现数值相同的情况，就要使用第 3 个排序依据，依此类推，用户可以根据需要自己设定。如在本例中选择“次要关键字”的“列 1”作为第 2 个排序依据，其“类型”选择“拼音”，选择“升序”单选项。

④在“列表”栏中，若选择“有标题行”单选项，则所选范围的第 1 行将作为标

题行而不参与排序；否则，第一行参与排序，本例中选择“无标题行”单选项。

⑤单击“确定”按钮，完成排序。排序后的结果如图5-21所示。

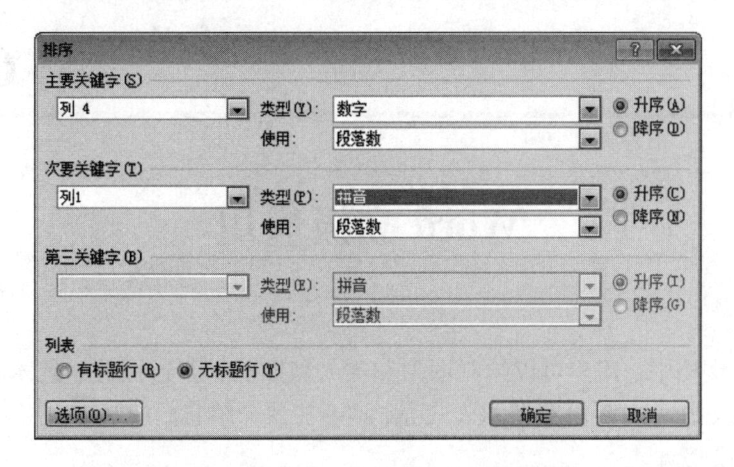

图5-20 “排序”对话框

月份 姓名	1	2	3	4	5	6	综合
赵六	90	86	89	73	90	93	521.00
田七	87	81	85	78	88	79	498.00
张三	82	78	85	78	90	88	501.00
李四	78	90	80	82	79	86	495.00
王五	86	67	69	86	77	76	461.00
平均	84.60	80.40	81.60	79.40	84.80	84.40	82.53
备注	综合为每个人　6个月的总得分						

图5-21 排序后的结果

第 6 章

Word 高级应用

在 Word 文档中，用户可以绘制图形和插入剪贴画、普通图片、艺术字、文本框、SmartArt 图形、图表、屏幕截图和公式等，本章主要介绍它们的基本应用。

本章学习目标：

- 掌握插入与编辑图片、图形、艺术字；
- 掌握图文混排；
- 掌握 SmartArt 图和数学公式。

6.1　绘制的图形

Word 2010 提供了强大的绘图功能，使用它们可以随心所欲地绘制各种式样的自选形状图形，包括线条、矩形、基本形状、箭头、流程图和标注等各种形状的图形。

6.1.1　绘制图形

1. 在文档任意位置绘制自选形状图形

在“插入”选项卡，单击“插图”组中的“形状”按钮，打开“形状”下拉菜单，其中包括 8 种类型的图形：线条、矩形、基本形状、箭头总汇、公式形状、流程图、标注、星与旗帜，如图 6-1 所示。

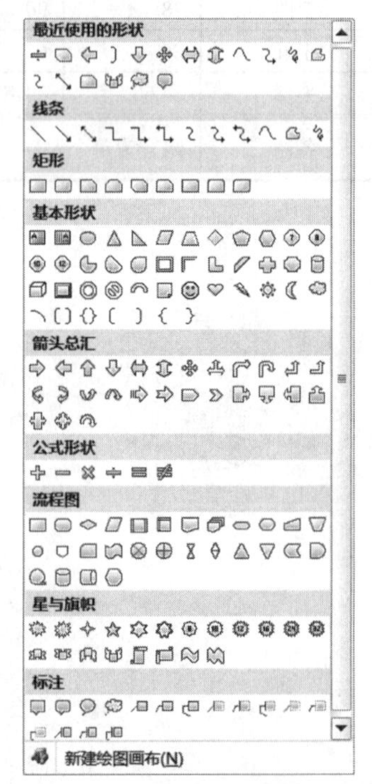

图 6-1　“形状”下拉菜单

2. 绘制图形的技巧

①按下 Shift 键，再拖动鼠标绘图时，可分别绘制特殊角度的直线（水平、垂直及 15°、30°、45°和 60°的直线）、箭头及正方形和圆等。

②按下 Ctrl 键，再拖动鼠标绘图时，可以画出以鼠标按下时位置为中心的图形。

③同时按下 Ctrl 键和 Shift 键，再拖动鼠标绘制图形

时，可以绘制以鼠标按下时位置为中心的圆、正方形和各种特殊角度（垂直、水平和 45°）的直线、箭头等。

3. 在“绘图画布”绘制图形

Word 提供了绘图画布功能，在“绘图画布”中可以放置多个图形，它们构成一个图形集。可以把“绘图画布”看作一个图形对象进行处理，以减少对多个图形的同一种操作，如移动、复制等。

若需要新建“绘图画布”，则在“形状”下拉菜单的最底部单击“新建绘图画布”，则打开如图 6 - 2 所示的“绘图画布”，同时鼠标指针变成“十”形。此时，可以像以上介绍的方法一样在“绘图画布”之内绘制直线、箭头、圆、椭圆等。

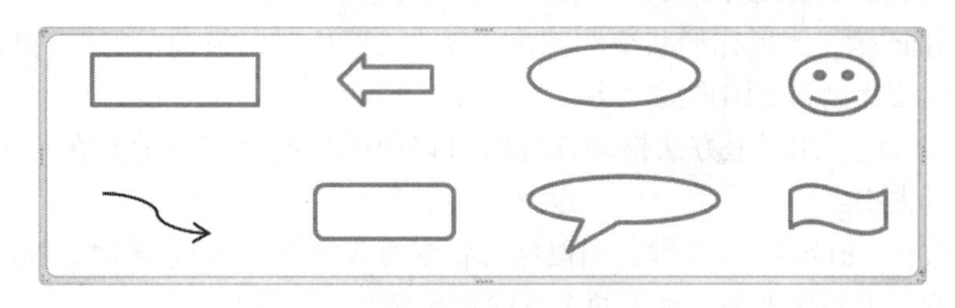

图 6 - 2　绘图画布

6.1.2　图形的编辑

1. 选择图形和删除图形

用鼠标单击某一图形，即可选择该图形。图形被选择后，在其周围将出现 8 个尺寸控制点（也称拉框按钮）○（空心），如图 6 - 3 所示。在左侧有一个改变垂直方向形状的控制点◇，在下侧有一个改变水平方向形状的控制点◇，在上侧还有一个旋转图形的控制点，如图 6 - 4 所示。利用这些控制点可以完成相应操作。按键盘上的 Delete 键即可把图形删除。

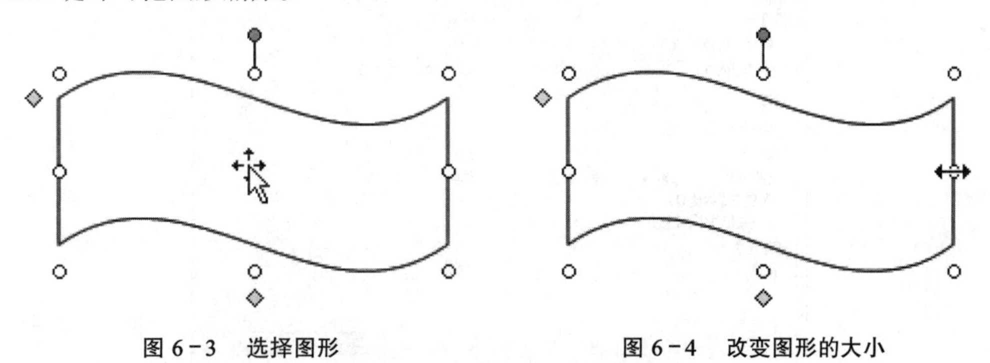

图 6 - 3　选择图形　　　　图 6 - 4　改变图形的大小

若要对多个图形进行同一种操作，应同时选择多个图形，选择方法有两种：

方法一：先选择第一个图形，然后按住 Shift 键或 Ctrl 键，再依次单击其他图形。

方法二：在“绘图画布”中，拖动鼠标将多个图形全部框住即可。注意，不在“绘图画布”是不能用此方法的。

2. 取消图形的选择

要同时取消所有图形的选择，在图形外的任意位置单击鼠标即可。若取消所选择图形中的某一个时，则按住 Shift 键或 Ctrl 键，然后单击相应的图形即可。

3. 改变图形大小

改变图形大小的方法和操作步骤如下：

①把鼠标指针移到图形四个边框的某一控制点上，当鼠标指针形状变为双向箭头或时，拖动鼠标可以在水平或垂直方向上改变图形的大小。

②把鼠标移到图形四个角的控制点上，当鼠标形状变为双向箭头或时，拖动鼠标可同时在水平和垂直两个方向改变图形的大小。

③按住 Shift 键，当鼠标形状变为双向箭头或时，拖动鼠标时可以在水平和垂直两个方向按比例改变图形的大小。

④按住 Ctrl 键，用以上方法拖动鼠标时可以使图形相对它的中心在水平和垂直两个方向改变其大小。

⑤同时按住 Ctrl 键和 Shift 键，当鼠标形状变为双向箭头或时，拖动鼠标可以使图形相对它的中心在水平和垂直两个方向按比例改变其大小。

⑥按住 Alt 键，进行以上操作时，可以在各个方向微调图形的大小。

4. 旋转和翻转图形

选择图形，旋转或翻转图形方法是在“格式”选项卡，单击“排列”组中的旋转按钮，在弹出的下拉菜单中选择“向右旋转 90°”、“向左旋转 90°”、“垂直翻转”、“水平翻转”；或单击“其他旋转选项”，打开如图 6-5 所示“布局”对话框进行设置。

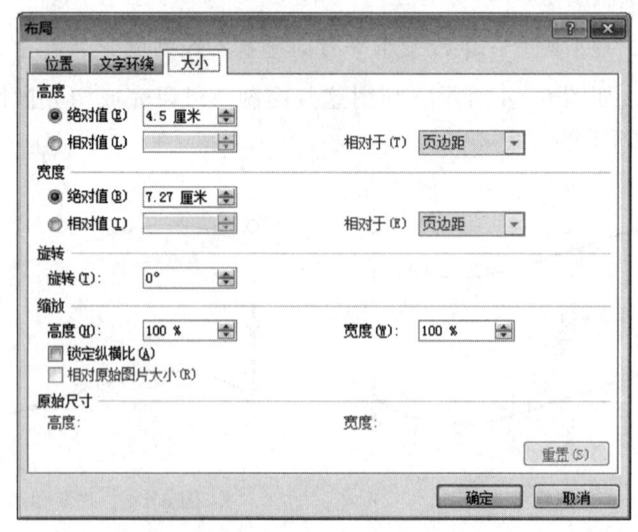

图 6-5 “布局”对话框→“大小”选项卡

【提示】在如图 6-5 所示的“布局”对话框，切换到“大小”选项卡可以精确设置图形的高度、宽度和缩放比例；切换到“位置”选项卡可以设置图形在水平和垂直方向的对齐方式、绝对位置、相对位置以及其他选项。

5. 对齐和分布图形

图形对齐方式有“对齐页面”、“对齐边距”和“对齐所选对象”三种形式之分。选择一个或多个图形，在“格式”选项卡，单击“排列”组中的对齐·按钮，打开其下拉菜单，选择一种对齐或分布命令即可完成对齐或分布图形的操作。

6. 给图形填充颜色

给图形填充颜色的方法和操作步骤如下：

①选择图形。在“格式”选项卡，单击“形状样式”组中的形状填充·按钮，弹出其下拉菜单，如图6-6所示。单击所需的主题颜色，如“浅橙色”，即可改变图形的填充颜色，如果选择“无填充颜色”，可取消图形的填充颜色。

②在“形状填充”下拉菜单中，单击“其他填充颜色”选项，打开如图6-7所示的“颜色”对话框，在其“标准”选项卡的“颜色”栏单击某个色块可以设置图形的填充颜色，拖动“透明度”滑块可以调整图形的透明度。

③在如图6-8所示的“颜色”对话框的“自定义”选项卡中，使用“颜色模式”下拉列表选择某种颜色模式，如“RGB”；在“颜色”栏单击某个色条或直接在“红色”、“绿色”、“蓝色”数值框中输入数值即可自定义图形的填充颜色。

④单击“确定”按钮完成颜色填充。

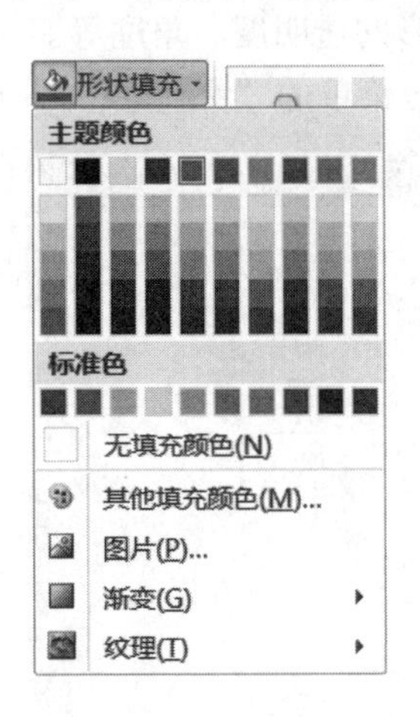

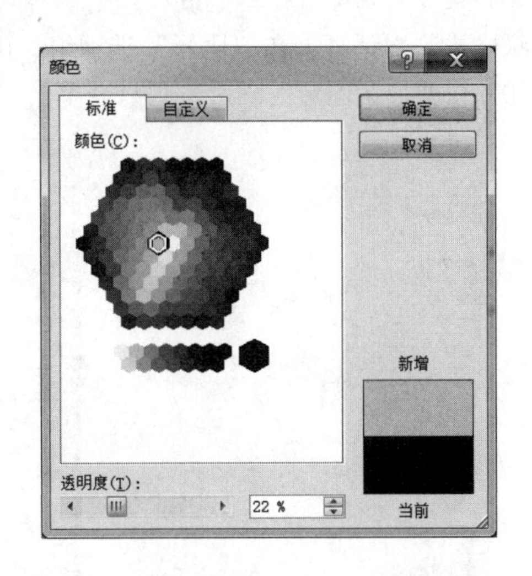

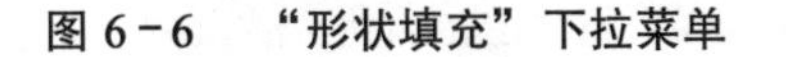

图6-6 “形状填充”下拉菜单

图6-7 “颜色”对话框→“标准”选项卡

7. 给图形填充渐变或纹理

给图形填充渐变或纹理效果的方法和操作步骤是在如图6-6所示的下拉菜单，单击“渐变”或“纹理”命令，在弹出的效果列表中单击选择相应的选项即可，如图6-9所示。

8. 设置图形效果

图形效果有多种，包括预设、阴影、映像、发光、柔化边缘、棱台和三维旋转等，下面仅介绍阴影和三维旋转效果设置的方法和操作步骤，其他效果设置的方法相似。

给图形设置阴影的方法和操作步骤如下：

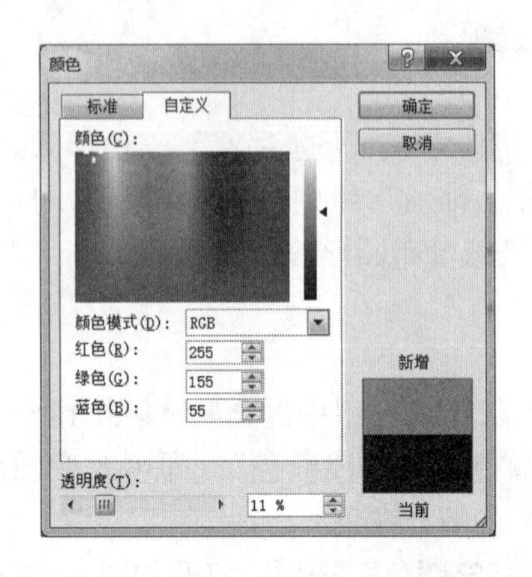

图 6-8　“颜色”对话框→“自定义”选项卡

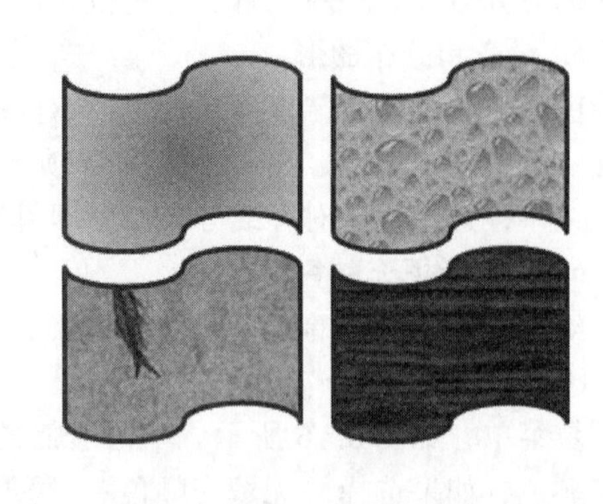

图 6-9　填充效果示例

①选择图形。在“格式”选项卡，单击“形状样式”组中的形状效果按钮，将弹出“形状效果”下拉菜单，单击其中的“阴影”选项，打开“阴影”下拉菜单，其中包括无阴影、外部、内部、透视四种类型，如图 6-10 所示。

②单击选择“阴影”列表中的一种阴影样式即可为图形设置阴影。

③如果要对阴影进行其他设置，则单击“阴影选项”，打开如图 6-11 所示的“设置形状格式”对话框，在“阴影”选项组，可以设置阴影的透明度、角度等。

④如果要取消图形的阴影，则只需单击“阴影”下拉菜单的“无阴影”即可。

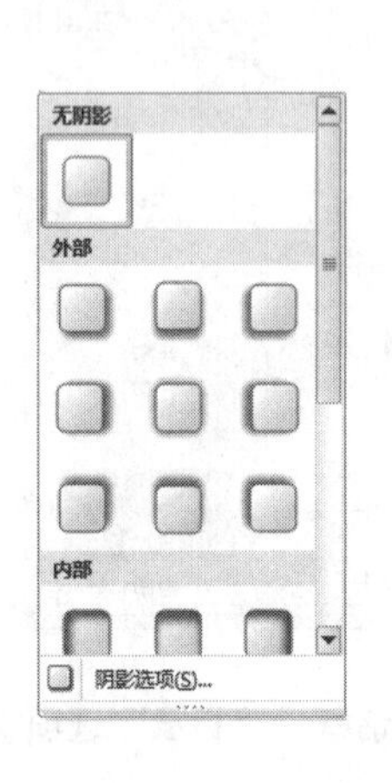

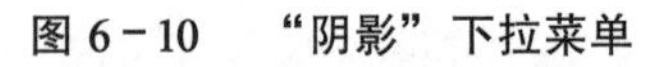

图 6-10　“阴影”下拉菜单

图 6-11　“设置形状格式”对话框

【提示】右击某个图形，在弹出的快捷菜单中选择“设置形状格式”命令，也可以打开图 6-11 所示的“设置形状格式”对话框，可以对自选形状图形进行详细设置，如填充、线条颜色、线型（边框和箭头）、阴影、映像、发光和柔化边缘、三维格式（棱台、表面效果等）、三维旋转等。

9. 设置图形轮廓

图形轮廓包含图形轮廓的颜色、线条粗细、线条样式和箭头样式等。图形轮廓设置的方法和操作步骤如下：

①选择图形。在“格式”选项卡，单击“形状样式”组中的形状轮廓按钮，弹出其下拉菜单，如图6-12所示。单击所需的主题颜色，如“浅橙色”，即可改变图形轮廓的颜色。如果选择“无轮廓”，可取消图形的轮廓颜色和轮廓线条。

②在“形状轮廓”下拉菜单中，单击“其他轮廓颜色”选项，在其“标准”和“自定义”选项卡设置图形轮廓的颜色。

③在“形状轮廓”下拉菜单中，分别单击“粗细”、“虚线”和“箭头”选项，分别设置图形轮廓线条的粗细、样式和箭头的样式。

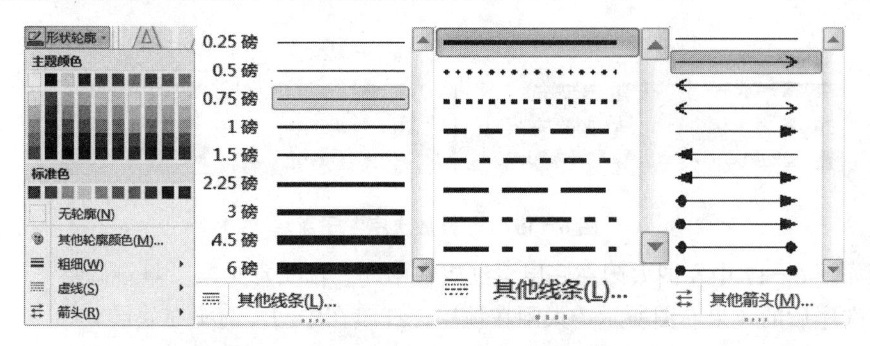

图6-12　“形状轮廓”下拉菜单及其“粗细”、“虚线”和“箭头”下拉菜单

10. 在图形中添加文字

在图形中添加文字的方法和操作步骤如下：

①右键单击图形，弹出如图6-13所示的右键快捷菜单。

②单击右键快捷菜单中的“添加文字”，在图形中出现文字输入光标，此时即可输入文字，如图6-14所示。

③输入完成后，在图形外的任意位置单击鼠标即可退出文字输入状态。如果需要对输入的文字进行编辑，则首先选中文字，其编辑方法与一般文本的编辑方法相同。

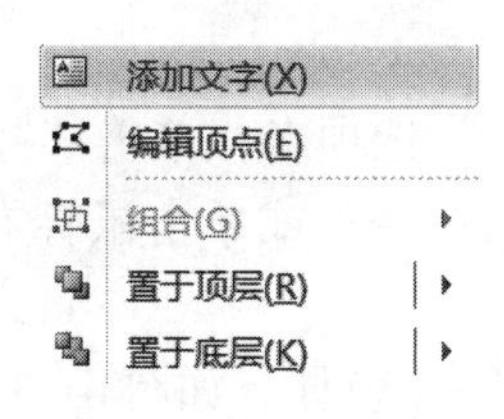

图6-13　右键快捷菜单

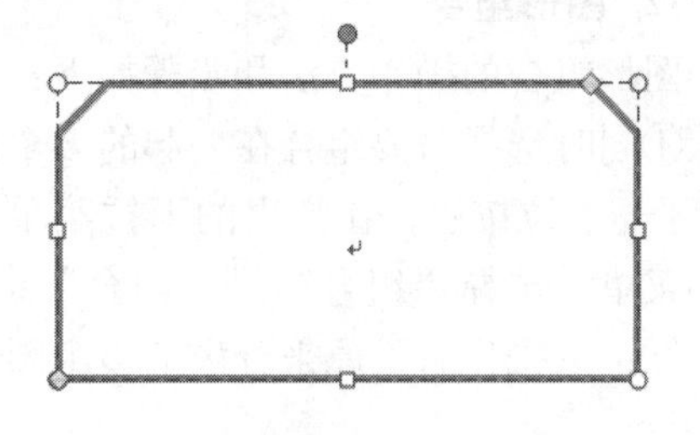

图6-14　在图形中输入文字

11. 改变多个图形之间的叠放次序

在Word文档中，除了以后介绍的“嵌入型”图形之外的其他各种图形之间都存在叠放次序问题。默认情况下，最先建立的在底层，最后建立的在顶层。如果两个图形叠放在一起，则上层的图形将遮住下层的图形。用户可以改变图形之间的叠放顺序，操作方法和步骤如下：

①单击选择图形，在“格式”选项卡，单击“排列”组中的上移一层按钮或下移一层按钮，将分别弹出“上移一层”或“下移一层”下拉菜单，如图6-15所示。

或右击某个图形，弹出如图 6－16 所示的快捷菜单。

②根据需要选择相应的选项，如“上移一层”，即可改变图形的叠放次序。

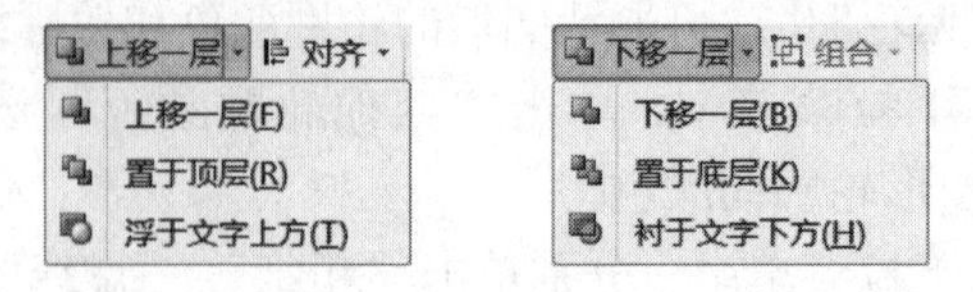

图 6－15　“上移一层”和“下移一层”下拉菜单

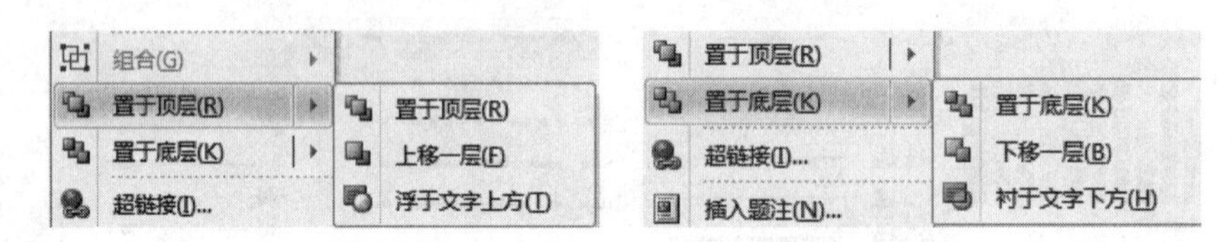

图 6－16　“叠放次序”子菜单

例如图 6－17 中左图太阳在底层，红旗在中间，箭头在顶层。重新调整三个图形对象叠放次序后的效果右图所示，太阳在顶层，红旗在中间，箭头在底层。

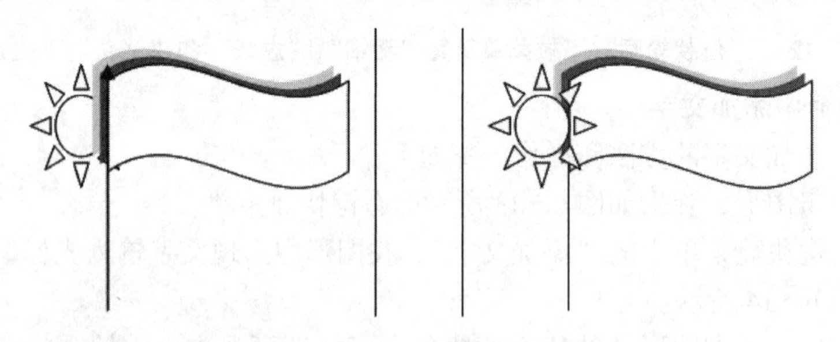

图 6－17　图层调整前后示意图

12. 图形组合

图形组合的操作方法和步骤如下：

①同时选择需要组合在一起的多个图形。在“格式”选项卡，单击“排列”组中的组合下拉按钮，在弹出的下拉菜单中选择“组合”命令；或单击鼠标右键，在弹出的菜单中选择“组合”→“组合”命令。

②结束操作后，原来分散的多个图形就被组合成了一个整体，如图 6－18 所示。

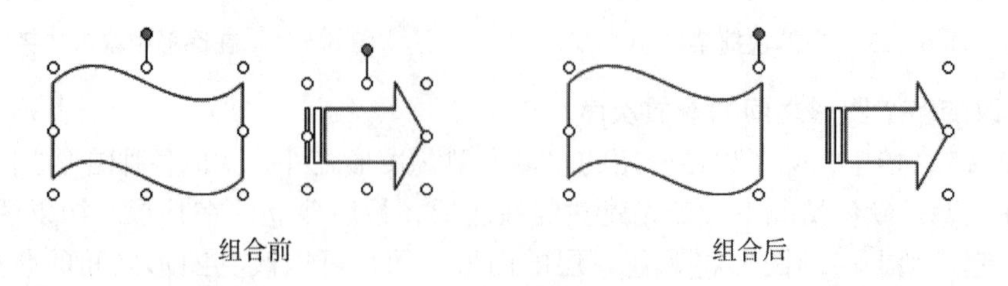

图 6－18　图形组合

13. 组合图形的拆分

组合图形拆分的操作方法和步骤如下：

①选定要取消组合的组图。在“格式”选项卡，单击“排列”组中的组合下拉按钮，在弹出的下拉菜单中选择“取消组合”命令；或单击鼠标右键，在弹出的右键菜单中执行“组合”→“取消组合”命令。

②单击鼠标结束操作后，图形又可以单独编辑了（也可以在组合状态下单独编辑）。

6.2　插入与编辑图片

6.2.1　插入剪贴画图片

剪贴画是一种图片，按如下方法和步骤操作可以在文档中插入剪贴画：

①在“插入”选项卡，单击“插图”组中的“剪贴画”按钮，在屏幕右侧打开“剪贴画”对话框，如图 6－19 所示。

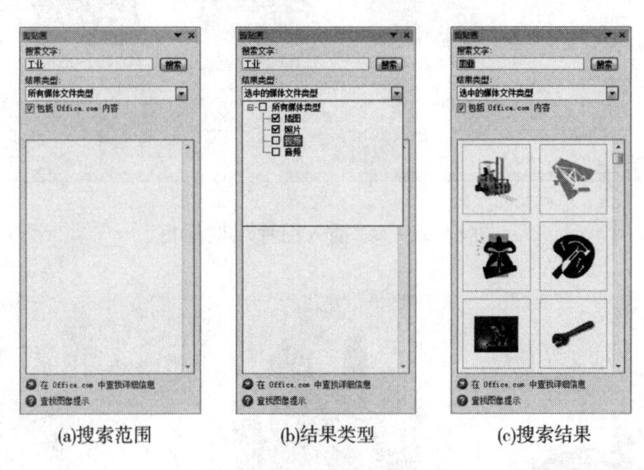

(a)搜索范围　(b)结果类型　(c)搜索结果

图 6－19　“剪贴画”对话框

②在“搜索文字”栏输入剪贴画的类型，如图 6－19（a）中的“工业”；在“结果类型”下拉列表中选择搜索剪贴画的媒体类型，如图 6－19（b）中的“插图”、“照片”。

③单击“搜索”按钮，立刻按要求开始搜索剪贴画，搜索结果如图 6－19（c）所示。

④在如图 6－19（c）所示“剪贴画”列表中，单击某个剪贴画即可在当前位置插入一个剪贴画。

6.2.2　插入来自文件的图片

在 Word 文档中，允许插入多种不同格式的图片文件。按如下操作，可以将来自文件的图片插入到 Word 文档中：

①定位光标在插入图片的位置。

②在“插入”选项卡，单击“插图”组中的“图片”按钮，打开“插入图片”对话框，如图 6－20 所示。

③选择图片文件，单击“插入”按钮，或双击图片文件，图片即可插入到当前文档中，如图 6－21 所示。如果让图片链接到文档中，单击“插入”按钮右侧的下拉按钮，在下拉列表中选择“链接文件”命令。

图 6－20 “插入图片”对话框

图 6－21 插入图片示例

6.2.3　图片的编辑

将图片插入到文档后，可以对这些图片进行诸如大小、位置、颜色等多种编辑操作，从而得到满意的效果。单击图片即可选中该图片，此时图片周围一般出现 8 个控制点，同时，功能区会出现如图 6－22 所示的“格式”选项卡，里面包含图像处理工具。

图 6－22　“格式”选项卡

1. 裁剪图片

裁剪图片的操作方法和步骤如下：

①单击选择图片。在“格式”选项卡，单击“大小”组中的“裁剪”下拉按钮，弹出如图 6－23 所示的下拉菜单。

②可以将图片裁剪为某种形状（如矩形、椭圆形等）、或按纵横比裁剪（如纵向 2: 3、横向 4: 3）等，根据需要选择相应的命令。如果选择“裁剪”命令，或在“格式”选项卡单击“大小”组中的“裁剪”按钮，图片处于“裁剪”状态，如图 6－24 所示。把鼠标移向 8 个裁剪点中的一个，鼠标分别变为┬、├、┤、┴、┘、┌、┐、└形状，此时按住鼠标左键拖动开始进行所需的裁剪，直至得到满意的结果。图 6－24 是进行了垂直、水平两个方向裁剪后的图片。

③在图片以外的任意位置单击鼠标，退出裁剪图片操作状态。

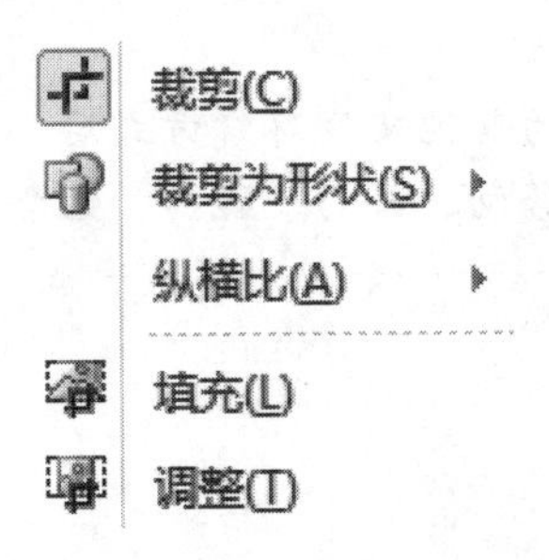

图 6－23　“裁剪”下拉菜单

图 6－24　“裁剪”过程

2. 设置图形对象的文字环绕方式

选择图形对象后，在“格式”选项卡，单击“排列”组中的“自动换行”按钮；或右击图形，在弹出的快捷菜单选择“自动换行”，弹出如图 6－25 所示的下拉菜单。其中列出了 8 种环绕方式，其含义和效果如下：

- **嵌入型**：图片默认的文字环绕方式，其性质与普通文本一样。

- **四周型环绕**：文字在所选图形对象的矩形边界四周环绕。
- **紧密型环绕**：文字紧密环绕于实际图形对象的边界。
- **衬于文字下方**：取消文字环绕，将图形对象置于文字下面，往往作为文字的背景。
- **浮于文字上方**：取消文字环绕，将图形对象置于文字上面。
- **上下型环绕**：文字仅出现在图片的上方或下方。
- **穿越型环绕**：类似于紧密环绕，但可在开放式图形对象的内部环绕。
- **编辑环绕顶点**：当采用此种方式时，图形对象上产生若干个环绕顶点■，如图 6-26 所示，文字环绕在环绕顶点之外。当鼠标放到某个环绕顶点时，鼠标指针变为✥形状，此时，拖动环绕顶点可以调整其位置。注意，图片处于“嵌入型”时，此功能不能用。

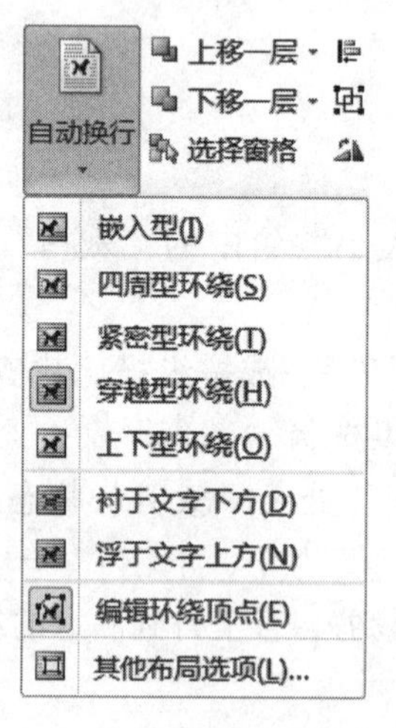

图 6-25　文字环绕方式

图 6-26　编辑环绕顶点

提示：一旦“嵌入型”图片、艺术字更改为其他文字环绕方式后，其操作与用户所绘制图形的操作相似，如改变大小、移动、旋转、翻转、组合等。

3. 设置图片的大小

设置图片大小的方法和步骤：

①选中要设置的图片。

②在“格式”选项卡，通过“大小”组中的“高度”按钮和“宽度”按钮右侧的数值框，分别进行高度和宽度的调整。

③在“格式”选项卡，单击“大小”组的对话框启动器按钮；或右击图片，在弹出的快捷菜单上选择“大小和位置”，打开“布局”对话框，如图 6-27 所示。在“大小”选项卡可以对图片“高度”、“宽度”进行设置。如果要取消对图片的大小设置，单击窗口右下角的“重置”按钮，即可恢复原来图片的大小。

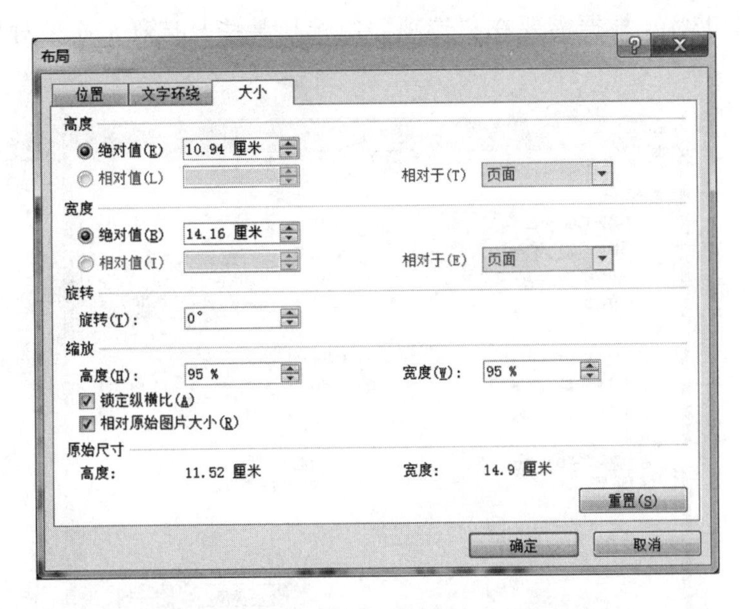

图6-27 “布局”对话框→“大小”选项卡

【提示】在如图6-27所示的“布局”对话框，切换到“文字环绕”选项卡，如图6-28所示，可以在此进一步设置图形的文字环绕方式。如选择“四周型”，则可以在“自行换行”栏设置文字具体环绕在图片哪一侧，如选择“只在左侧”；在“距正文”栏，可以设置图片与文字的距离，如“左”1厘米。

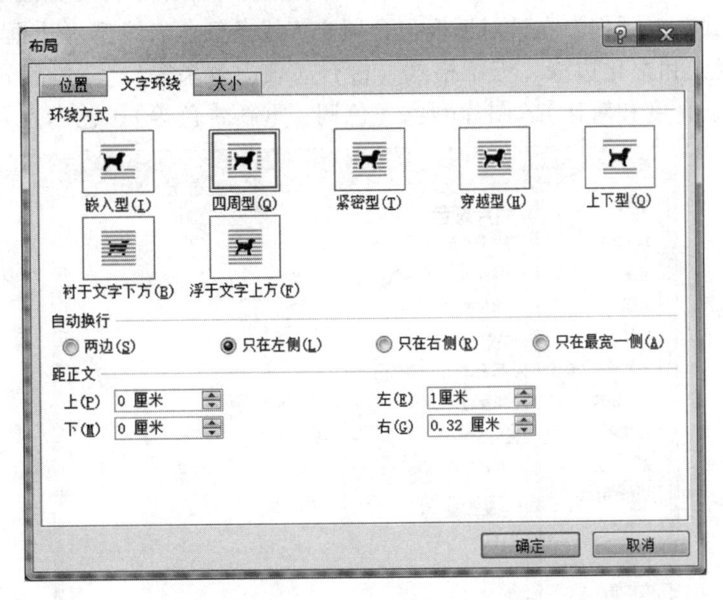

图6-28 “布局”对话框→“文字环绕”选项卡

【提示】在如图6-28所示的“布局”对话框，切换到“位置”选项卡，如图6-29所示。在“水平”栏设置图片在水平方向的位置，如“绝对位置”相对于“右边距”为-10.92厘米；在“垂直”栏设置图片在垂直方向的位置，如“相对位置”相对于“页面”为13%。根据需要在“选项”组选择某些复选项，如“对象随文字移动”等。

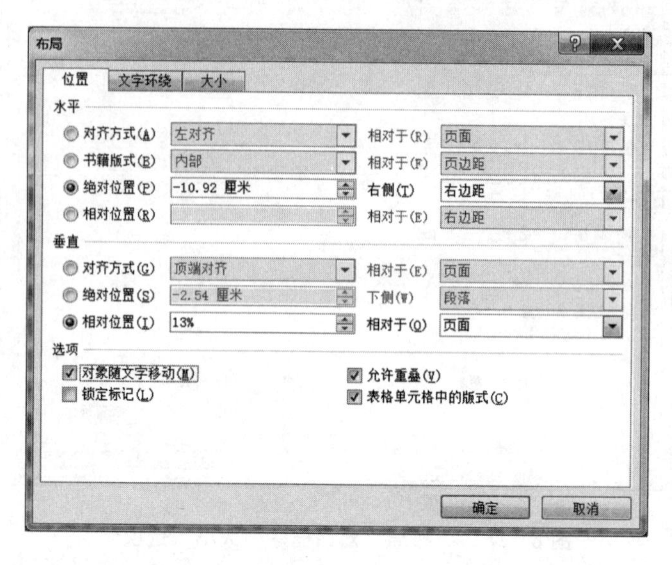

图 6-29　“布局”对话框→“位置”选项卡

4. 设置图片格式

选择图片，在“格式”选项卡，单击“图片样式”组的对话框启动器按钮，或右击图片，在弹出的快捷菜单上选择“设置图片格式”命令，打开如图 6-30 所示的“设置图片格式”对话框。在该对话框包含填充、线条颜色、线型（边框和箭头）、阴影、映像、发光和柔化边缘、三维格式（棱台、表面效果等）、三维旋转、图片更正（锐化和柔化、亮度和对比）、图片颜色（色调、重新着色等）、艺术效果、裁剪等设

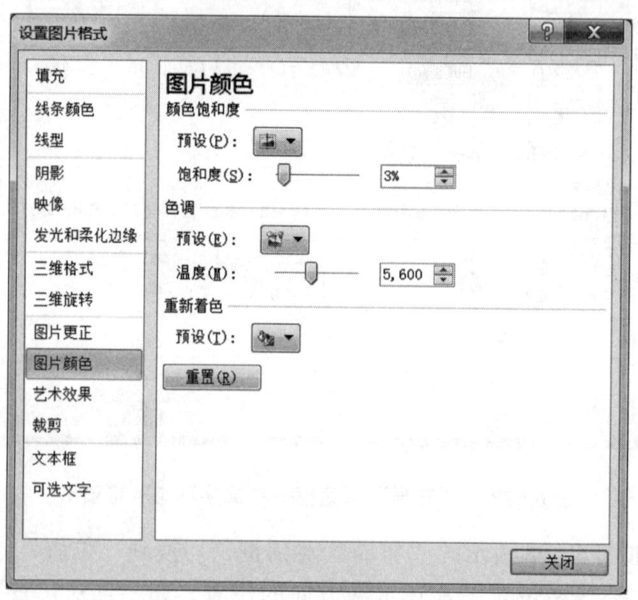

图 6-30　“设置图片格式”对话框→“图片颜色”选项卡

置选项，可根据需要对图片进行详细设置；也可在“格式”选项卡对图片格式进行设置。

6.3　艺术字

6.3.1　插入艺术字

插入艺术字的方法和操作步骤如下：

①单击选择需要插入艺术字的位置。

②在“插入”选项卡，单击“文本”组中的“艺术字”按钮，弹出如图 6－31 所示的下拉菜单。

③单击选择所需要的艺术字样式，文档中会出现如图 6－32 所示的艺术字输入提示文本框，在其中输入所需的文字即可。

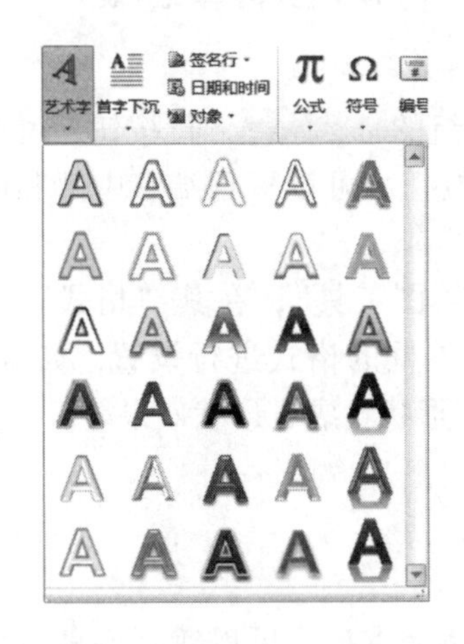

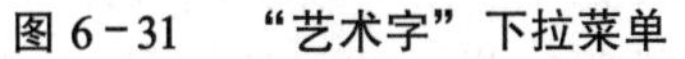

图 6－31　“艺术字”下拉菜单

图 6－32　输入提示

6.3.2　编辑艺术字

1. 设置艺术字格式

艺术字添加完成后，可以对它的大小和颜色等继续进行设置：

字体和字号：选择艺术字，在“开始”选项卡的“字体”组，可对艺术字进行字体、字号的设置。

颜色：选择艺术字，在“格式”选项卡，单击“艺术字样式”组中的“文本填充”下拉按钮，选择需要的填充颜色即可。

文本轮廓：选择艺术字，在“格式”选项卡，单击“艺术字样式”组中的“文本轮廓”下拉按钮，选择需要的文本轮廓即可。

2. 更改艺术字的形状

选择艺术字，在“格式”选项卡，单击“艺术字样式”组中的“文本效果”下拉按钮，打开如图6－33所示的下拉菜单，其中有阴影、映像、发光、棱台、三维旋转和转换6个类型的设置选项。单击“转换”选项，将打开如图6－34所示的艺术字转换样式列表，单击相应的样式，艺术字会做相应的形状转换。

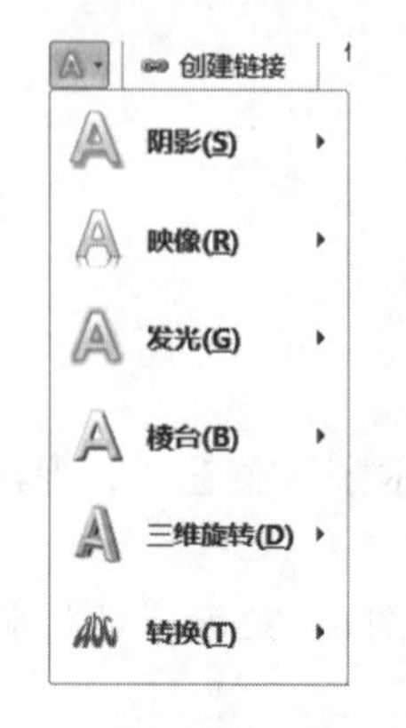

图6－33 “文本效果”下拉菜单

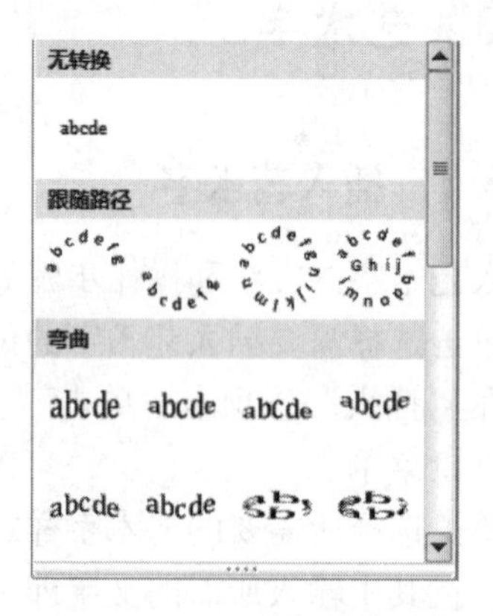

图6－34 艺术字样式列表

3. 艺术字的其他设置

选中艺术字，在“格式”选项卡，单击“文本”组的文字方向下拉按钮，可对艺术字进行横排、竖排和旋转设置；单击对齐文本下拉按钮，可设置顶端、中部和底端的对齐方式。

当光标位于艺术字文本框之内时，激活相应的“绘图工具”，在其“格式”选项卡中可以像绘制的图形、插入的图片一样对艺术字文本框的格式进行设置，如位置、文字环绕、叠放次序、组合、对齐、旋转、形状填充、形状轮廓、形状效果等。

6.4 文本框与图文混排

文本框是一个可以独立存在的文字输入区域。利用文本框，可以实现多种对象的随意定位、移动或缩放，以便与页面文字形成灵活的排版效果。这里所指的“对象”可以是文字、图形、图片、剪贴画和表格等。使用文本框可以制作特殊的标题，如文中标题、栏间标题、边标题、局部竖排文本效果等。

由于文本框具有图形对象的特点，因此可以把它看做是特殊的图形，可以像图形对象一样对文本框进行格式设置（如大小、环绕方式、对齐方式设置）和组合等操作。用文本框可将某段文字和非嵌入型图形对象组合在一起，将某些文字排列在其他文字或图形周围；也可以利用竖排文本框将文字竖排。文字和图形对象的有机组合就是图文混排。

6.4.1 文本框

1. 创建文本框

创建文本框的方法和操作步骤如下：

①在“插入”选项卡，单击“文本”组中的“文本框”按钮，弹出如图6－35

所示的下拉菜单。下拉菜单提供了42种现成的文本框，单击可插入一个文本框。

②若选择“绘制文本框”选项可以绘制横排文本框，选择“绘制竖排文本框”选项可以绘制竖排文本框。选择后鼠标会变为“+”，在需要绘制文本框的地方单击或拖动鼠标，即可绘制一个横排文本框或竖排文本框。

③刚插入和绘制的文本框的文字环绕方式是“浮于文字上方”，可以在其中输入文本、插入图形和表格等对象，对这些对象的操作与没有文本框时的操作相同。

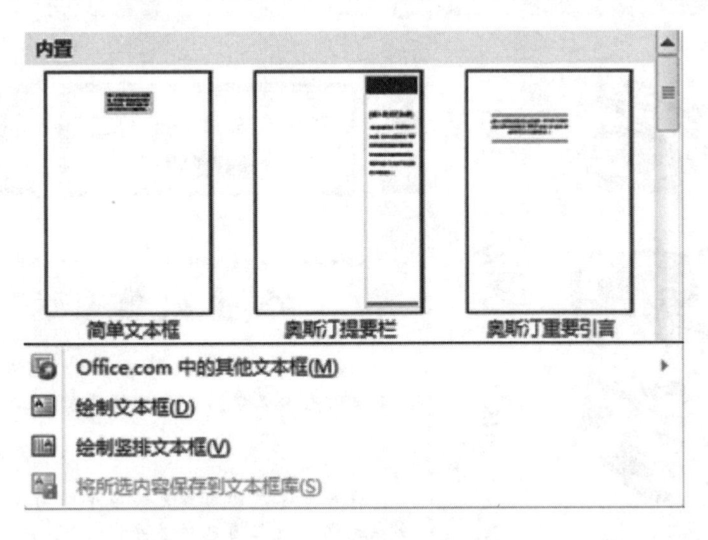

图6-35 “文本框”下拉菜单

2. 设置文本框格式

设置文本框格式的方法与设置图片格式的方法相同，选择文本框（与其他图形对象的选择一样），打开“格式”选项卡，在“形状样式”组可以设置文本框的形状填充、形状轮廓、形状效果等；在“文本”组可以设置文本框的文字方向、文本对齐；在“排列”组可以设置文本框的位置、文字环绕、叠放次序、组合、对齐、旋转等；在“大小”组可以设置文本框的大小。

6.4.2 图文混排

文字和图形是两类不同的对象，如何把文字和图形对象混排在一起，这是我们在工作中经常遇到的问题。通过设置图形对象的环绕方式及使用文本框，可以进行图文混排。下面用一个例子来说明具体操作方法和过程。

图6-36中图文混排样文的具体要求是：“海潮学报”为方正舒体48号艺术字；“HAI CHAO XUE BAO”为黑体三号字；“第10期”等文字所在位置的文本框高度1.8厘米、宽度4.8厘米，边框线条深红色、宽度4.5磅、线型为“由粗到细”，其中的文字为黑体小四、居中，且“第10期”填充样式为“30%”的底纹；两个奖杯都为图片；右下角文本框中“人生感悟”为华文行楷二号、颜色为深蓝、加粗、居中，正文为华文行楷11号字，文本框线条自己定样式。完成以上操作后，把所有对象组合成一个整体。

提示：如果对图文混排提出更高的要求，最有效的方法是利用表格的排版功能。首先要建立表格，对于不规则的表格，可以通过将规则表格拆分、合并而生成，但最简便的做法是直接进行手工绘制。然后，在各个单元格内分别输入不同的内容（文本、图片、图形、剪贴画、艺术字等），对每个单元格进行不同的编辑、排版，最后取消表格的边框线即可完成图文混排。

图6-36　图文混排样文

完成以上要求的操作步骤如下：

①在“插入”选项卡，单击“文本”组中的“艺术字”按钮，并输入“海潮学报”四个字。

②编辑艺术字：设置字体为方正舒体，字号48号。选中艺术字，打开“格式”选项卡，单击“文本”组下的“文字方向”，设置为垂直。

③在“插入”选项卡，单击“文本”组中的“文本框”按钮，选择“绘制竖排文本框”，插入一个竖排文本框，在该文本框中输入“HAI CHAO XUE BAO”，并设置为黑体三号字。适当调整字间距，根据版面需要调整竖排文本框位置。

④选中该竖排文本框，在“格式”选项卡，单击“形状样式”组中的“形状轮廓”按钮，选择“无轮廓”。在“插入”选项卡，单击“文本”组中的“文本框”按钮，选择“绘制文本框”命令，插入一个横排文本框，之后在该文本框中输入“2010年9月1日周三　第10期”，并设置为黑体三号字、分两行、居中。

⑤选择“第10期”，在“页面布局”选项卡，单击“页面背景”组中的“页面边框”按钮，在打开的“边框和底纹”对话框中选择“底纹”选项卡，在“图案”→“样式”处选择“30%”，在“应用于”处选择“文字”，单击“确定”按钮。

⑥选择横排文本框，在“格式”选项卡的“大小”组中设置文本框的高度为1.8厘米、宽度为4.8厘米。右击横排文本框，在弹出的快捷菜单选择“设置形状格式”，打开“设置形状格式”对话框，在其“线条颜色”选项组设置线条颜色为深红，在其“线型”选项组设置线条宽度为4.5磅、复合类型线型为“由粗到细”。

⑦根据版面需要调整横排文本框的位置。在“插入”选项卡，单击“插图”组中的“图片”，打开“插入图片”对话框，在该对话框查找（或到其他位置查找，如网上）“奖杯”图片，将找到的图片插入到文档中。设置“奖杯”图片的文字环绕方式为“浮于文字上方”。

⑧复制一个“奖杯”图片，调整它们的大小和位置，以适应版面的需要。

⑨插入一个横排文本框，之后在该文本框中输入“人生感悟”并设置为华文行楷二号、深蓝、加粗、居中，换行再输入“没有比人生更艰难的艺术了，……库尔茨”四段文字并设置为华文行楷11号字；根据版面的需要设置文字的其他格式。选择文本框，根据版面的需要设置其大小、线条颜色和类型。

⑩根据版面的需要，调整各个对象之间的位置，然后将所有图形对象组合在一起。组合图形默认的文字环绕方式为“浮于文字上方”，右击该组合图形，在弹出的快捷菜单选择“设置对象格式”，打开“设置形状格式”对话框，在其中将组合图形的文字环绕方式设置为“嵌入型”。最后的效果如图6-36所示。

6.5 SmartArt图和屏幕截图

6.5.1 SmartArt图形

Word 2010提供了SmartArt图形功能，SmartArt图形是一种内置的布局图。SmartArt图形是信息和观点的视觉表示形式，它是由若干个文本占位符和图形占位符按一定布局方式构成的图形。文本占位符具有文本框的特征，用于存放注释性文本，图形占位符用于存放图形对象或用于修饰SmartArt图形。图形对象主要是插入的图片或绘制的图形，它们都有各自相应的特征。一个图形占位符一般对应一个或多个文本占位符和其他图形占位符，它们构成了一个组，删除该组的文本占位符时图形占位符会自动删除，增加图形占位符时也相应增加对应的文本占位符和其他图形占位符。插入SmartArt的步骤如下：

①在“插入”选项卡，单击“插图”组中的“SmartArt”按钮，打开“选择SmartArt图形”对话框，如图6-37所示。

②在此对话框左侧列表列出了SmartArt图形的种类，可根据需要单击选择某种类型，此时在中间显示出相应类型SmartArt图的缩略图，单击选择一个SmartArt图时，在右侧给出了该图的放大图和功能说明。

③如插入“图片”→“气泡图片列表”SmartArt图形，双击如图6-38所示的“气泡图片列表”，或选中该图表后单击“确定”按钮，即可插入该图形。

④插入的SmartArt图形如图6-39所示。单击SmartArt图形的“文本”部分，可

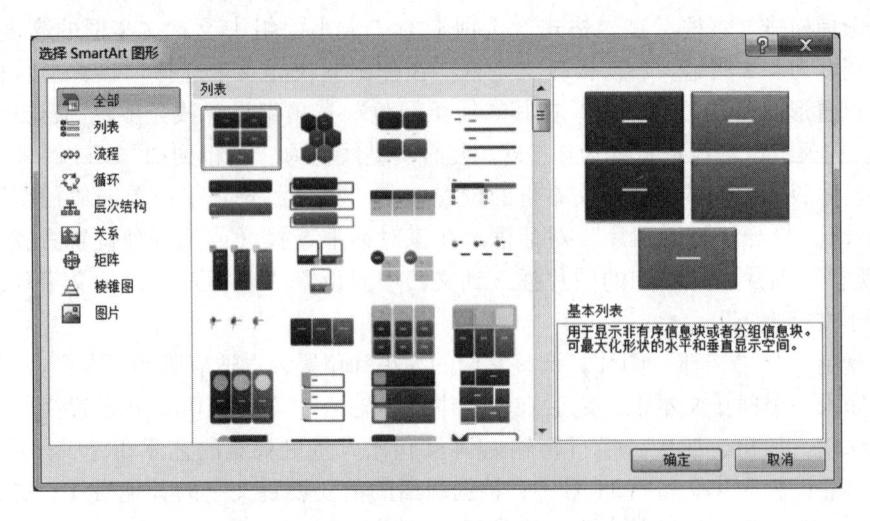

图 6－37 “选择SmartArt 图形”对话框

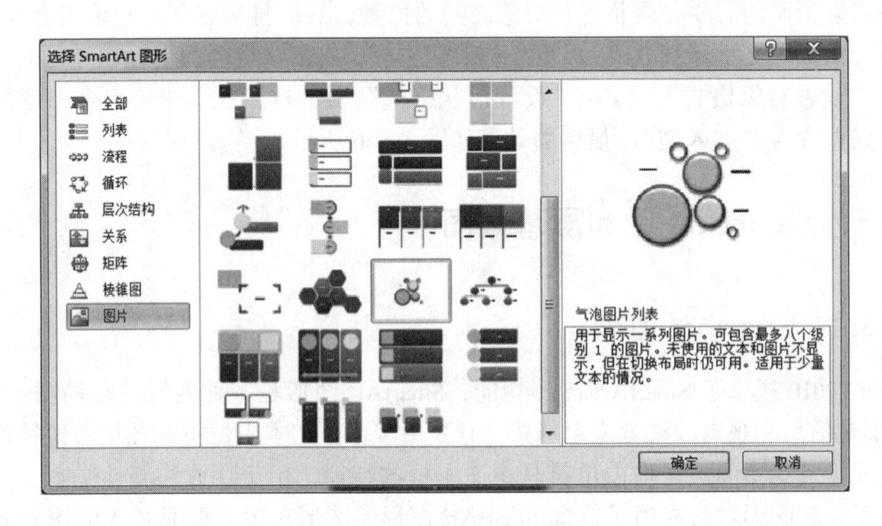

图 6－38 气泡图片列表

输入文本并进行编辑，如图 6－40 所示。单击图形中的图标，即可打开“插入图片”对话框，用户可根据需要选择图片文件将其插入到相应位置，如图 6－40 所示。

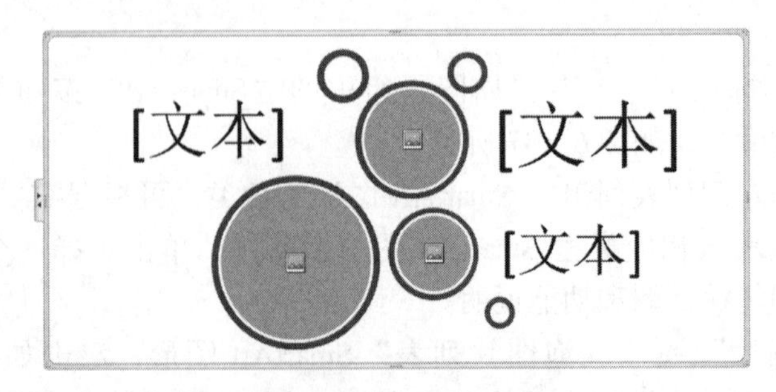

图 6－39 插入的SmartArt 图形

图 6－40　编辑文本并插入图片的效果

⑤当 SmartArt 图处于被选择状态时，即可显示“SmartArt 工具”选项卡，该选项卡包括“设计”和“格式”两个选项卡，如图 6－41 所示。

⑥在“设计”选项卡，单击“创建图形”组中的 添加形状 下拉按钮，在弹出的下拉菜单选择一种添加方式，如“在后面添加形状”，则在相应位置添加与被选对象一样的 SmartArt 形状图组。单击“创建图形”组中的 文本窗格 按钮，打开文本窗格，在此可以给每个文本框输入文字。单击“布局”组中的某个图标可以改变 SmartArt 的布局形式。单击“SmartArt 样式”组中的“更改颜色”按钮，可对 SmartArt 图形进行颜色修改。

⑦选择“格式”选项卡，如图 6－41 所示。在“形状”组可以更改形状、大小；在“形状样式”组可以更改形状样式、填充色、轮廓和效果；还可以设置文本的填充、轮廓、效果，排列方式和大小等。

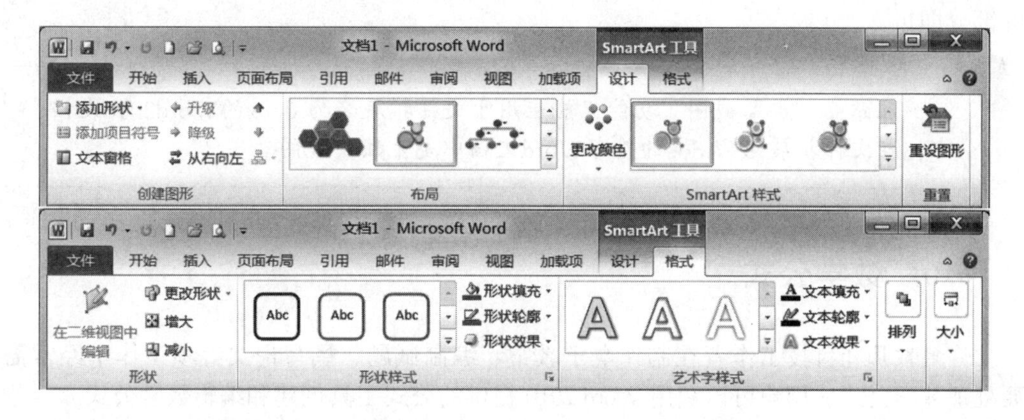

图 6－41　“SmartArt 工具”→“设计”和“格式”选项卡

6.5.2　屏幕截图

在 Word 2010 中提供了“屏幕截图”的功能，该功能可以对打开的窗口进行直接截取，也可以对其部分区域进行截取，截取的图形为“嵌入型”图片。具体操作步骤如下：

①将光标定位到需要插入屏幕截图的位置。

②在“插入”选项卡，单击“插图”组中的“屏幕截图”按钮，弹出如图6-42所示的“可用视窗”窗口。“可用视窗”窗口内包含未被最小化的所有可用的窗口（不含当前窗口），在此直接单击选择即可截取相应的窗口界面。

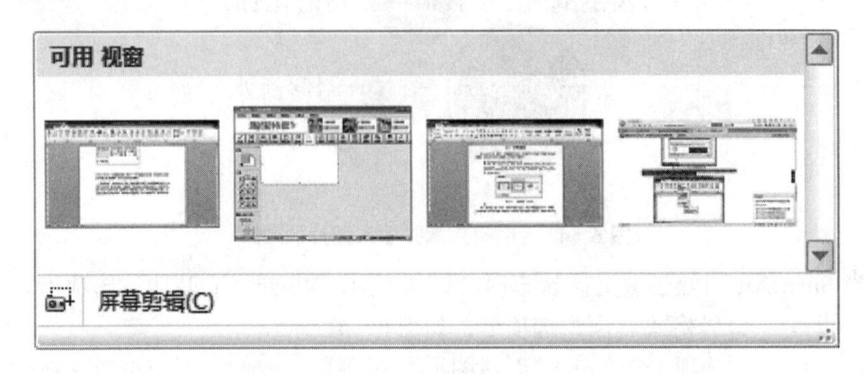

图6-42 “屏幕截图”对话框

③如果仅仅需要将某个窗口的一部分作为截图插入到Word文档中，则必须只保留该窗口为非最小化状态，然后在“可用视窗”窗口中选择“屏幕剪辑”按钮，此时进入屏幕裁剪状态，鼠标变为“+”形状，拖动鼠标在非最小化窗口选择需要的部分即可。

④如果需要对桌面进行截图，则必须使所有非当前窗口处于最小化状态，然后在“插入”选项卡单击“插图”组中的“屏幕截图”按钮，选择“屏幕剪辑”按钮，进入屏幕裁剪状态，此时鼠标变为“+”形状，拖动鼠标在桌面选择需要的部分即可。

注意：“屏幕截图”功能只能应用于文件扩展名为.docx的Word2010文档中，在文件扩展名为.doc的兼容Word文档中是无法实现的。

6.6 数学公式

许多教师和科技工作者在制作电子教案、编制试题、撰写论文等项工作中经常需要处理数学公式。用户可以利用Word 2010提供的公式工具创建和编辑数学公式。

1. 创建数学公式

在Word文档中创建数学公式的具体操作方法和步骤如下：

①光标放在需要插入公式的位置。

②在“插入”选项卡，单击“符号”组中的“公式”按钮π，文档中会插入一个公式编辑区域，同时功能区出现“设计”选项卡，如图6-43所示。

③在“设计”选项卡的“结构”组中选择需要创建公式的样板或框架，输入变量和数字，即可创建公式。

例：在Word文档中创建如下公式：

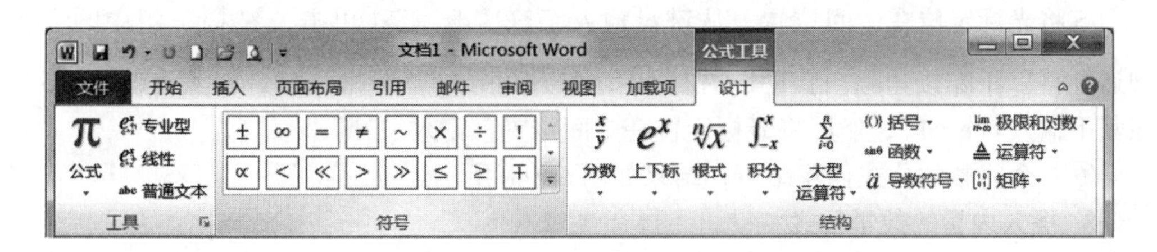

图 6-43　“设计”选项卡

$$\int_1^2 \frac{\partial x^3}{\partial x} dx + \sum_{n=1}^{5} 2n$$

具体操作方法和步骤如下：

①在如图 6-43 所示的“设计”选项卡，单击“结构”组中的积分下拉按钮 $\int_{-x}^{x}$，打开积分下拉菜单，如图 6-44 所示，在弹出菜单选择“带有上、下限的单积分号” $\int_{\square}^{\square}\square$，需要的积分号即出现在编辑区中，如图 6-45 所示。

②通过 Tab 键或在相应位置单击鼠标，将光标移到积分下限方框位置，从键盘输入“1”；同样，可输入积分上限“2”。

③单击中间位置的方框，定位光标。单击“分数”下拉按钮 $\frac{x}{y}$，打开其下拉菜单，单击其中的“分数（竖式）” $\frac{\square}{\square}$，分数（竖式）即出现在中间位置，如图 6-46 所示。

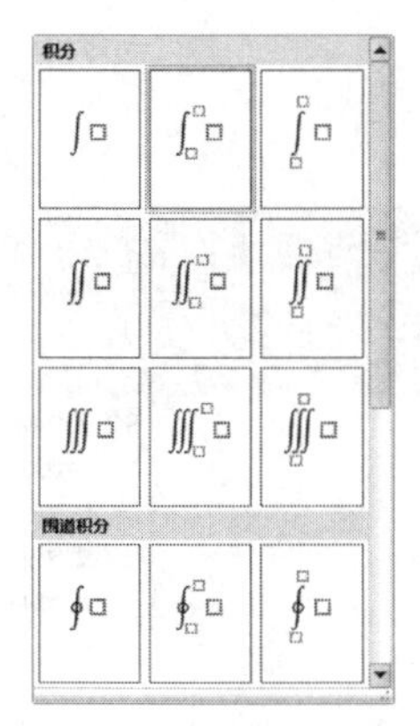

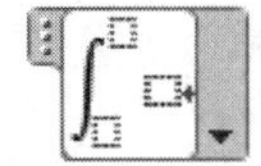

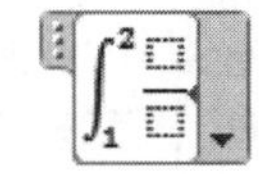

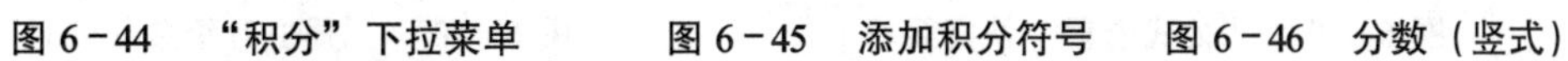
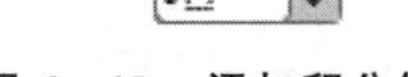

图 6-44　“积分”下拉菜单　　图 6-45　添加积分符号　　图 6-46　分数（竖式）

④将光标移到分数（竖式）的分子位置，在“设计”选项卡单击“符号”组中的其他按钮，单击其中的符号 ∂；再单击“结构”组的“上下标”下拉按钮 e^x，打开其下拉菜单，单击其中的“上标”，然后在相应的位置分别输入“X”和“3”，分子输入完成。用同样的方法输入分母，如图 6-47 所示。

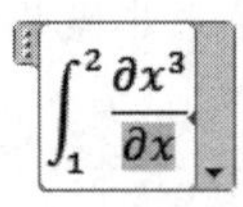

图 6-47　分子、分母输入完成

$$\int_1^2 \frac{\partial x^3}{\partial x} dx + \sum_{n=1}^{5} 2n$$

图 6-48　一个完整的公式

⑤将光标定位在中间位置，从键盘输入字符“dx +”；单击“结构”组中的“大型运算符”下拉按钮，打开其下拉菜单，单击其中的“求和”，在其上输入“5”，在其下输入“n =1”，然后将光标定位在中间位置，输入“2n”。

⑥一个完整的公式创建结束，结果如图 6 - 48 所示。

2. 插入内置的数学公式

Word 2010 提供一些内置的数学公式，以便用户减少创建公式的繁杂过程。操作方法和步骤如下：

①光标放在需要插入公式的位置。在“插入”选项卡，单击“符号”组中的“公式”下拉按钮，弹出如图 6 - 49 所示的“公式内置”快捷菜单，从中选择需要的公式类型，如“傅立叶级数”，即可创建如图 6 - 50 所示的“傅立叶级数”公式。

②单击公式右下角的“公式选项”下拉按钮，打开“公式选项”下拉菜单，如图 6 - 50 所示，在此可以对公式进行格式设置。

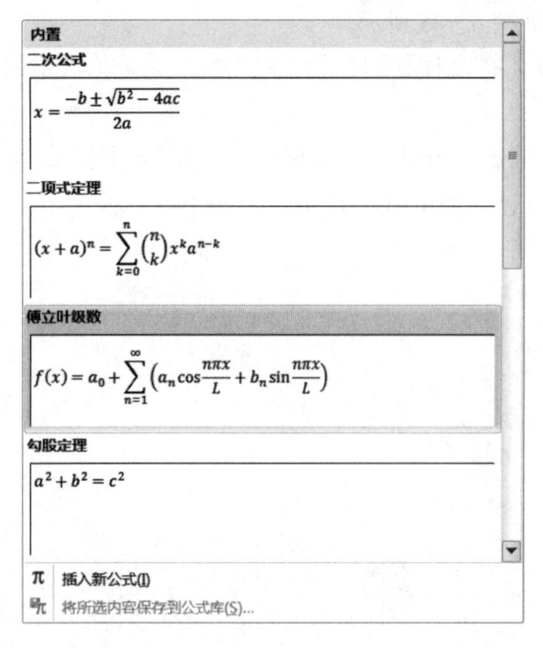

图 6 - 49　“公式内置”快捷菜单

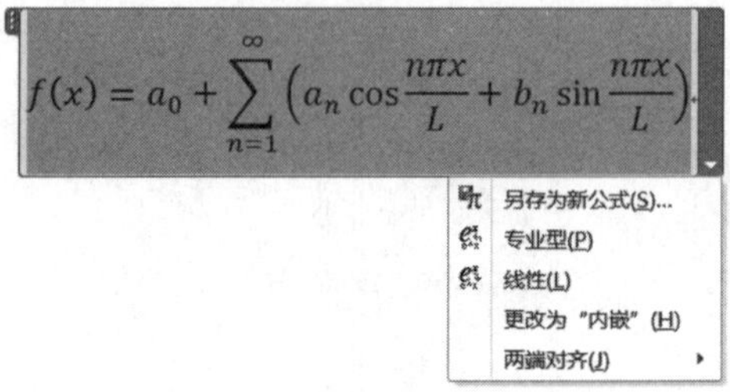

图 6 - 50　“傅立叶级数”公式

【提示】如果对创建或插入的公式进行修改，则只需单击该公式，此时公式处于编辑状态，并同时打开“设计”选项卡，用户就可以在公式编辑区内编辑公式了。

注意：创建的公式在Word窗口可以看作是普通文本，因此可以对其进行诸如字号、位置、颜色、倾斜、对齐方式等多方面的设置，其操作方法与普通文本的操作方法相似。

6.7　打印输出

6.7.1　添加页眉、页脚和页码

1. 页眉和页脚

页眉和页脚是指每页顶端或底部的特定内容，如章节、日期、页码等。页眉和页脚只有在页面视图下才能显示出来，所以要插入页眉和页脚，首先要切换到“页面视图”。

在“插入”选项卡，单击“页眉和页脚”组中的“页眉”按钮，打开“页眉”下拉列表，在下拉列表中提供了几种页眉的样式供用户选择。如果都不满意，可以选择“页眉”下拉列表中的“编辑页眉”命令，激活“页眉和页脚工具”之“设计”选项卡，同时文档中出现一个页眉编辑区，如图 6－51 所示。此时可以对页眉和页脚进行以下设置：

需要进行页脚设置时，可单击“导航”组中的“转至页脚”按钮即可。要想再转回来，再单击“导航”组中的“转至页眉”按钮即可。

若需要在页眉或页脚处插入日期，只需单击“插入”组中的“日期和时间”按钮，在弹出的对话框中设置其格式即可。还可以利用“插入”组中的其他按钮插入其他对象，如“图片”、“文档部件”和“剪贴画”等。

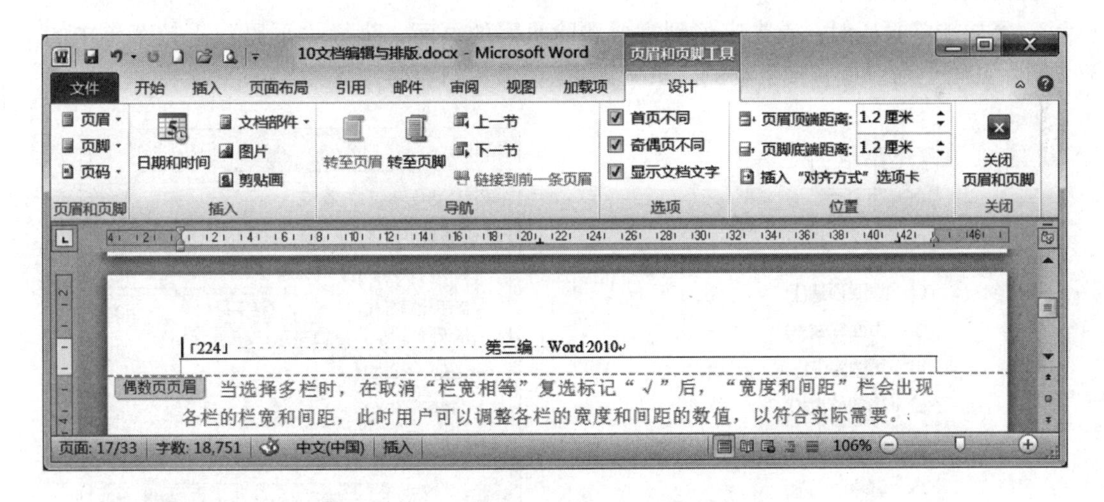

图 6－51　页眉和页脚工具“设计”选项卡

在“导航”组，单击“上一节”和“下一节”按钮，可显示当前节的上一节或下一节的页眉和页脚。

在一些出版物中，需要在首页页眉、奇偶页页眉上设置不同的文字，此时，可以在“选项”组选择“首页不同”、“奇偶页不同”复选项，之后分别到首页、奇数页和偶数页设置不同的页眉和页脚内容即可。

在“位置”组，可以设置页眉顶端距离、页脚底端距离、页眉和页脚的对齐方式。

完成页眉或页脚设计后，只需在页眉、页脚外双击或者单击“关闭”组中的“关闭页眉和页脚”按钮即可。

要编辑页眉和页脚，只需在“页面视图”下，双击页眉区域，切换到页眉和页脚编辑模式，对选定的页眉或页脚进行所需的修改。

删除页眉或页脚时，单击“插入”选项卡下“页眉和页脚”组的“页眉”（或“页脚”）按钮，在弹出菜单中选择“删除页眉”（或“删除页脚”）命令即可。

注意：在删除页眉或页脚时，Word 2010会自动删除整个文档中同样的页眉或页脚，要删除文档中某个部分的页眉或页脚时，可将文档分成节，断开各节的连接，对页眉或页脚进行删除。

2. 插入页码

在“插入”选项卡，单击“页眉和页脚”组中的“页码”按钮，打开如图6－52所示的“页码”下拉菜单，利用该菜单可以设置页码的位置及对齐方式。

如果需要对页码的格式进行设置，则在“页码”下拉菜单选择“设置页码格式”命令，弹出“页码格式”对话框，如图6－53所示。在此对话框中可以设置页码的编号格式及页码编号，其中可以在“页码编号”栏的“起始页码”数值框设置文档的第一页的页码，如18。

需要删除页码时，首先定位到需要删除页码的页面，执行“页码”下拉菜单中的“删除页码”命令或直接手动删除页码即可。

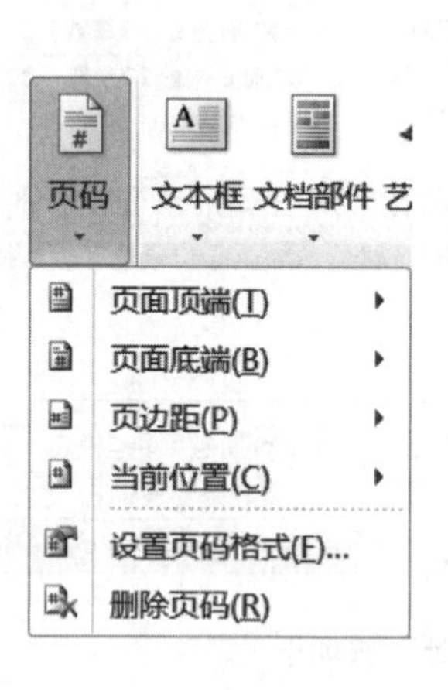

图6－52 “页码”下拉菜单

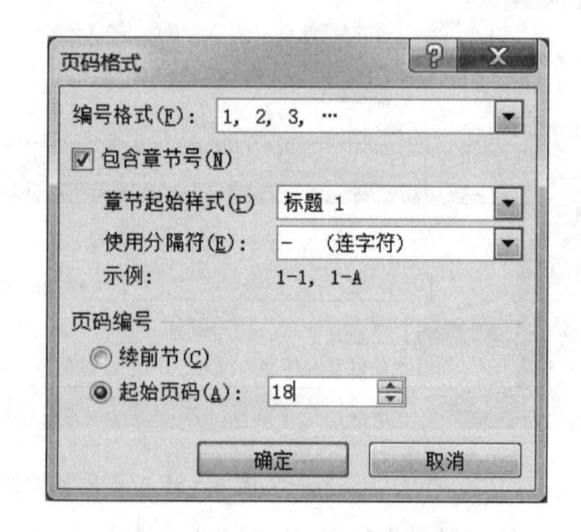

图6－53 “页码格式”对话框

6.7.2 脚注和尾注

脚注和尾注都用于为文档中的文本提供注释、批注及相关的参考资料。脚注默认出现在当前页的底端，可用脚注对文档内容进行注释性说明，常用于教科书、古文和科技文章中；而尾注默认位于整个文档的结尾，常用于作者介绍或指明论文中的参考文献。

脚注或尾注由“注释引用标记”和与其对应的“注释文本”组成。

注释引用标记：链接脚注或尾注注释文本的数字或字符，如[①]。

注释文本：在注释中可以使用任意长度的文本，并像处理任意其他文本一样设置注释文本的格式。

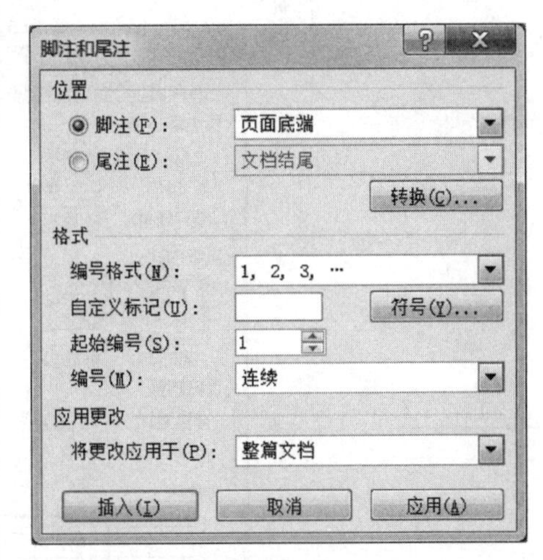

图 6－54　“脚注和尾注”对话框

在“引用”选项卡，单击“脚注”组中的“插入脚注”按钮 AB¹ 或“插入尾注”按钮，默认在该页的结尾处插入脚注或在文档的结尾处插入尾注。单击“脚注”组中的“对话框启动器”按钮，打开“脚注和尾注”对话框，如图 6－54 所示，可以为脚注和尾注设置格式。

如果要删除脚注或尾注，只需要删除文档中的注释引用标记，而不是注释文本。如果删除自动编号的注释引用标记，Word 2010 会自动对注释重新编号。

6.7.3　页面设置

页面设置是文档基本的排版操作之一，主要包括页边距、页面大小、方向、边框效果等。

在“页面布局”选项卡，单击“页面设置”组中的按钮可以对页面进行设置；也可以单击“页面设置”组中的对话框启动器按钮，打开如图 6－55 所示的“页面设置”对话框进行设置，它包含 4 个选项卡，分别用于设置页边距、纸张、版式和文档网格。

1. 设置页边距

在“页面布局”选项卡，单击“页面设置”组中的“页边距”按钮，弹出下拉列表，从中选择普通、窄、适中、宽、镜像或者自定义边距选项。

2. 设置纸张方向

在“页面布局”选项卡，单击“页面设置”组中的“纸张方向”按钮，在弹出的下拉菜单中选择“横向”或者“纵向”即可。

3. 设置纸张大小

①在“页面布局”选项卡，单击“页面设置”组中的“纸张大小”按钮，在弹出的下拉列表中选择相应的纸张大小即可。

②在“纸张”选项卡，利用“纸张大小”下拉列表选择打印纸的大小，默认为 A4

---

① 脚注文本。

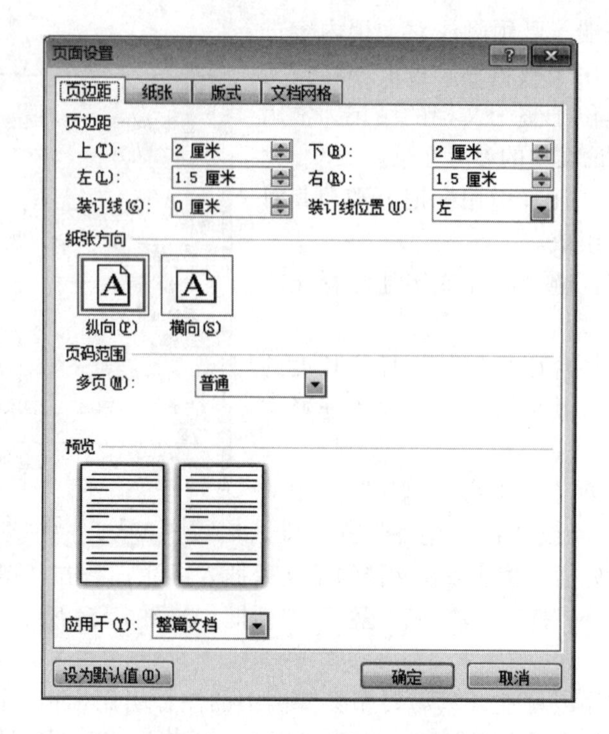

图 6-55 “页面设置”对话框

打印纸；还可以分别在“宽度”、“高度”数值框中输入数值自定义打印纸的宽度、高度。利用“纸张来源”栏可以设置打印纸张的来源，一般不需要选择。

6.7.4 打印预览与打印

1. 打印预览

虽说 Word 有所见即所得（从打印机上打印的效果与显示器上显示的效果相同）的特色，但在正式打印之前，往往还需要对文档进行打印预览。打印预览时将按一定的比例显示文档页面内容或多页的布局情况。单击“文件”选项卡中的“打印”命令，或直接单击快速访问工具栏上的“打印预览”按钮，即可显示如图 6-56 所示的打印窗口。窗口的左侧是打印设置区，用户可以在此设置打印的参数，如打印的份数、打印的范围等。窗口的右侧是打印预览区，可以预览打印的效果。在打印预览区，可以通过窗口左下角的翻页按钮（上一页、下一页）或移动垂直滚动条选择需要预览的页面，通过调节窗口右下角的显示比例滑块来调节页面显示的大小。

2. 打印

用以下三种方法均可以实现按系统默认设置直接打印文档：

- 在如图 6-56 所示的“打印”窗口，单击“打印”按钮。
- 直接单击快速访问工具栏上的“快速打印”按钮。
- 在没有打开文档的情况下，右击该文档，在弹出的快捷菜单中选择“打印”命令。

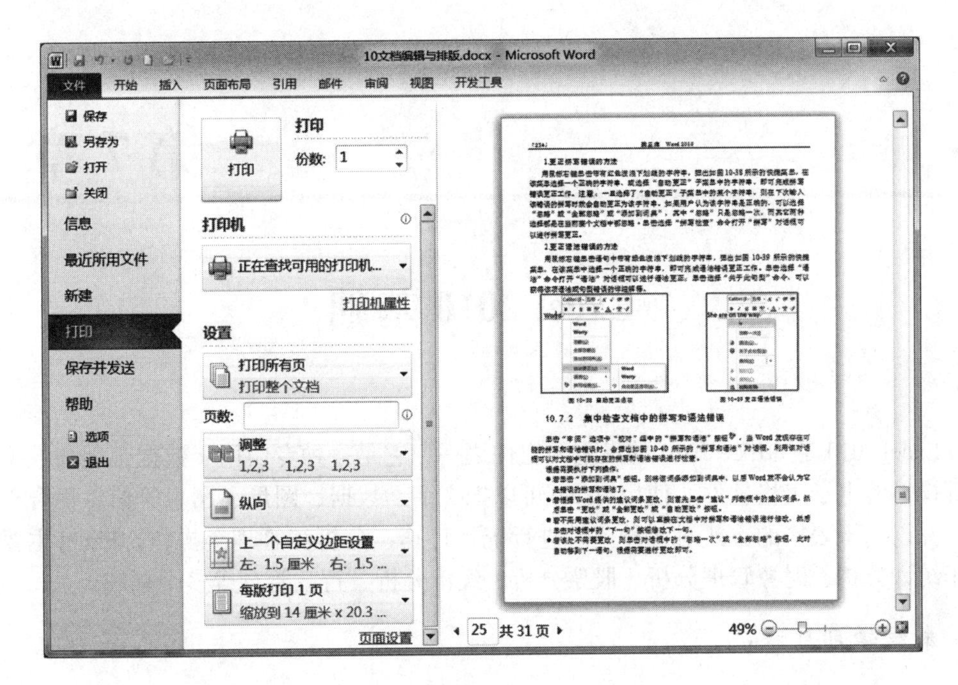
10文档编辑与排版.docx - Microsoft Word
文件
开始
插入
页面布局
引用
邮件
审阅
视图
开发工具
保存
另存为
打开
关闭
信息
最近所用文件
新建
打印
保存并发送
帮助
选项
退出
打印
份数: 1
打印
打印机
正在查找可用的打印机...
打印机属性
设置
打印所有页
打印整个文档
页数:
调整
1,2,3 1,2,3 1,2,3
纵向
上一个自定义边距设置
左: 1.5 厘米 右: 1.5 ...
每版打印 1 页
缩放到 14 厘米 x 20.3 ...
页面设置
25 共 31 页
49%

图 6-56 打印窗口

第 7 章

Excel 2010 基础

Excel 2010 是 Office 2010 的最重要组件之一，它是一种专门用于数据管理和数据分析等操作的电子表格软件。使用 Excel 可以把文字、数据、图形、图表等信息集合于一体，并以电子表格的方式对各种记录进行统计计算、分析和管理等操作。Excel 主要应用于统计分析、财务管理分析、股票分析、经济分析、行政管理等多个领域。

本章学习目标：

- 掌握 Excel 2010 的基本操作；
- 掌握 Excel 2010 的工作表编辑；
- 掌握 Excel 2010 的工作表格式设置。

7.1 启动/退出 Excel 2010

1. 启动方式

启动 Excel 应用程序的方法有多种，这里只介绍三种最基本的方法：

①选择“开始”菜单中的“所有程序”→“Microsoft Office”→“Microsoft Excel 2010”即可启动 Excel。

②双击 Excel 2010 图标即可启动 Excel。

③在桌面的空白处右击，新建一个“Microsoft Office Excel 文档”后，双击文件图标。启动 Excel 2010 后，将自动新建一个空白文档。

2. 退出方式

Excel 2010 的退出方式，常见的有以下四种：

①单击 Excel 2010 窗口右上角的“关闭”按钮。

②右击标题栏，在弹出的快捷菜单中选择“关闭”命令。

③双击左上角 Excel 按钮。

④单击 Excel 按钮，在弹出的菜单中选择“关闭”命令。

7.2 Excel 2010 窗口

Excel 2010 窗口包括应用程序窗口和工作簿窗口，工作簿窗口隶属于应用程序窗口，如图 7-1 所示。

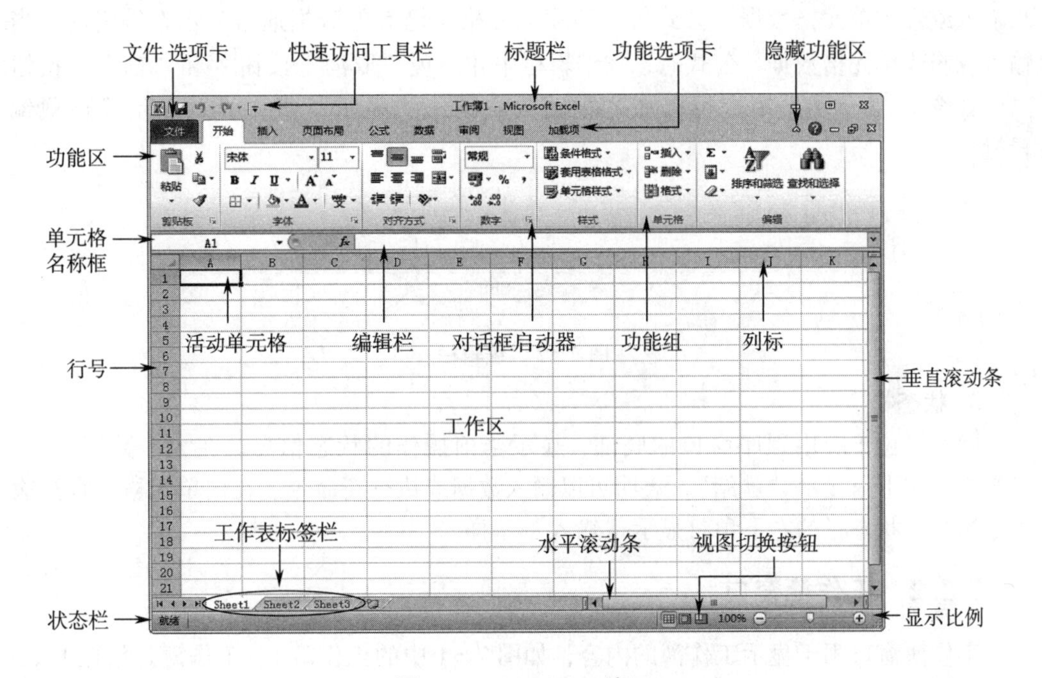

图 7-1 Excel 2010 窗口

7.2.1 应用程序窗口

Excel 的应用程序窗口包括标题栏、快速访问工具栏、功能区、编辑栏和状态栏等。

1. 标题栏

标题栏位于程序窗口的顶端，用于显示 Excel 标题，标题栏的右端有 3 个按钮，分别是最小化、最大化/向下还原、关闭按钮，使用这些按钮，可以控制窗口的显示状态。

2. 快速访问工具栏

在标题栏的左侧有“快速访问工具栏”，它集成了“保存”和“撤销”等常用功能按钮，用户可以根据需要使用“自定义快速访问工具栏”下拉按钮添加功能按钮。

3. 功能区

Excel 功能区与 Word 功能区一样，也由选项卡、功能组（通常简称“组”）和命令按钮 3 部分组成，二者的使用方法完全一样。Excel 2010 提供了 9 个标准选项卡，分别是：文件、开始、插入、页面布局、公式、数据、审阅、视图、加载项。单击某个选项卡即可打开相应选项卡中的功能，默认打开的选项卡是“开始”，如图 7-1 所示。

除9个标准选项卡之外，还有“上下文选项卡”，它们只在需要执行相关处理任务时才会出现在选项卡界面上。例如，当选中图表对象后，才能以高亮颜色显示“图表工具”的“设计”、“布局”和“格式”选项卡。

4. 编辑栏

整个编辑栏由左（单元格名称框）、中（按钮）、右（编辑区）三部分组成，它用来输入或修改单元格数据、公式等。活动单元格中已有的数据通常显示在编辑区。当输入或修改单元格数据、公式时，在编辑栏中才出现“取消”按钮和“输入”按钮，如图7－2所示。用户可以在“视图”选项卡“显示”组中设置显示或隐藏编辑栏。

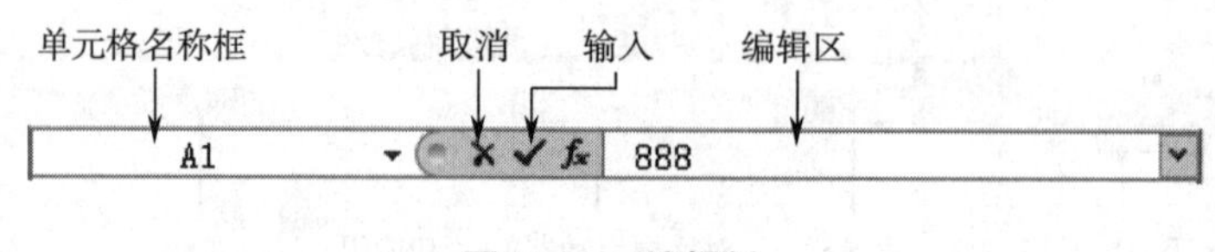

图7－2 编辑栏

5. 状态栏

状态栏位于应用程序窗口的底部，显示当前操作的状态信息。在大多数情况下，状态栏的左下角显示“就绪”，表明可以输入数据或执行新命令。在向单元格中直接输入数据时，状态栏的左下角将显示“输入”字样。

7.2.2 工作簿窗口

工作簿窗口用于显示工作簿的内容，如图7－1中的工作簿1。工作簿是指在Excel环境中用来存储和处理工作表数据的文件，每一个工作簿由若干个工作表组成，而工作表又由若干个单元格组成。一个工作簿就是一个Excel文件，其默认扩展名为xlsx。

1. 工作区

工作区即工作表的编辑区域，由一个个单元格组成，同时包括网格线、滚动条和工作表标签等元素。可以在其中输入数字、文本、日期等数据，并对其进行格式设置。

2. 工作表

工作表也称电子表格，是Excel用来存储和处理数据的地方。每个工作表都是由若干行和若干列组成的一个二维表格。列标（列编号）是每列的标识，行号（行编号）是每行的标识。列标用字母A、B、C、…、X、Y、Z、…、AA、AB、AC、…、XFD表示，共16384（2^{14}）列；行号用数字1、2、3、…、1048576表示，共1048576（2^{20}）行。

3. 工作表数目

在建立新工作簿时，默认自动建立3个工作表（即Sheet1、Sheet2、Sheet3），用户也可以自定义自动建立工作表的数目（最多是255个工作表）。一个工作簿中允许的工作表数一般不受限制，但太多会影响运行速度。

4. 单元格和单元格区域

单元格是由行和列交叉构成的一个小方格，它是工作表中存储数据最基本的单元，也是最小的操作单元。一个工作表有 16384×1048576（2^{34}）个单元格，每个单元格最多能保存 32767（$2^{15}-1$）个字符。单元格在工作表中的位置用单元格地址（名称）表示，每个单元格有唯一的单元格地址。单元格地址（单元格名称）由列标＋行号组成，如 D9 表示第 D 列与第 9 行相交处单元格的地址，单元格地址通常显示在单元格名称框。

从选定的某个单元格开始拖动鼠标可以选定一个由多个单元格组成的区域，此区域称为单元格区域。单元格区域用它的左上角和右下角的单元格地址来表示的，如单元格区域 A1: B3 包含 A1、A2、A3 和 B1、B2、B3 共 6 个单元格。

5. 工作表标签栏

工作表标签栏位于工作区的左下端，由工作表标签（工作表名）组成，用于显示当前工作簿中各个工作表标签名。单击某一标签，即可切换到该标签所对应的工作表。被激活的工作表标签以白色显示，而未被激活的则以灰色显示。在 Excel 中，默认的工作表以“Sheet1”、“Sheet2”、“Sheet3”……方式命名。

6. 滚动条

像 Word 一样，在 Excel 垂直滚动条的最顶端有一个“水平拆分条”，而在水平滚动条的最右端有一个“垂直拆分条”，拖动它们，能够水平或垂直拆分工作表窗口。

7.3 工作簿的基本操作

7.3.1 创建工作簿

创建工作簿有两种方法：

方法一：创建默认的空白工作簿

启动 Excel 时，系统会自动创建一个默认名为“工作簿 1”的空白工作簿。该工作簿包含 3 个工作表，默认名分别为 Sheet1、Sheet2 和 Sheet3，如图 7－1 所示。已经启动 Excel 后再创建工作簿的方法也很简单，单击“文件”选项卡中的“新建”命令，选择右侧的空白工作簿；或使用 Ctrl＋N 组合键；或在“快速访问工具栏”单击新建按钮即可。

方法二：根据模板创建工作簿

Excel 还提供了基于某一固定样式的工作簿模板，用户可以根据需要创建某一工作簿模板指定样式的工作簿。模板是一种特殊的工作簿，它包含某些基本内容、版面样式等。利用模板可以快速地建立具有某种风格的工作簿，避免从头编辑和设置工作簿格式。使用模板创建工作簿的方法和操作步骤如下：

①单击“文件”选项卡，在打开的菜单中选择“新建”命令，打开“新建工作簿”窗口，单击“可用模板”栏中的“样本模板”，如图 7－3 所示。

②在“样本模板”中选择“贷款分期付款”，然后点击右侧的“创建”按钮，就创建了“贷款分期付款”模板样式的工作簿，如图 7－4 所示。

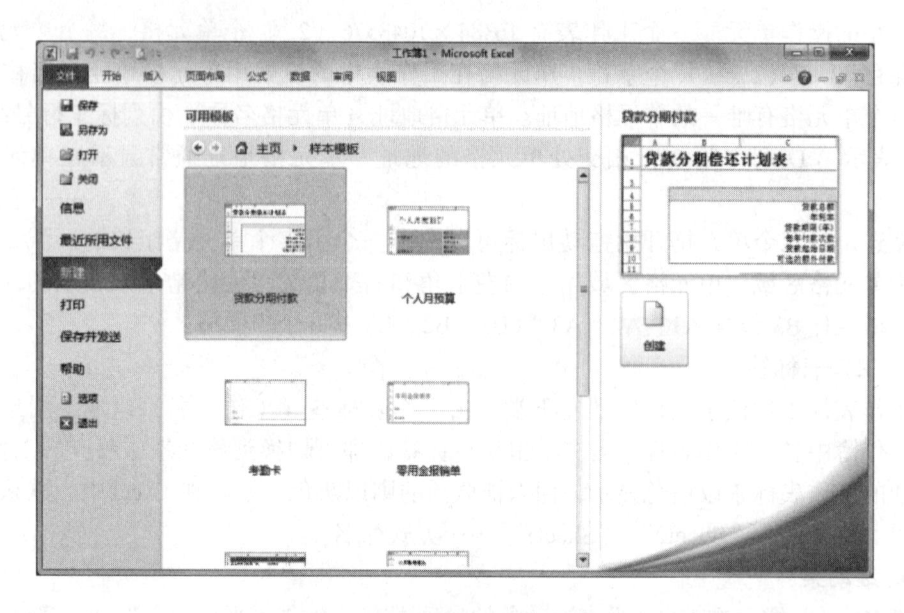

图 7-3 “可用模板”窗口

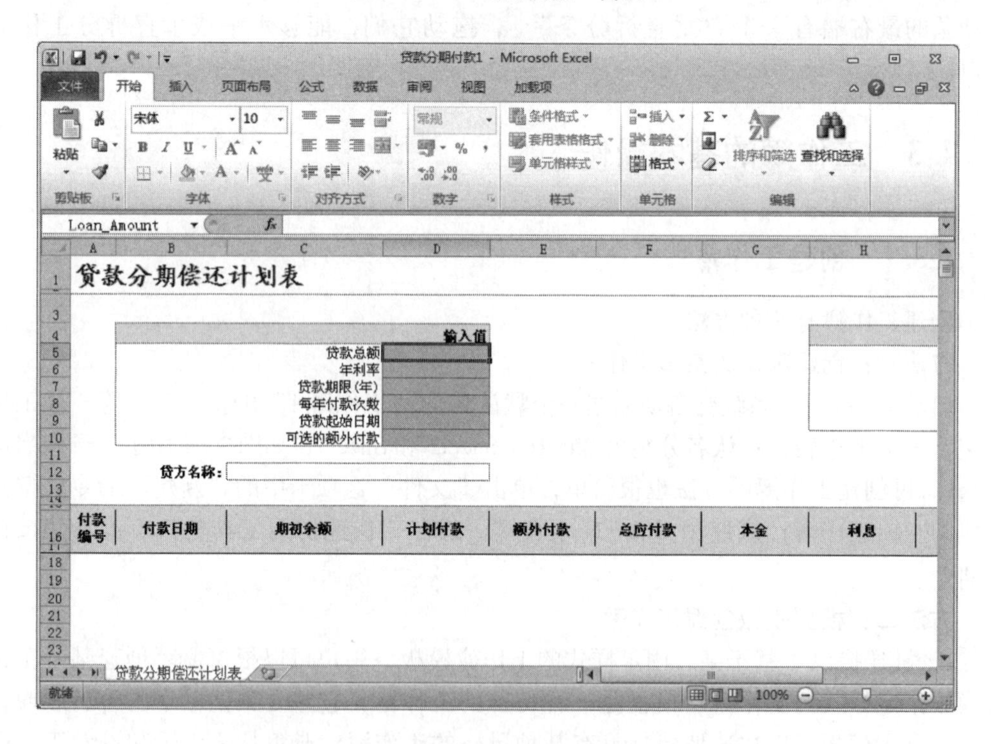

图 7-4 “贷款分期付款”模板样式的工作簿

7.3.2 保存工作簿

1. 保存新建工作簿

保存新建工作簿的方法和步骤如下：

①单击“快速访问工具栏”上的“保存”按钮，或使用 Ctrl + S 组合键，或单击“文件”选项卡，在弹出的菜单中选择“保存”命令。打开“另存为”对话框，如图7－5所示。

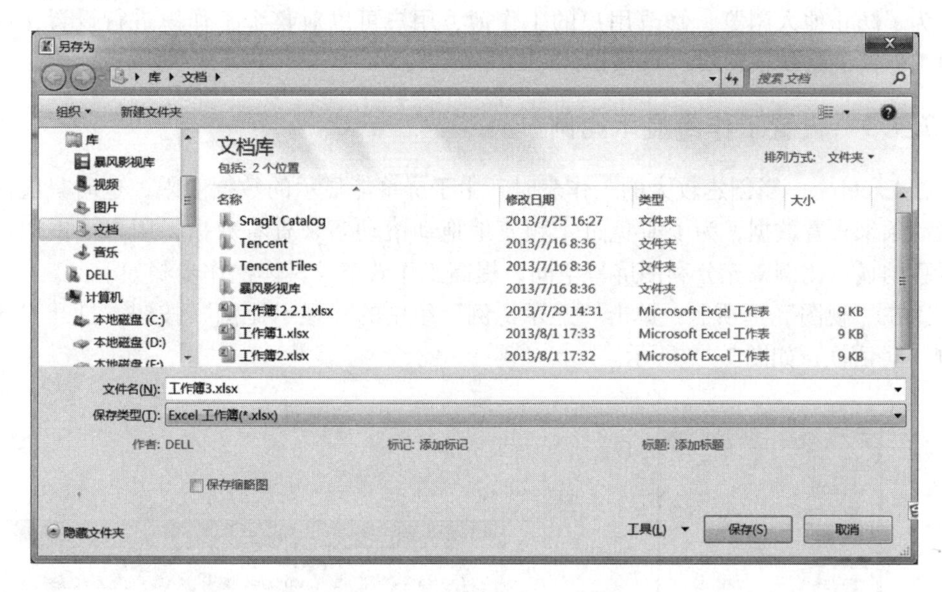

图 7－5　“另存为”对话框

②在此对话框，选择工作簿保存的位置。在“文件名”文本框输入工作簿的名称；在“保存类型”下拉列表选择保存类型，默认保存类型为“Excel 工作簿（* . xlsx）”；单击 工具(L) ▾ 下拉按钮，选择“常规选项”可以设置密码。

③设置完成后，单击“保存”按钮，新工作簿被保存，此后标题栏会显示出该工作簿的名称。

2. 保存已有的工作簿

如果要保存已有的正在编辑的工作簿，而且工作簿名称和保存位置不变，可直接单击“快速访问工具栏”中的“保存”按钮，或使用 Ctrl + S 组合键。

当需要更名或更改保存位置或更改保存类型时，则需要执行“另存为”命令。具体操作步骤如下：

①单击“文件”选项卡，在弹出的菜单中选择“另存为”命令，在随即打开的对话框中就可以进行更名、更改保存位置和更改保存类型等操作。

②例如，当需要在低版本的 Excel 程序（如 Excel 97－2003）中打开 Excel 2010 版本的工作簿文件时，则在“保存类型”下拉列表中选择保存类型为“Excel 97－2003 工作簿（* . xls）”，单击“保存”按钮即可。如图 7－6 所示。

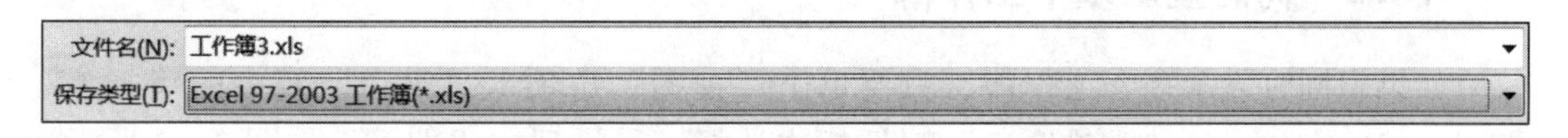

图 7－6　“Excel 97－2003 工作簿”保存类型

7.4 设置和保护工作簿

为了防止他人浏览、修改用户的工作簿，用户可以对整个工作簿进行设置，也可以对工作簿的结构或窗口进行保护。

7.4.1 设置工作簿显示比例

在 Excel 中，当创建较大的工作表时，由于屏幕能显示的数据有限，这时只能借助于滚动条来查看数据，为了避免过于频繁地拖动滚动条来查看数据，用户可以通过设置屏幕的显示比例来充分利用屏幕空间，提高工作效率。具体操作步骤如下：

①在“视图”选项卡，单击“显示比例”组中的“显示比例”按钮，打开“显示比例”对话框，如图 7－7 所示。

图 7－7 “显示比例”对话框

图 7－8 提示框

②在“缩放”组中选择合适的显示比例，如果单击“恰好容纳选定区域”单选按钮，那么选定区域会扩大至整个窗口进行显示。也可以在“自定义”文本框中输入所需的显示比例，取值范围只能是 10～400。如果输入的数字小于 10 或大于 400，单击“确定”按钮后，则会出现如图 7－8 所示的对话框。

除了可在“显示比例”对话框中选择合适的缩放比例外，还可以在状态栏的“显示比例”栏中拖动滑块 100% 设置显示比例。

注意：单击“视图”选项卡“工作簿视图”组中的全屏显示按钮，全屏显示整个工作表。如果想恢复到原来的显示状态，只需按Esc键即可。

7.4.2 同时显示多个工作簿

如果想同时显示多个工作簿，只要单击“视图”选项卡“窗口”组中的全部重排按钮，然后在弹出的“重排窗口”对话框中选择一种排列方式即可，如图 7－9 所示。如选择“水平并排”选项，文档效果如图 7－10 所示。

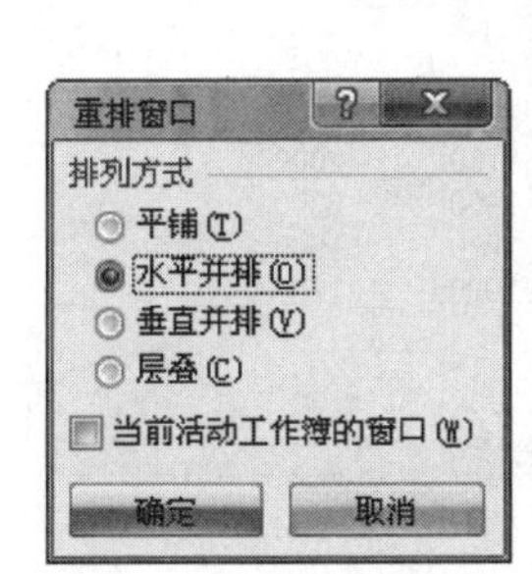

图 7-9　“重排窗口”

图 7-10　水平并排查看文档效果

7.4.3　同时显示多个工作表

除了可以同时显示多个工作簿外，在 Excel 中还可以同时显示同一个工作簿中的多个工作表，其具体操作步骤如下：

①打开要同时显示多个工作表的“职工信息 . xlsx”工作簿，如图 7-11 所示。

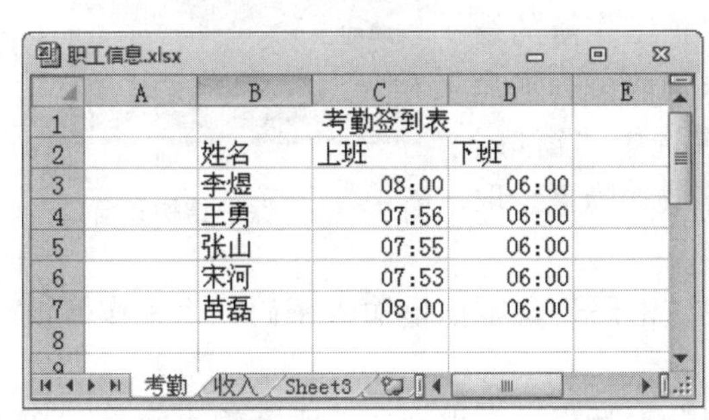

图 7-11　职工信息 . xlsx

②单击“视图”选项卡“窗口”组中的“新建窗口”按钮，此时会建立一个当前工作簿的新窗口，其内容与原工作簿窗口一致，只是窗口名称发生了变化，原来窗口的名称为“职工信息 . xlsx: 1”，则新建的窗口名称为“职工信息 . xlsx: 2”。如果要新建多个窗口，只需重复单击“新建窗口”按钮即可。

③单击“视图”选项卡“窗口”组中的“全部重排”按钮，打开“重排窗口”对话框。在“排列方式”选项组中选择相应的选项，如选择“平铺”单选按钮。

④单击“确定”按钮，多个工作表则会以平铺的方式同时显示在屏幕中，此时只需单击活动窗口底部的工作表标签，使一个窗口显示一个工作表，而另一个窗口显示另一个工作表，如图 7-12 所示。

⑤若要取消工作表的以上显示状态，只需关闭某个窗口即可。

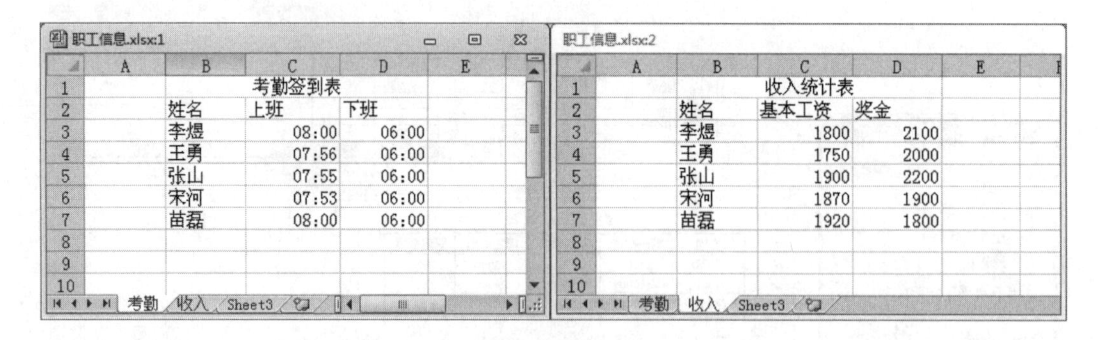

图 7－12　同时显示多个工作表

7.4.4　保护工作簿结构和窗口

保护工作簿结构和窗口的具体操作步骤如下：

①单击“审阅”选项卡“更改”组中的“保护工作簿”按钮，打开“保护结构和窗口”对话框，如图 7－13 所示。

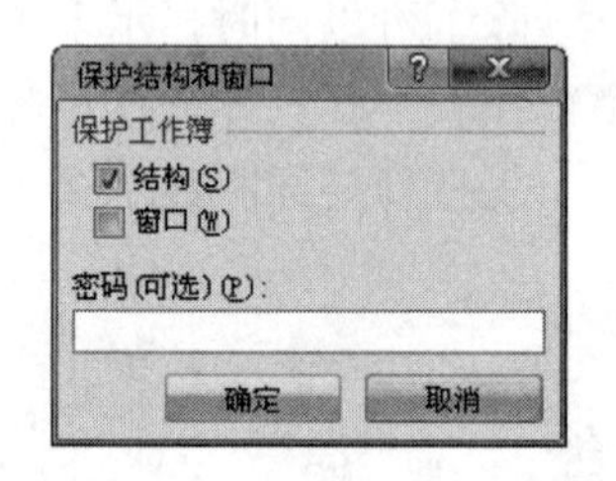

图 7－13　保护结构和窗口

②如果选中“结构”复选框，则可以保护工作簿的结构，禁止对工作表的删除、移动、隐藏、取消隐藏、重命名的操作，而且不能插入新的工作表；如果选中“窗口”复选框，则保护工作簿的窗口不被移动、缩放、隐藏、取消隐藏或关闭。这里选“结构”复选框。

③为防止他人取消工作簿保护，可以在“密码”文本框里输入密码，为工作簿设置密码保护。

④单击“确定”按钮，打开“确认密码”对话框，在出现的“重新输入密码”文本框中再次输入同一密码，如图 7－14 所示。

⑤单击“确认”按钮即可。

这时可以发现，单击“开始”选项卡“单元格”组中的“插入”按钮，在打开的下拉列表中，“插入工作表”命令无效，即无法插入新的工作表了，如图 7－15 所示。

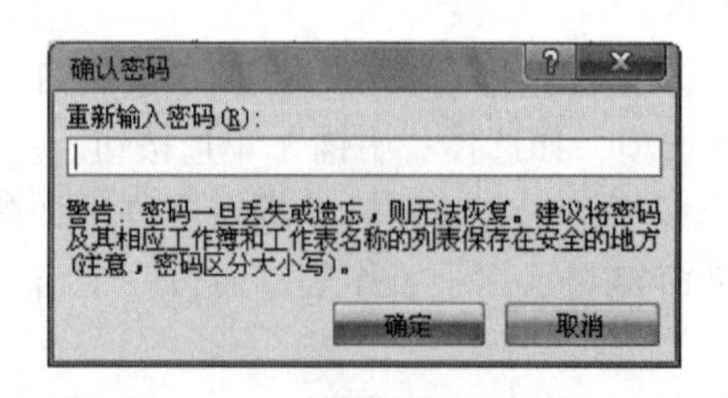

图 7－14　确认密码

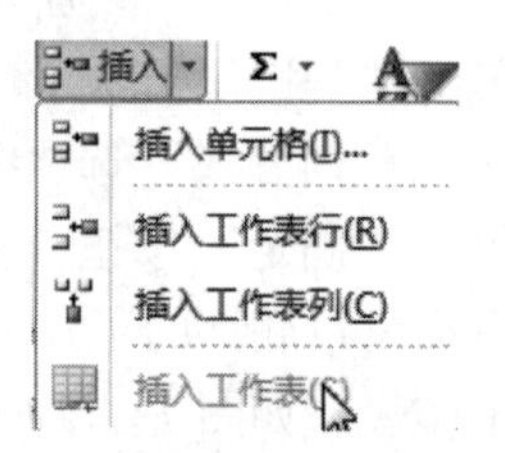

图 7－15　保护工作表的结构

7.5 工作表编辑

7.5.1 数据的输入和编辑

每个单元格都可以包含内容、格式和批注（批注使用较少），单元格的内容就是其中保存的数据。保存的数据有四种类型，它们分别是文本（文字）、数值（数字）、逻辑（布尔）和错误值。文本型和数值型数据输入时都要遵守一定的输入规则，而其他数据一般都是公式计算的结果或系统反馈的信息。

1. 输入文本

文本型数据包含汉字、英文字母、数字、空格及其他计算机所能识别的字符（称为 Unicode 字符集，每个字符对应一个唯一的二进制 16 位编码，占用 2 个字节的存储空间）。

如果在输入的数字前面加一个半角单引号“'”做先导，则数字将被视为文本，同时在单元格的左上角附加显示一个绿色三角，以表示与数值型数据相区别。例如，若要输入文本型邮政编码：050061，则应键入：'050061。

2. 输入数据

数值型数据可以分为普通数值型数据、日期和时间型数据。

（1）普通数值型数据

普通数值型数据包含由十进制数字（0~9）、小数点（.）、正负号（+、-）、千位分隔符（,）、货币符号（¥、$、US$、£ 等）、百分号（%）、指数符号（E 或 e）以及括号（ ）。正数可以省略数字前面的正号（+）。默认情况下，普通数值型数据沿单元格水平方向右对齐。

①输入分数

在工作表中，分式常以斜杠“/”来分界分子和分母，其格式为“分子/分母”，但日期的输入方法也是以斜杠来分隔年月日，如“2012 年 2 月 13 日”可以表示为“2012/02/13”。这就可能造成在输入分数时系统将分数当成日期的错误。

为了避免发生这种情况，Excel 中输入分数时，须在分数前输入“0”表示区别于日期，并且“0”和分子之间用空格隔开。例如，要输入分数“2/3”，需输入“0 2/3”，然后再按 Enter 键。如果没有输入“0”和一个空格，Excel 会把该数据作为日期处理，认为输入的是“2 月 3 日”。

对于能够化简的分数，系统自动进行化简，如输入“0 2/4”，则系统自动化简为“1/2”。对于假分数，系统自动化为分数，如输入“0 4/3”，则系统自动化为“1 1/3”。

②输入负数

如果要输入一个负数，则需要在数值前加上一个减号（-）或将数值置于括号（ ）中，如（100）表示 -100。

注意：当输入一个超过列宽的数值时，Excel 会自动采用科学计数法表示数值（如 3.1E-12）或者只给出数据溢出标记“######”。同时，系统记忆了该单元格的全部内容，当选中该单元格时，在编辑栏的编辑区会显示其全部内容。

（2）日期和时间型数据

在默认状态下，日期和时间数据都在单元格水平方向右对齐。日期和时间实际上也是一种数字，只不过有其特定的格式。

①输入日期

用户可以使用多种格式来输入一个日期，可以用斜杠“/”或“-”来分隔日期的年、月、日。传统的日期表示方法是以两位数表示年份的，如2012年2月13日，可表示为12/2/13或12-2-13。当在单元格中输入12/2/13或12-2-13并按Enter键后，Excel会自动将其转换为默认的日期格式，并将两位数表示的年份更改为四位数的年份，即2012/2/13。

在默认状态下，当用户输入用两位数字表示的年份时，会出现以下两种情况：

- 当输入的年份为00～29之间的两位数年份时，Excel将解释为2000～2029年，例如，如果输入日期29/2/13，则Excel将认定日期为2029年2月13日。
- 当输入的年份为30～99之间的两位数年份时，Excel将解释为1930～1999年，例如，如果输入日期98/2/13，则Excel将认定日期为1998年2月13日。

②输入时间

如果用户要输入当前日期，则按Ctrl+；（分号）；如果要输入当前时间，则按Ctrl+Shift+；（分号）。如果要在同一单元格内输入日期和时间，则需要在日期和时间之间用空格分离。

在单元格中输入时间的方式有两种：按12小时制和按24小时制。二者的输入方法不同：如果按12小时制输入时间，要在时间后面加一个空格，然后输入AM或PM，字母AM表示上午，PM表示下午。例如，下午4时30分20秒的输入格式为：4: 30: 20 PM。如果按24小时制输入时间，则只需输入16: 30: 20即可。如果用户只输入时间，而不输入AM或PM，则Excel将默认是上午的时间。

- 凡是输入数据之前加“'”都认为是文本。
- 输入数据时，按Alt+Enter键，则在单元格中换行，而且认为输入的数据为文本型。
- 为了尽可能地避免出错，建议用户在输入日期时输入4位数字的年份。

3. 从下拉列表中输入数据

假如当前单元格的上方有一列文本型数据，此时右击当前单元格，在弹出的快捷菜单中单击“从下拉列表中选择”，则在当前单元格的下面弹出一个下拉列表，在该下拉列表中列出了上方同列连续单元格（直到单元格为空时止）中不重复的所有数据，从中单击选择一个数据即可作为该单元格的值，同时自动关闭下拉列表。

例如，B1、B2、B3、B4单元格的数据值分别为“副教授”、“助教”、“讲师”、“教授”，右击B5单元格，在弹出的右键快捷菜单中单击“从下拉列表中选择”，如图7-16所示。在随后弹出的下拉列表中单击选择第3个选项“讲师”，则“讲师”数据就被立即输入到 B5 单元格中，如图 7－17 所示。

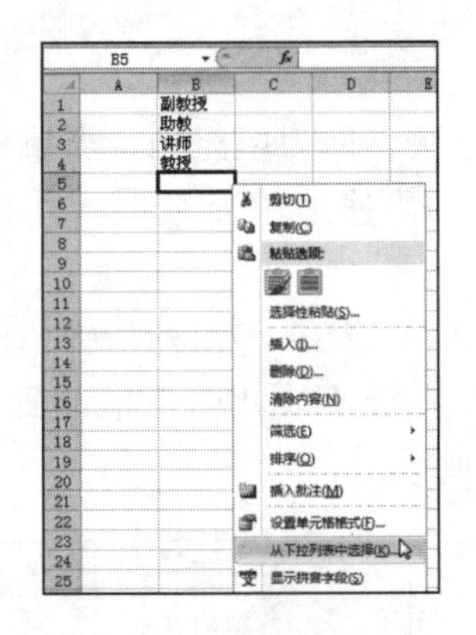

图 7－16　右键快捷菜单

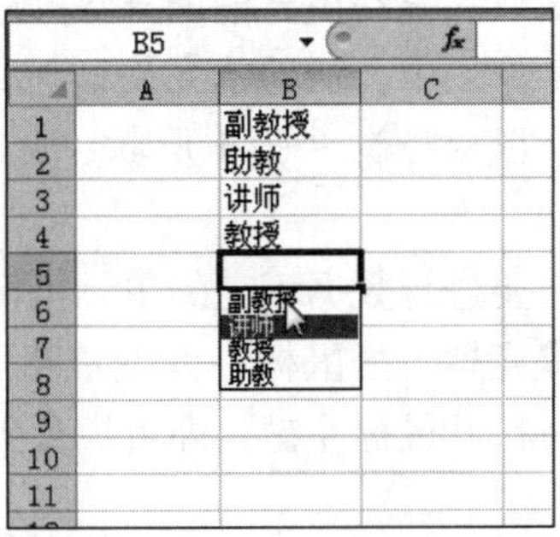

图 7－17　选择输入数据

4. 根据系统记忆输入数据

假如当前单元格的上方有一列文本型数据，当用户在当前单元格中输入的第一个字符与系统记忆的上方同列连续单元格（直到单元格为空时止）中某个单元格的第一个字符相同时，则会把那个单元格的后续内容也显示到当前单元格中。若用户认为正确则直接按下“↓”或 Enter 或 Tab 键完成输入。否则不必理会，接着继续从键盘输入即可。

例如，B1、B2、B3、B4 单元格的数据值分别为“副教授”、“助教”、“讲师”、“教授”，在 B5 单元格输入“副”之后，该单元格显示的内容为“副教授”，而且“教授”二字反向显示，如图 7－18 所示。若是用户要输入的内容，此时按下“↓”键或 Enter 键或 Tab 键移出光标就完成了该单元格内容“副教授”的输入。若要输入的不是“副教授”，而是“副总工程师”，则接着输入“总工程师”即可。

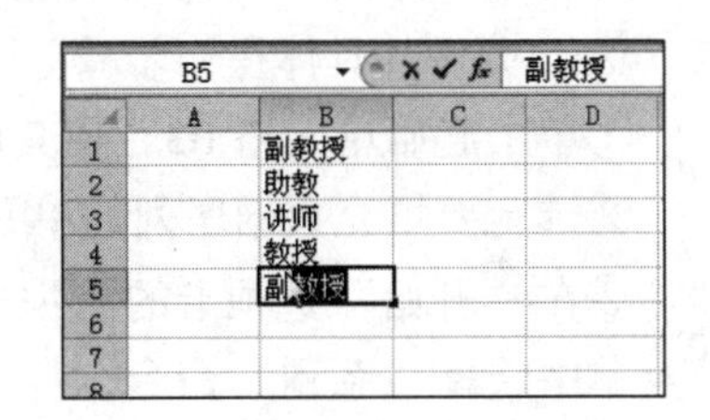

图 7－18　根据系统记忆输入数据

5. 填充数据序列

在工作表中输入单元格数据时，对有一定规律的数据序列或有固定顺序的名称等（如第一、第二、第三……或 2、4、6、8…）可以利用数据序列填充功能输入数据。

(1) 数据序列类型

- **等差序列**：它的每一个数值由前一个数值加上一个固定值得到。每次增加的固定值称为步长值。例如，初始值为 1，步长值为 2，得到的等差序列为 1、3、5…。
- **等比序列**：它的每个数值由前一个数值乘以一个固定步长得到。例如，初始值为 1，步长值为 2，得到的等比序列为 1、2、4、…。
- **日期序列**：它是每个日期由前一个日期加上一个日期单位得到。日期单位包括天数、工作日、月、年四种。例如，初始值为 2012－2－13，若日期单位为天，得到的日期序列为 2012－2－14、2012－2－15、2012－2－16…。
- **自动填充序列**：它是根据给定的初始值自动递增或递减而形成的序列，例如，第1组、第2组、第3组……，还有01001、01002、01003、01004等。

（2）填充数据序列

方法一：拖动填充柄填充数据序列

在工作表中，活动单元格区域右下角的黑色小方块，称为填充柄。当鼠标移到填充柄时，鼠标指针变为✚形状，此时拖动填充柄可以快速地填充数据。其具体操作如下：

选定要进行数据填充的单元格区域，本例选定A2单元格。将鼠标指针指向黑框右下角的填充柄，当鼠标指针变成✚形状时，按住鼠标左键不放并向下拖动到A5单元格，然后松开鼠标左键，即可填充数据，如图7－19所示。

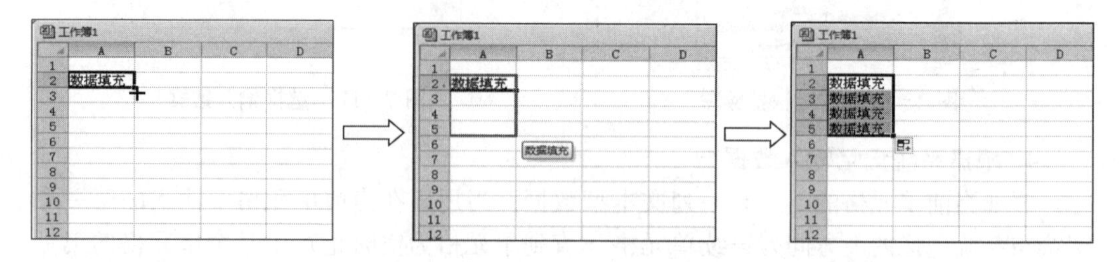

图7－19　拖动填充柄填充数据序列

方法二：用“序列”对话框填充数据序列

要使用“序列”对话框创建序列，如在单元格区域B3: B8建立一个等比序列3、12、48、192…其具体操作步骤如下：

①单击起始单元格B3，使其成为活动单元格，并输入初始值3。

②选定要填充数据序列的单元格区域B3: B8。

③在“开始”选项卡的“编辑”组中，单击“填充”下拉按钮，在弹出的下拉菜单中选择“系列”命令，打开如图7－20所示的“序列”对话框。

④在“序列产生在”选项组中，确定填充方向，本例选择“列”。

⑤在“类型”选项组中，选择序列类型，本例选择“等比序列”。

⑥如果要制定序列增加或减少的数量，在“步长值”文本框中输入一个正数或负数，本例输入步长值为“4”。

⑦单击“确定”按钮，则B3: B8区域自动按要求填充数据序列，如图7－21所示。

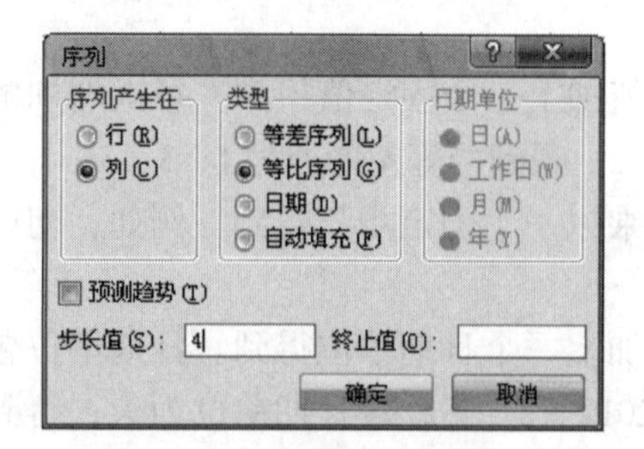

图7－20　“序列”对话框

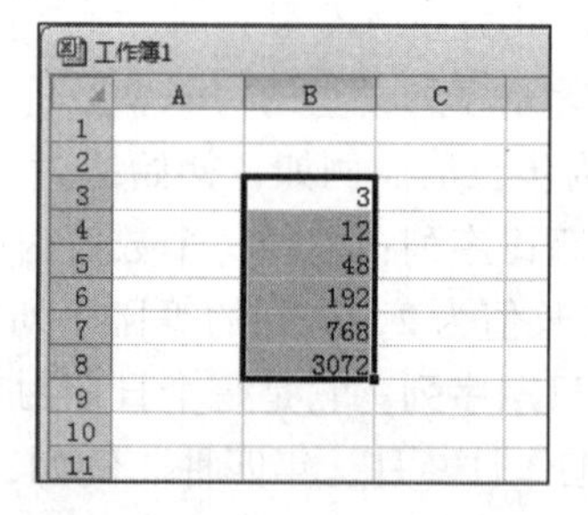

图7－21　填充等比序列

例：以创建一个职工档案为例，来练习创建工作表的基本操作，例如手工输入文本、数字、日期和时间等，效果如图 7－22 所示，编号用填充方法完成。

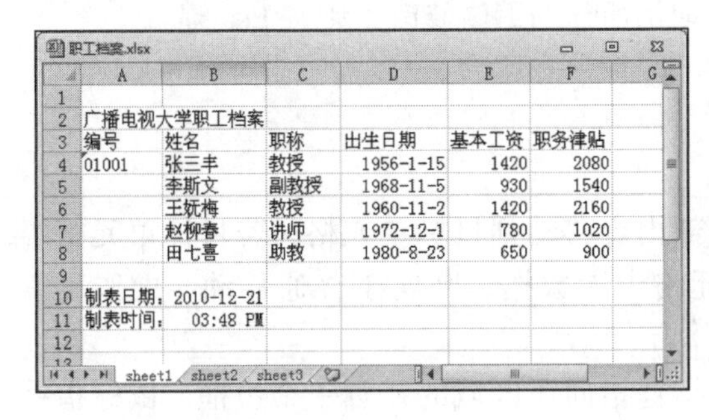

图 7－22　职工档案．xlsx

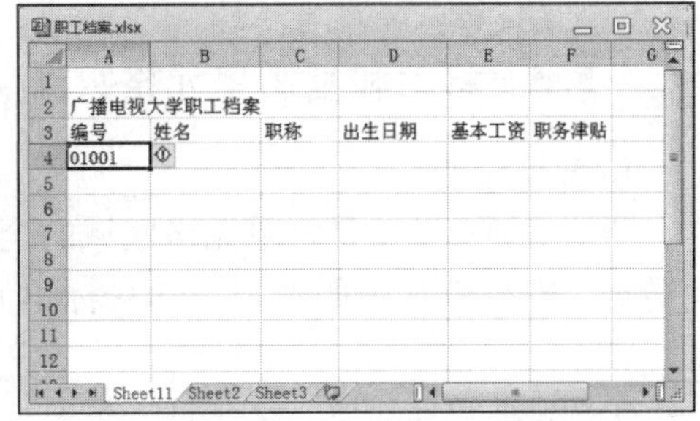

图 7－23　输入文本

具体操作步骤如下：

①新建一个工作簿，在 Sheet1 工作表中输入如图 7－23 所示的文本。并在 A4 单元格中输入了第 1 个编号。

②在“姓名”、“职称”、“出生日期”、“基本工资”、“职务津贴”各列中输入每位职工的数据，如图 7－24 所示。

③单击 A4 单元格，然后拖动其填充柄到 A8 单元格，则完成 A4 至 A8 单元格数据序列的填充，输入制表日期、制表时间。

④执行保存命令，命名为“职工档案．xlsx”。最终效果如图 7－25 所示

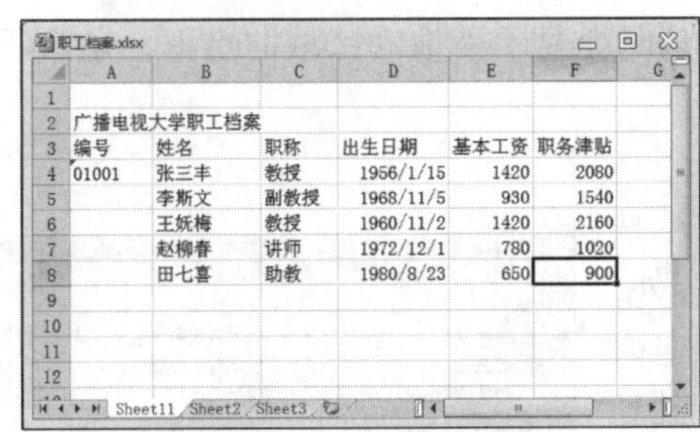
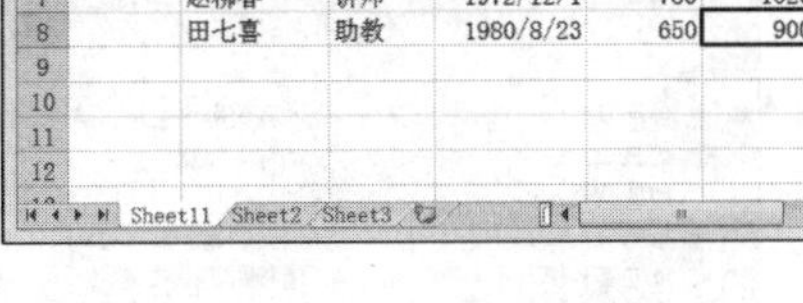

图 7－24　输入基本数据

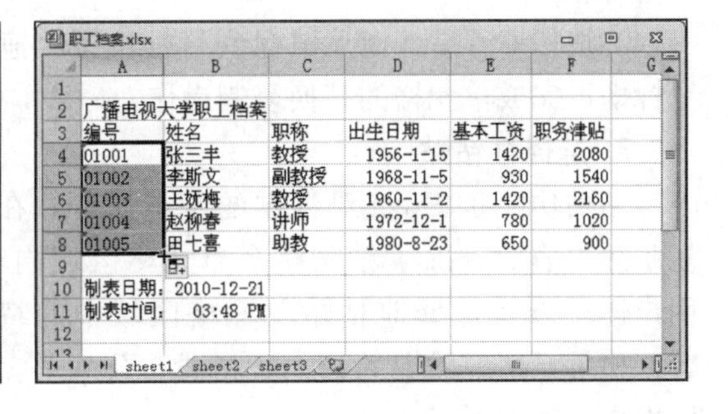

图 7－25　数据序列的填充

7.5.2　编辑修改单元格数据

编辑修改单元格数据有两种基本方法，其一是在单元格内直接编辑修改，其二是在编辑栏中进行编辑修改。

1. 在单元格中直接编辑修改

双击单元格，光标进入其中，然后对其中的数据进行编辑修改。如果要确认所作的编辑修改，则按 Enter 键或单击其他单元格；如果要取消所作的编辑修改，则按 Esc 键。

2. 在编辑栏中编辑修改单元格数据

单击要编辑的单元格，然后在编辑栏的编辑区对单元格数据进行编辑修改，按 Enter 键或单击其他单元格确认修改，如果要取消所作的编辑修改，则按 Esc 键。

7.5.3 移动和复制单元格数据

1. 替换移动

所谓替换移动就是将单元格区域的全部内容移动到目标单元格，若目标单元格中有数据，则替换其中的数据；如目标单元格中无数据，则属于普通移动。操作步骤如下：

①选定要移动的单元格区域，将鼠标指针指向该区域的任意一个边框，鼠标指针变为形状。

②按住鼠标左键不放，拖动鼠标到目标位置。拖动时会显示被拖动区域的虚框，松开鼠标后，若目标区域中有内容，则系统会弹出“是否替换目标单元格内容”的提示框，单击“确定”按钮，完成单元格区域的替换移动；若目标区域无内容，则直接完成单元格区域的移动，而不会弹出提示框。

2. 替换复制

所谓替换复制就是复制单元格区域中的全部内容到目标单元格，若目标区域中有数据，则替换其中数据；若目标区域中无数据，则完成普通复制操作。操作步骤如下：

①选定要复制的单元格区域，将鼠标指针指向该区域的任意一个边框，鼠标指针变为形状。

②按住 Ctrl 键，拖动鼠标到目标位置。拖动时会显示被拖动区域的虚框，先松开鼠标即可完成单元格的替换复制操作。

3. 选择性粘贴

粘贴功能是 Excel 对数据的基本操作。在粘贴复制的内容时，除了粘贴整个单元格区域内容外，用户还可以有选择地粘贴单元格区域中的特定内容，如单元格区域中的数值、格式、公式等。其具体操作步骤如下：

①选定单元格区域，执行“复制”命令或者按 Ctrl + C 组合键。

②选定目标单元格区域左上角的单元格，单击“开始”选项卡“剪贴板”组中的“粘贴”下拉按钮，在出现的下拉菜单中单击“选择性粘贴”，打开“选择性粘贴”对话框，如图 7 - 26 所示。

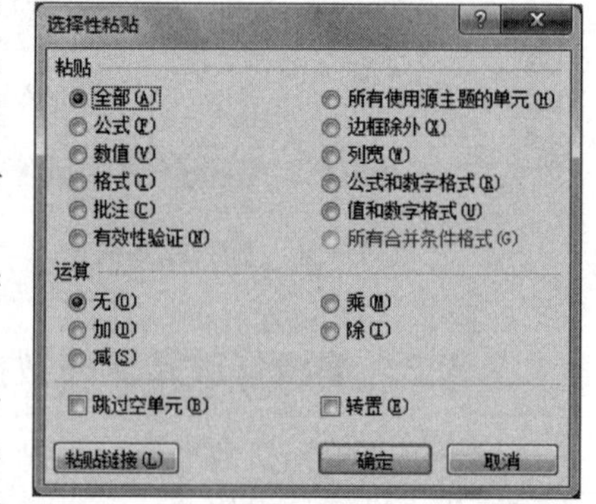

图 7 - 26 “选择性粘贴”对话框

③选择所需的选项后，单击“确定”按钮完成选择性粘贴操作。

4. 转置复制

所谓转置复制就是把一列或多列复制成一行或多行，或把一行或多行复制成一列或多列，实现行列之间的相互转换。以行转换成列为例，其操作步骤如下：

①选定一行或多行，执行“复制”命令或者按 Ctrl+C 组合键。

②单击目标单元格区域左上角的单元格。

③打开如图 7-26 所示的“选择性粘贴”对话框，并在“粘贴”组选择“全部”，且在右下角选中“转置”复选项。

④单击“确定”按钮，完成转置复制。

5. 移动或复制整行、整列

移动或复制整行、整列的操作与上面介绍的移动或复制单元格的操作相似，只是在选择对象时要选择整行或整列。

【提示】在进行整行或整列的粘贴操作时，首先要定位在目标行或列的第一个单元格中，然后再执行“粘贴”命令。否则会弹出提示信息，要求重新选择目标区域使其与源区域大小保持一致。

7.5.4　插入/删除行（列）和单元格

1. 插入行（列）

具体操作步骤如下：

①选定插入位置的行（列）或该行（列）中的某个单元格。

②在“开始”选项卡，单击“单元格”组中的“插入”下拉按钮，在出现的下拉列表中选择“插入工作表行”或“插入工作表列”命令，即可在工作表中插入空白行或列，如图 7-27 所示。

如果插入行（列）操作之前选定的是多行（列），则插入与所选行（列）数相同的空行（列）；或选中一行（列）或多行（列），直接执行其右键快捷菜单中的“插入”命令，也可以插入一个或多个空行（列）。

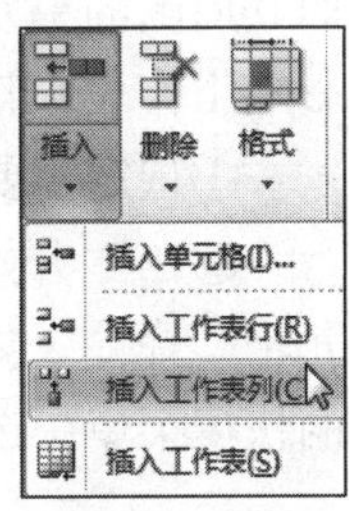

图 7-27　插入工作表行（列）

【提示】插入的行在原选行或单元格的上方，而插入的列在原选列或单元格的左侧。

2. 插入单元格

具体操作步骤如下：

①在需要插入单元格处选定单元格，选定的单元格数应与待插入的单元格数相同。

②在“开始”选项卡，单击“单元格”组中的“插入”下拉按钮，在出现的下拉列表中选择“插入单元格”命令，打开“插入”对话框，如图 7-28 所示。

③若选择“活动单元格右移”，则表示活动单元格及其右侧的全部单元格均向右移动；若选择“活动单元格下移”，则表示活动单元格及其下方的单元格均向下移动；若选择“整行”或“整列”，则插入整行或整列。

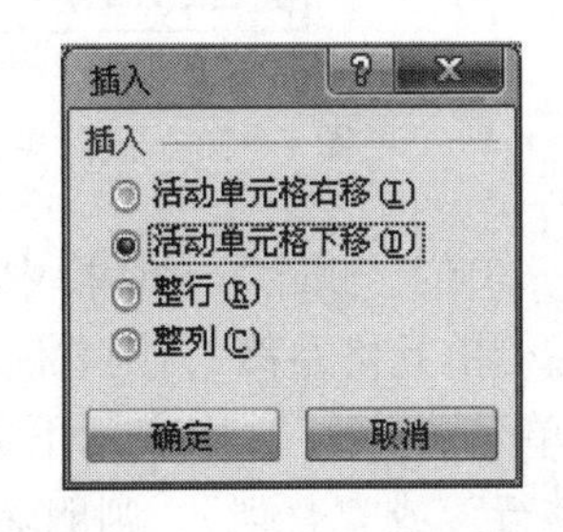

图 7-28　“插入”对话框

④单击“确定”按钮完成插入单元格的操作。

3. 删除行（列）

要删除一行（列）或多行（列），其具体操作步骤如下：

①选定一行（列）或多行（列）。

②在“开始”选项卡，单击“单元格”组中的“删除”下拉按钮，在弹出的下拉列表中选择“删除工作表行”或“删除工作表列”命令即可，如图7-29所示。

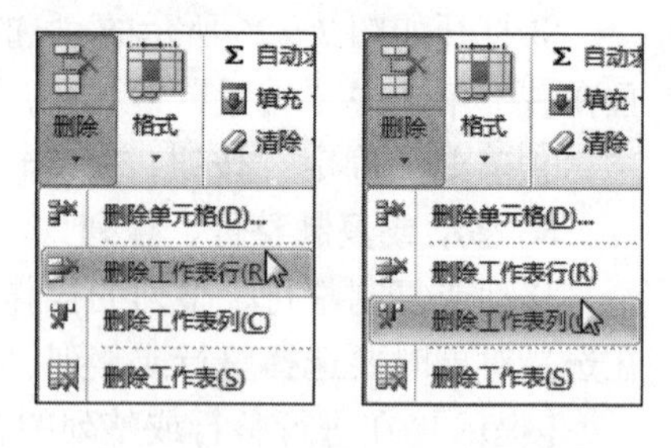

图7-29 删除工作表行（列）

【提示】选定一行（列）或多行（列），可以直接执行其右键快捷菜单中的“删除”命令，删除一行（列）或多行（列）。

4. 删除、清除单元格

（1）删除单元格

在Excel中，删除与清除是两个完全不同的概念。删除是以整个单元格区域为对象。如果对某个单元格区域执行了删除操作，那么该单元格区域将从工作表中删除，而其周围的单元格区域将自动地填充到被删除单元格区域位置，即删除单元格区域将影响工作表中其他单元格的布局。删除单元格的操作步骤如下：

①选定需要删除的单元格区域。

②在“开始”选项卡，单击“单元格”组中的“删除”下拉按钮，选择“删除单元格”命令，如图7-30所示；或者在选定的单元格区域中单击鼠标右键，然后在弹出的快捷菜单中选择“删除”命令，打开“删除”对话框，如图7-31所示。

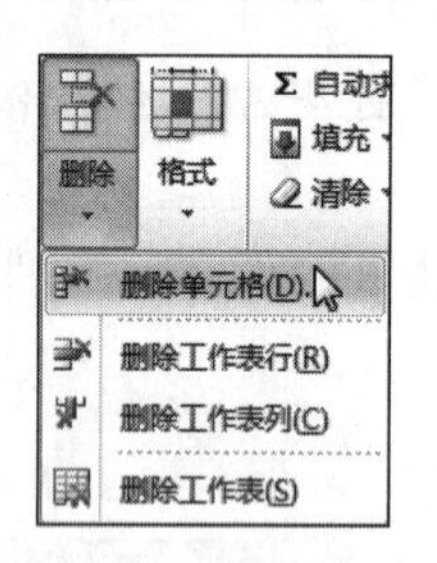

图7-30 删除单元格

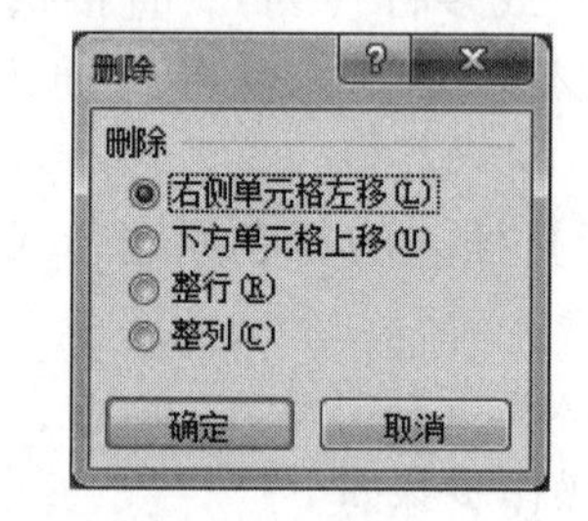

图7-31 “删除”对话框

③在“删除”对话框中，指定删除单元格之后其周围单元格移动的方向。若选择“右侧单元格左移”，则右侧相邻的单元格向左移到被删除单元格的位置；若选择“下方单元格上移”，则表示下方相邻的单元格将向上移到被删除单元格的位置；若选择“整行”或“整列”，则删除单元格所在的整行或整列。

④单击“确定”按钮完成删除单元格的操作。

（2）清除单元格

与删除单元格不同，清除是以单元格区域中的内容、格式、批注为对象，用户可以有选择地清除单元格区域中的内容、格式或批注，也可以一次清除单元格全部内容。

常用的清除单元格数据的方法有以下两种：

（A）使用 Delete 键

使用 Delete 键可以快速地清除整个单元格区域中的全部数据，具体操作步骤如下：

①选定要清除的单元格区域。

②按 Delete 键，只清除单元格区域中数据，而不清除批注和格式。

（B）使用“清除”命令

①选定要清除的单元格区域。在“开始”选项卡，单击“编辑”组中的“清除”下拉按钮，弹出如图 7－32 所示的下拉菜单，根据需要选择相应的选项即可。

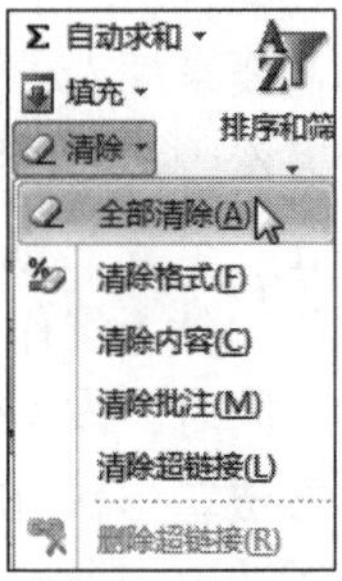

图 7－32 “清除”菜单

②如果要清除所选区域的全部内容（包含格式、内容和批注），则单击“全部清除”；如果只清除单元格内容，则单击“清除内容”；如果要恢复默认的常规格式，则单击“清除格式”；如果只清除单元格批注，则单击“清除批注”等。

7.6 工作表的操作

在对工作表进行各种操作之前，应该选中工作表。直接单击某工作表的标签即可选中该工作表而使其成为活动工作表，此时工作表标签反白显示。若要同时选中多个连续的工作表，则应首先单击第一个工作表标签，然后按住 Shift 键再单击最后一个工作表标签；若要选定多个不连续的工作表，则应按住 Ctrl 键逐一单击工作表标签。若要选中全部工作表，右击某个工作表标签，在弹出的快捷菜单中选择“选定全部工作表”即可。

7.6.1 重命名工作表

在 Excel 中，默认的工作表以 Sheet1、Sheet2、Sheet3……方式命名。在工作表编辑之前或之后，用户可以根据需要对工作表重命名。工作表重命名有以下 3 种方法：

方法一：通过标签

双击需要重命名的工作表标签，输入新的工作表名称，按 Enter 键确定。

方法二：通过鼠标右键

右击需要重命名的工作表标签，在弹出的快捷菜单中选择“重命名”命令，输入新的工作表名称，按 Enter 键确定。

方法三：通过功能区按钮

在“开始”选项卡，单击“单元格”组中的“格式”按钮，在弹出的下拉列表中选择“重命名工作表”命令，输入新的工作表名称，按 Enter 键确定。

7.6.2 插入工作表

在默认情况下，每个新建的工作簿中含有3个工作表。在实际工作中，用户可以根据需要来插入或删除工作表，还可以更改默认工作表数量。

方法一：利用菜单

在“开始”选项卡，单击“单元格”组中的插入下拉按钮，在弹出的下拉列表中选择“插入工作表”命令，此时一个名为“Sheet4”的新工作表被插入到“Sheet3”之前，同时，该工作表成为当前活动的工作表。

方法二：利用右键快捷菜单

①选中一个或多个工作表标签，右击鼠标，在弹出的右键快捷菜单中单击“插入”命令，打开“插入”对话框，如图7-33所示。

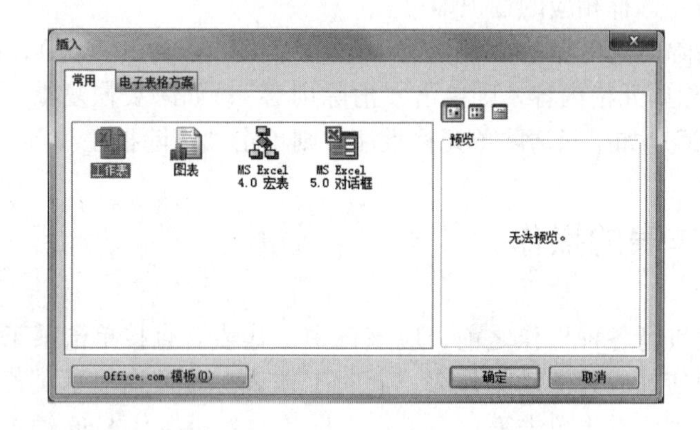

图7-33 “插入”对话框

②在“插入”对话框中，双击要插入的工作表或工作表模板（一般为工作表）即可在当前工作表的左边插入一个或多个新的工作表。

方法三：利用工作表标签栏

单击工作表标签栏最右侧的“插入工作表”按钮，可以在工作表标签栏最后工作表之后插入一个新工作表。

【提示】在用前两种方法插入一个工作表后，若要继续插入多个工作表，可重复按F4键或Ctrl+Y组合键。而第三种方法使用F4键或Ctrl+Y组合键时，则为删除工作表。

7.6.3 移动、复制和删除工作表

1. 移动工作表

用户可以在同一个工作簿中移动工作表，也可以在不同的工作簿之间移动工作表。

(1) *拖动法*

具体操作步骤如下：

①选定要移动的一个或多个工作表，例如这里选定Sheet3工作表。

②单击选定的工作表标签，并按住鼠标左键不放拖动，此时鼠标指针变成白色方块和箭头的组合。同时，在标签栏上方出现一个小三角形（用于指示当前工作表要插入的位置），如图7－34所示。

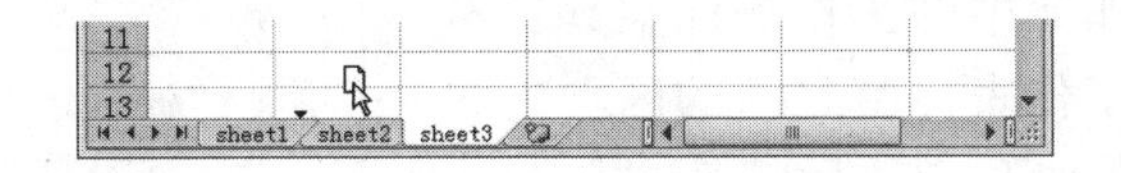

图7－34　在同一个工作簿中移动工作表

③沿着工作表标签栏拖动鼠标，使小三角形指向目标位置，然后松开鼠标左键，即可将工作表移到指定位置。

（2）命令法

具体操作步骤如下：

①打开目标工作簿（如果是当前工作簿内移动，此步可省略），在源工作簿选定要移动的工作表。

②在“开始”选项卡，单击“单元格”组中的“格式”按钮，在打开的下拉列表选择“移动或复制工作表”，打开“移动或复制工作表”对话框，如图7－35所示。

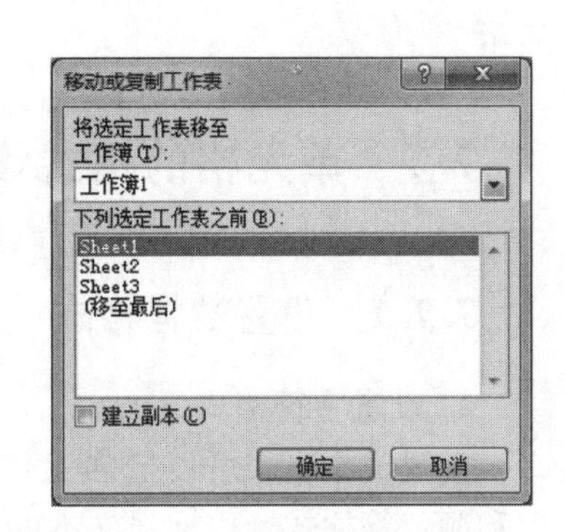

图7－35　“移动或复制工作表”对话框

③单击“工作簿”下拉列表框右边的下拉按钮，在打开的下拉列表中选择目标工作簿（如果是当前工作簿内移动，此步可省略）。

④在“下列选定工作表之前”列表框中选择一个工作表，可将要移动的工作表插到这个指定的工作表之前。或选择“（移到最后）”，将工作表移到最后。

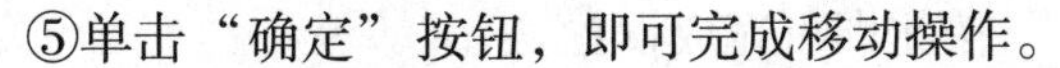

⑤单击“确定”按钮，即可完成移动操作。

2. 复制工作表

复制工作表和移动工作表的操作方法很相似，具体操作步骤如下：

①选定要复制的工作表（只能是一个工作表）。

②按住Ctrl键，像以上介绍的移动工作表的方法一样拖动工作表到目标位置，然后依次松开鼠标左键和Ctrl键，即可将工作表复制到指定位置。新复制的工作表将以原工作表名称加上数字作为名称，如图7－36所示。

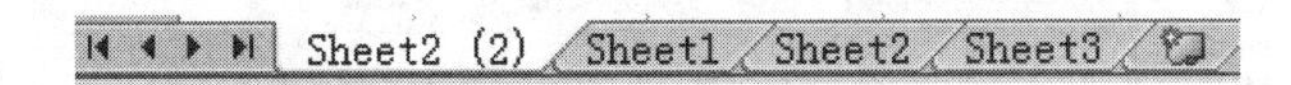

图7－36　在同一个工作簿中复制工作表

3. 删除工作表

单击要删除的工作表标签，使其成为当前工作表。然后右击鼠标，在弹出的右键快捷菜单中单击“删除”命令；或在“开始”选项卡，单击“单元格”组中的“删除”按钮，在打开的下拉列表中选择“删除工作表”命令。

7.6.4　改变工作表标签颜色

默认的工作表标签颜色为“无颜色”，即灰白色。若让同一工作簿中的工作表标签具有不同的颜色，使各个工作表标签之间的区别更加醒目，具体操作步骤如下：

右击工作表标签，从弹出的快捷菜单中选择“工作表标签颜色”选项；或在“开始”选项卡单击“单元格”组中的“格式”按钮，在弹出的下拉列表中选择“工作表标签颜色”，用户即可在其中设置工作表标签颜色，如图 7－37 所示。

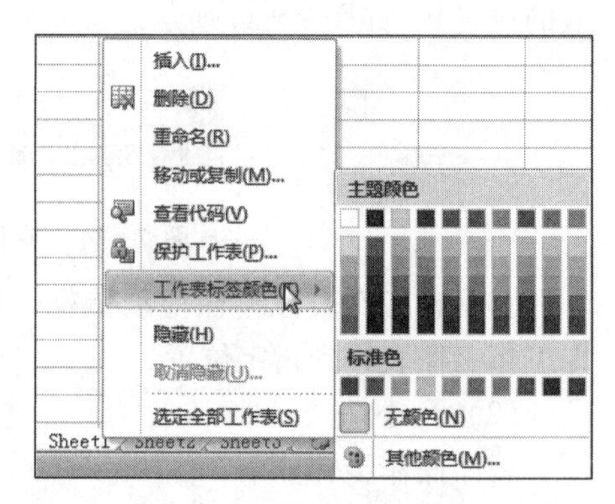

图 7－37　更改工作表标签颜色

7.7　单元格的格式设置

7.7.1　设置数据格式

1. 设置字符格式

设置文本格式可以增强工作表的外观效果，用户通过设置文本的字体、字号、字形和颜色等格式，以增强文本的表现力。

①选定单元格区域，在“开始”选项卡，单击“字体”组中的对话框启动器按钮 ，打开“设置单元格格式”对话框。

②打开“字体”选项卡，在此可以设置字体、字形、字号、下划线、颜色和特殊效果等，如图 7－38 所示。单击“确定”按钮即可完成设置。

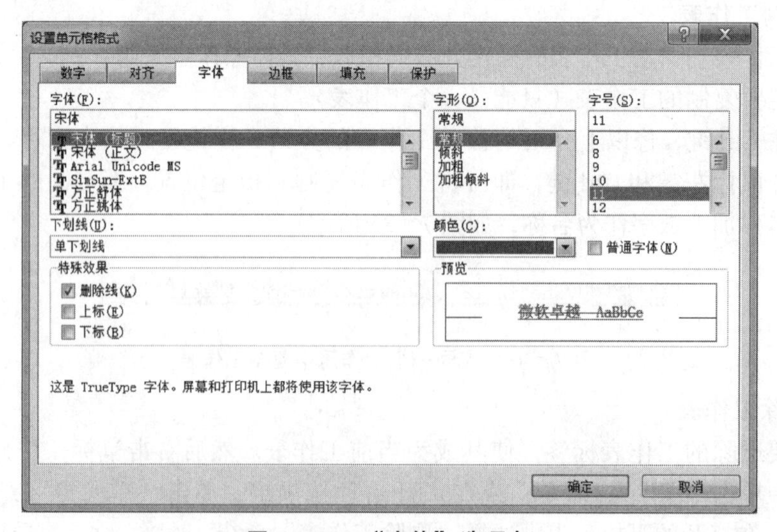

图 7－38　“字体”选项卡

2. 设置数字格式

在某些情况下，往往对数字有一定的格式要求，如保留小数点位数、采用科学计数法、使用百分比和货币格式等。可以通过以下方法对数字的多种格式进行设置。

①在“设置单元格格式”对话框，打开“数字”选项卡，如图 7－39 所示。

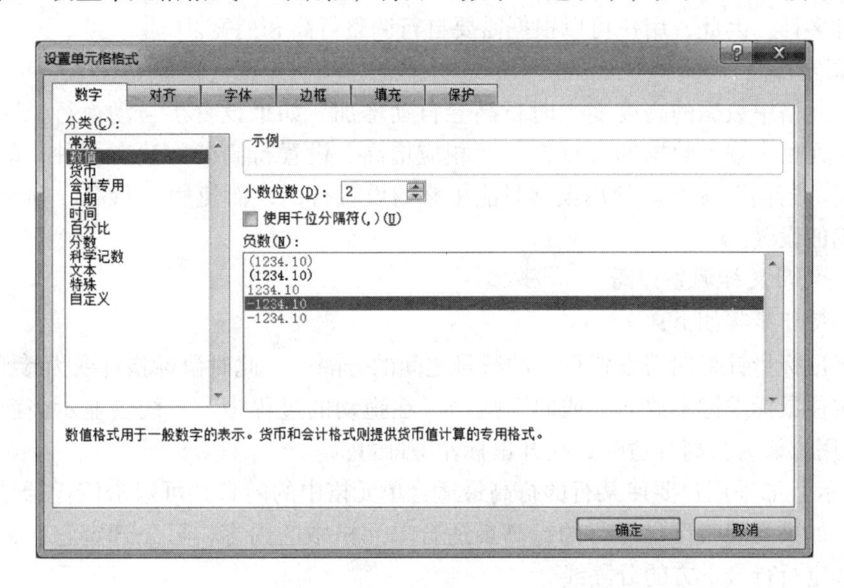

图 7－39 “数字”选项卡→“数值”分类

②在“分类”列表框中，列出了 Excel 所有的数字格式，默认的数字格式为“常规”。当用户在该列表框中选择了所需的格式后，在“数字”选项卡右侧会出现该格式相应的设置选项。图 7－39 所示为“数值”分类、图 7－40 所示为“货币”分类。

③选择一种设置选项后，单击“确定”按钮完成设置。

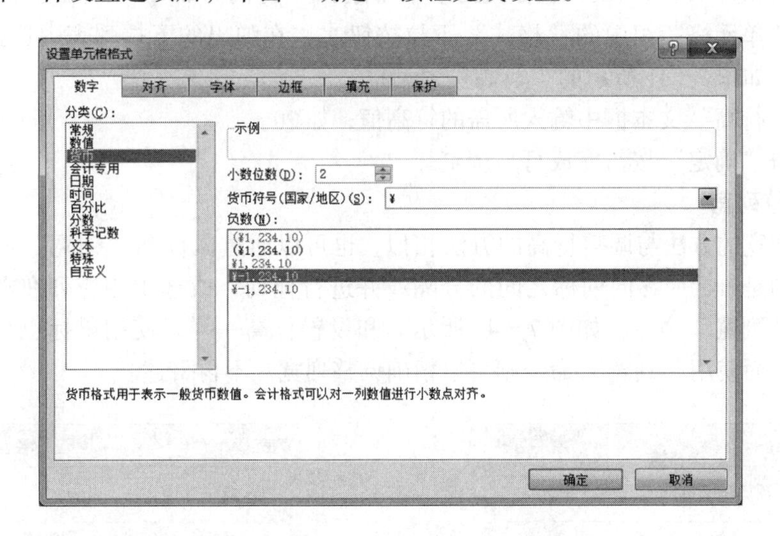

图 7－40 “数字”选项卡→“货币”分类

7.7.2 设置行高和列宽

在默认状态下，Excel工作表的每一个单元格具有相同的行高和列宽。行高与列宽均有一个默认值，列宽默认8.11个英文字符，行高默认14.4磅。用户输入到单元格的数据多种多样，因此，用户可以根据需要自行调整行高和列宽。

1. 调整行高

当单元格中数据的高度变大时行高会自动增加。如果设置了自动换行，则行高还会随着单元格中输入数据的自动换行而相应增高。设置行高的方法有两种，即使用鼠标和使用“行高”命令。使用鼠标只能粗略的设置行高，而使用“行高”命令则可以进行精确的设置。

（1）使用鼠标调整行高

具体操作步骤如下：

①将鼠标指针移向需设置行高的行号之间的分隔线，此时鼠标指针变为形状。

②按住鼠标左键不放向上或向下拖动（在拖动的过程中，系统会显示当前的行高值），当用户认为行高合适时，松开鼠标左键即可。

【提示】如果用户要使某行的行高最适合单元格中的内容，可双击该行行号下方的分隔线；如果要同时设置多行的行高最适合单元格中的内容，可先选定它们，然后双击任一选定行行号下方的分隔线。

（2）使用“行高”命令调整行高

具体操作步骤如下：

①选定该行中的任意一个单元格或整行（若要设置多行的行高，则选择单元格区域或多行）。

②单击鼠标右键，在弹出的快捷菜单中选择“行高”命令；或在“开始”选项卡，单击“单元格”组中的“格式”下拉按钮，在弹出的下拉列表中选择“行高”命令，打开如图7-41所示的“行高”对话框。

③在“行高”文本框中输入所需的行高值，如20。

④单击“确定”按钮完成行高调整。

2. 调整列宽

调整列宽的方法与调整行高的方法相似，也可以通过鼠标和“列宽”命令进行调整。不同的是鼠标应移向列标之间的分隔线并进行拖动，或选中相应列在右键快捷菜单中执行“列宽”命令，如图7-42所示。和设置行高一样，使用鼠标也只能粗略地调整列宽，而使用“列宽”命令则可以精确调整列宽。不再赘述。

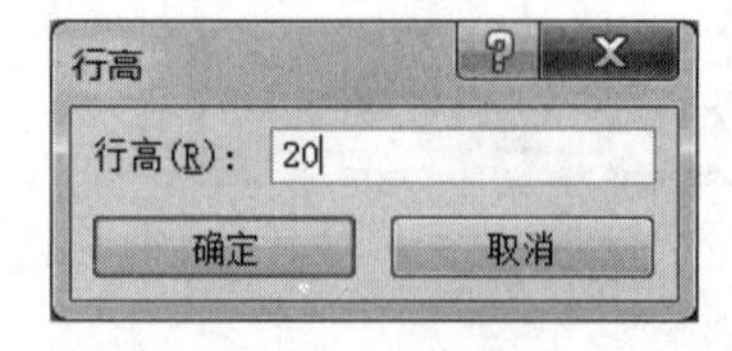

图7-41 “行高”对话框

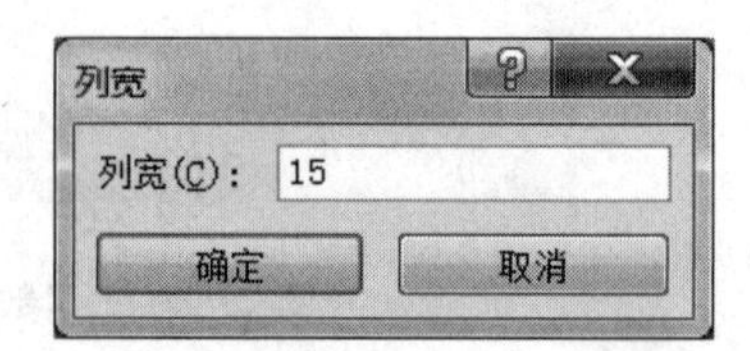

图7-42 “列宽”对话框

7.7.3　设置数据的对齐方式和文本控制

单元格中数据对齐方式分为两大类，即水平对齐方式和垂直对齐方式。系统默认的水平对齐方式是“常规”，即文本型数据左对齐、数值型数据右对齐、逻辑型数据和错误值均居中对齐。系统默认的所有类型的数据垂直对齐方式都是“居中”。用户可以根据需要，对各种数据的对齐方式进行重新设置。

1. 文本对齐方式

（1）水平对齐

在“开始”选项卡，单击“对齐方式”组中的对齐按钮可以简单设置数据的水平对齐方式，它们分别是左对齐按钮、居中按钮、右对齐按钮和合并后居中按钮（多用于标题设置），设置数据在水平方向上的对齐方式，使用这些工具按钮最为快捷。

如果要详细地进行对齐方式设置，则必须使用“单元格格式”对话框中的“对齐”选项卡，其具体设置步骤如下：

选定单元格区域。在“开始”选项卡，单击“对齐方式”组中的对话框启动器按钮，打开“设置单元格格式”对话框，选择“对齐”选项卡，如图 7－43 所示。

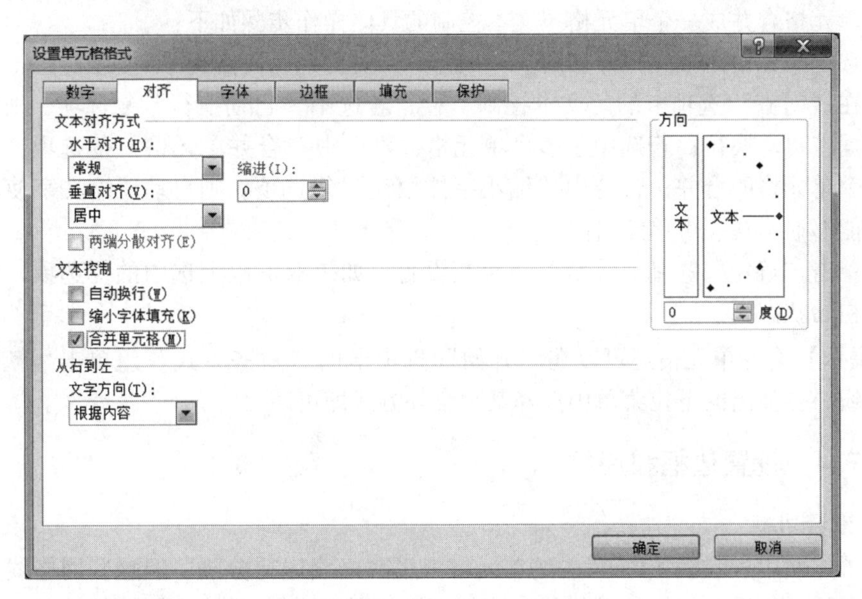

图 7－43　“对齐”选项卡

（2）垂直对齐方式

垂直对齐方式是指单元格中的数据相对于顶端或底部对齐的方式。Excel 的“对齐方式”组中提供了 3 个垂直对齐工具按钮：“顶端对齐”按钮、“垂直居中”按钮、“底端对齐”按钮。使用这些工具按钮能够快捷地设置单元格中数据的垂直对齐方式。

2. 文字方向

在Excel中，用户可以根据需要将单元格的文本旋转任意角度。其具体操作步骤如下：

①选定单元格区域，在“开始”选项卡，单击“对齐方式”组中的“方向”按钮 ，在弹出的下拉菜单中可以选择“逆时针角度”（45°）、“顺时针角度”（-45°）、“竖排文字”、“向上旋转文字”（90°）、“向下旋转文字”（-90°）进行文字方向设置。

②如果在弹出的下拉菜单中选择“设置单元格对齐方式”命令，打开如图7-43所示的“设置单元格格式”对话框“对齐”选项卡，可以更精确地进行方向设置。

③如果要使单元格中的数据以垂直的方式排列（竖排），则单击“方向”栏左边的竖排“文本”框；如果要使单元格中的数据以一定的角度旋转，则在“方向”栏右边的框中单击所需的旋转方向，或在“度”数值框中输入旋转角度的大小。

④单击“确定”按钮，完成数据的方向设置。

3. 文本控制

在默认的情况下，每个单元格的数据显示在同一行。Excel允许用户在不改变单元格列宽的情况下，设定单元格数据依据当前单元格的宽度自动换行，以便完全显示单元格中的数据。用户还可以设置自动缩小字体，以使单元格数据适应列宽；还可以将若干个单元格合并成一个单元格。文本控制的具体操作步骤如下：

①选定单元格区域，打开如图7-43所示“设置单元格格式”对话框。

②在“对齐”选项卡的“文本控制”栏，若选中“自动换行”复选项，则单元格中的数据将自动换行；若选中了多个单元格，再选中“合并单元格”复选项，则可以实现多个单元格的合并；若选中“缩小字体填充”复选项，则自动压缩文字使较长的文本也能够显示在一个单元格内。

③单击“确定”按钮，完成文本控制设置。如果取消以上选中的复选项，则可以还原到初始状态。

【提示】合并单元格还可以在“开始”选项卡的“对齐方式”组单击 合并后居中 下拉按钮，在弹出的下拉菜单中选择某种合并方式即可。

7.7.4 设置边框和底纹

1. 设置边框

为了方便用户制表，Excel中的单元格都用网格线进行分隔，但这些网格线是不会打印出来的。如果希望打印网格线，或根据需要给工作表添加边框特殊效果，就需要为单元格添加各种类型的边框线。使用“边框”选项卡设置单元格边框的具体操作步骤如下：

①选择单元格区域。打开如图7-44所示的“设置单元格格式”对话框。

②选择“边框”选项卡，在“边框”选项卡中进行适当的设置后，单击“确定”按钮。

当要删除单元格的边框，除了单击“边框”选项卡中的“无”按钮外，还可以在“开始”选项卡单击“字体”组中的“边框” 下拉按钮，在弹出的下拉列表中单击

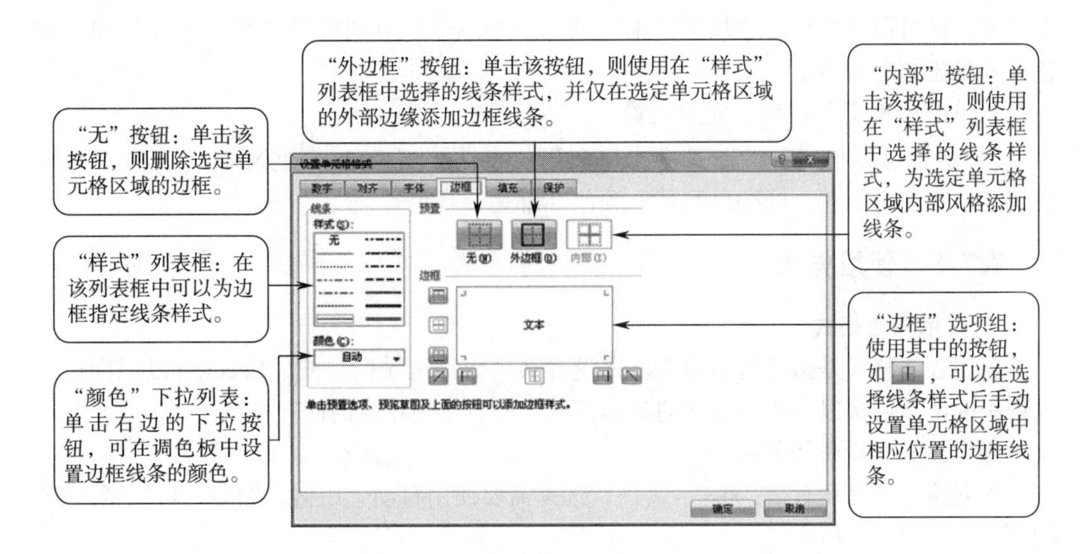

图 7-44 “边框”选项卡

“无框线”选项，即可删除单元格边框。【提示】可以利用“边框” 下拉列表中的 12 个“边框”命令设置边框线或 5 个“绘制边框”命令绘制各种线型和各种颜色的边框线。

2. 设置底纹

单元格底纹是指单元格的背景色和修饰图案。设置单元格底纹的目的是突出某些单元格区域的显示效果。设置单元格底纹的操作步骤如下：

①选择单元格区域。打开如图 7-44 所示的“设置单元格格式”对话框。

②选择“填充”选项卡，如图 7-45 所示。

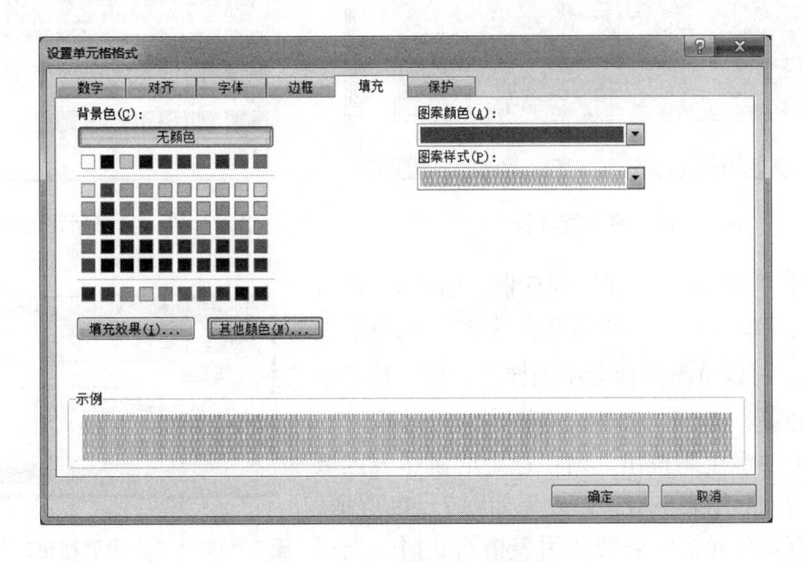

图 7-45 “填充”选项卡

③在“背景色”栏中，单击所需的背景色填充颜色；或选择所需的图案颜色和图

案样式；还可以分别单击“填充效果”和“其他颜色”分别打开“填充效果”和“颜色”对话框进行设置。

④单击“确定”按钮，完成设置。

【提示】可以在“开始”选项卡，利用“字体”组中的“填充颜色”下拉列表快速填充主题颜色、标准色和其他颜色（都是背景色）。

7.7.5 使用样式

1. 套用表格格式

套用表格格式是指迅速用内置格式设置某一数据区域的格式，Excel可以识别选定区域中的汇总层次以及明细数据的具体情况，然后使用相应的内置格式。

操作方法和步骤如下：

①创建“库存统计表.xlsx”文件，选择需要使用自动套用格式的单元格区域“B3:G13”，如图7－46所示。

②在“开始”选项卡，单击“样式”组中的“套用表格格式”按钮，在打开的下拉列表中选择需要的样式，如图7－47所示。这里选择“中等深浅”选项组中的“表样式中等深浅9”样式。

库存统计表

产品编号	产品名称	销售地区	库存量	单价	库存总额
DTS001	打印机	东部	234	1,050	￥245,700
DTS002	扫描仪	东部	256	1,600	￥409,600
DTS003	显示器	东部	232	1,100	￥255,200
DTS004	主机箱	东部	567	1,200	￥680,400
DTS005	鼠标	南部	521	50	￥26,050
DTS006	键盘	南部	341	80	￥27,280
DTS007	音箱	南部	784	230	￥180,320
DTS008	打印机	西部	792	560	￥443,520
DTS009	扫描仪	西部	213	690	￥146,970
DTS010	投影仪	西部	467	1,180	￥551,060

图7－46 库存统计表

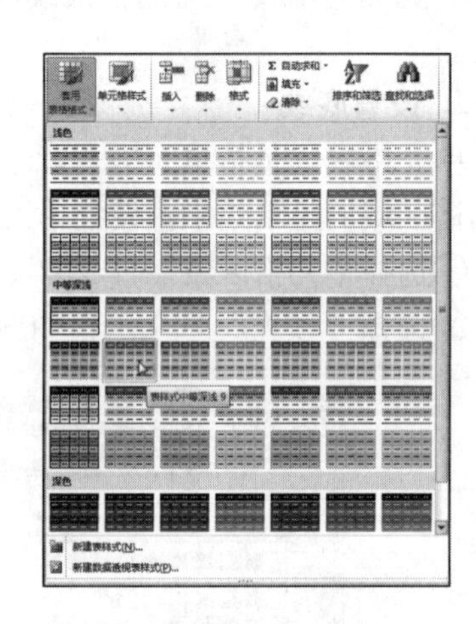

图7－47 选择所需的样式

③打开“套用表格格式”对话框，如图7－48所示。在该对话框中单击“表数据的来源”栏后的选择按钮，可以重新选择套用表样式范围，选定范围后，单击，返回“套用表格格式”对话框。

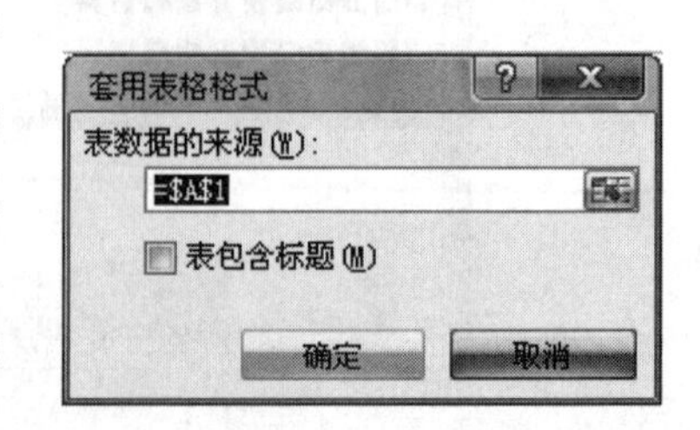

图7－48 “套用表格格式”对话框

④单击“确定”按钮，则在选定的工作表区域应用了选用的套用表格格式，效果如图7－49所示。

当要删除单元格区域的套用表格格式时，先选定含有要删除套用表格格式的单元格区域，则自动弹出“表格工具”项，单击“设计”选项卡“表格样式”组中的“其他”按钮，在弹出的“表格样式”列表中选择“清除”命令即可删除表格样式。

2. 设置条件格式

Excel 允许设置条件格式，突出显示符合条件的单元格区域。条件格式意为带有条件的格式，当条件满足时，单元格即应用该格式；反之，单元格不应用该格式。使用条件格式可以迅速地定位用户感兴趣的区域。下面用实例介绍常用的设置方法。

库存统计表

产品编号	产品名称	销售地区	库存量	单价	库存总额
DTS001	打印机	东部	234	1,050	¥245,700
DTS002	扫描仪	东部	256	1,600	¥409,600
DTS003	显示器	东部	232	1,100	¥255,200
DTS004	主机箱	东部	567	1,200	¥680,400
DTS005	鼠标	南部	521	50	¥26,050
DTS006	键盘	南部	341	80	¥27,280
DTS007	音箱	南部	784	230	¥180,320
DTS008	打印机	西部	792	560	¥443,520
DTS009	扫描仪	西部	213	690	¥146,970
DTS010	投影仪	西部	467	1,180	¥551,060

图 7－49 使用套用表格格式后的效果

(1) 设置简单条件格式

以设置“突出显示单元格规则”为例介绍简单条件格式的设置方法。操作实例和步骤如下：

创建如图 7－50 所示的“硬件销售统计表.xlsx”工作簿，设置销售量大于 260 的数据用“浅红填充色深红色文本”突出显示。

①在新建的工作簿，选定要设置条件格式的单元格区域 E3: E12。

②在“开始”选项卡，单击“样式”组中的“条件格式”按钮，在弹出的“条件格式”下拉列表中选择“突出显示单元格规则”→“大于”选项，如图 7－51 所示。打开“大于”对话框，输入数值“260”，如图 7－52 所示。

硬件销售统计表

产品编码	产品名称	地区	销售量	单价	销售金额
DTS001	复印机	东部	120	1,000	¥ 120,000
DTS002	扫描仪	西部	140	1,450	¥ 203,000
DTS003	显示器	南部	300	999	¥ 299,700
DTS004	传真机	北部	210	1,280	¥ 268,800
DTS002	扫描仪	东部	185	1,720	¥ 318,200
DTS003	显示器	北部	360	1,180	¥ 424,800
DTS005	主机	中部	240	2,500	¥ 600,000
DTS006	配件	西部	120	200	¥ 24,000
DTS007	音箱	中部	400	150	¥ 60,000

图 7－50 选定要设置条件格式的单元格区域

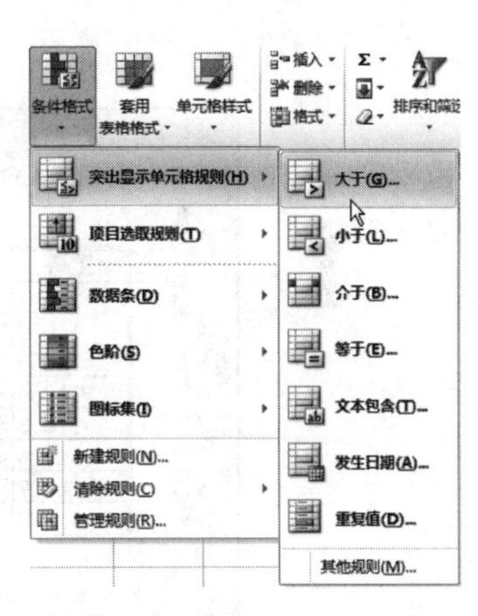

图 7－51 选择“大于”选项

③单击“设置为”文本框后的下拉按钮，在弹出的下拉列表中选择突出显示颜色为“浅红填充色深红色文本”，然后单击“确定”按钮。满足条件的数据用指定的格式突出显示，效果如图 7－53 所示。

图 7－52 “大于”对话框

硬件销售统计表.xlsx

硬件销售统计表

产品编码	产品名称	地区	销售量	单价	销售金额
DTS001	复印机	东部	120	1,000	￥ 120,000
DTS002	扫描仪	西部	140	1,450	￥ 203,000
DTS003	显示器	南部	300	999	￥ 299,700
DTS004	传真机	北部	210	1,280	￥ 268,800
DTS002	扫描仪	东部	185	1,720	￥ 318,200
DTS003	显示器	北部	360	1,180	￥ 424,800
DTS005	主机	中部	240	2,500	￥ 600,000
DTS006	配件	西部	120	200	￥ 24,000
DTS007	音箱	中部	400	150	￥ 60,000

Sheet1 Sheet2 Sheet3

图 7－53 突出显示效果

（2）设置复杂条件格式

要想设置复杂条件格式，就必须利用“新建规则”功能。操作实例和步骤如下：

创建“职工工资表.xlsx”工作簿，设置“工资”大于或等于1900元的数据用绿色加“双下划线”显示、“工资”小于1900元的数据用红色加“删除线”显示。操作方法如下：

①新建“职工工资表.xlsx”文件，选定要设置格式的单元格区域，如图7－54所示。

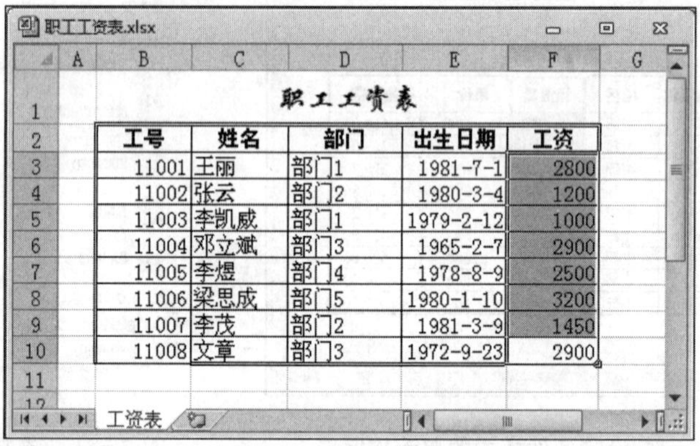

职工工资表.xlsx

职工工资表

工号	姓名	部门	出生日期	工资
11001	王丽	部门1	1981-7-1	2800
11002	张云	部门2	1980-3-4	1200
11003	李凯威	部门1	1979-2-12	1000
11004	邓立斌	部门3	1965-2-7	2900
11005	李煜	部门4	1978-8-9	2500
11006	梁思成	部门5	1980-1-10	3200
11007	李茂	部门2	1981-3-9	1450
11008	文章	部门3	1972-9-23	2900

工资表

图 7－54 职工工资表.xlsx

②在如图7－51所示的“条件格式”下拉列表单击“新建规则”，弹出“新建格式规则”对话框，如图7－55所示。

③在“选择规则类型”下选择“只为包含以下内容的单元格设置格式”选项。

④在“编辑规则说明”下设定条件为单元格值、大于或等于1900；单击选择按钮，可以重新选择条件适用范围。选定范围后，单击按钮，返回“新建格式规则”对话框。

⑤单击“格式”按钮，弹出“设置单元格格式”对话框，在其“字体”选项卡中

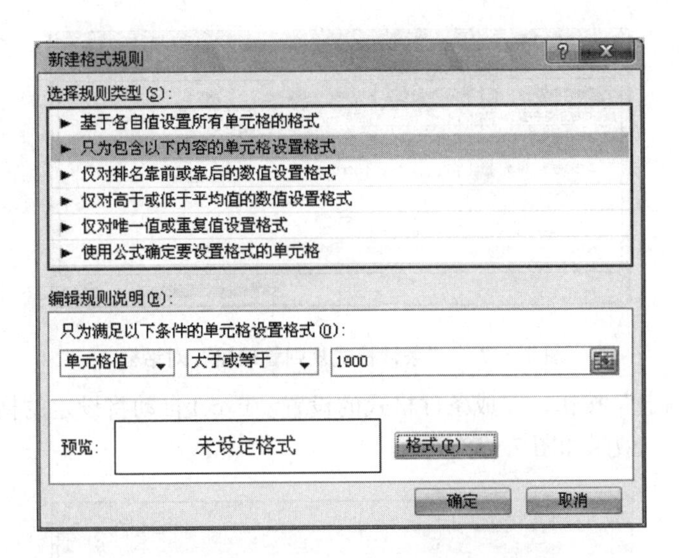

图 7-55　“新建格式规则”对话框

可以设置字形、下划线、颜色、特殊效果。本例选择：绿色、双下划线，如图 7-56 所示。单击“确定”按钮，返回“新建格式规则”对话框。

⑥单击“确定”按钮，完成第一个条件格式的设置。

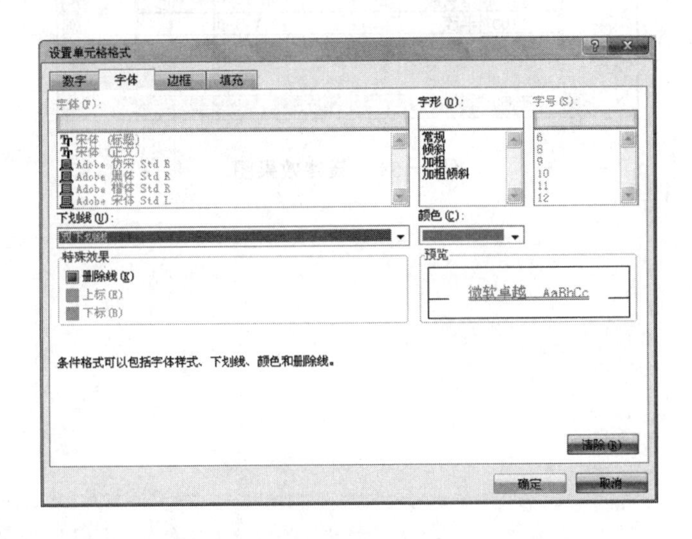

图 7-56　“设置单元格格式”对话框

⑦再利用“新建规则”命令，重复以上操作，设置第二个条件格式。只是注意此时在“新建格式规则”对话框设定的条件为：单元格值、小于、1900，在“字体”选项卡选择：红色、删除线。

⑧此时，在如图 7-51 所示的“条件格式”下拉列表单击“管理规则”，打开如图 7-57 所示的“条件格式规则管理器”对话框。在此对话框有刚建的两条规则，用户可以对其编辑、删除。单击“新建规则”按钮可以继续建新规则。

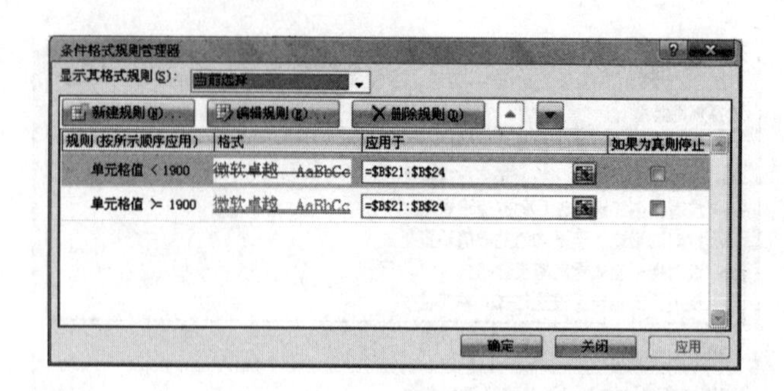

图 7－57　“条件格式规则管理器”对话框

⑨单击“确定”按钮，完成条件格式的设置。Excel 自动将设定的格式应用于满足条件的单元格中，效果如图 7－58 所示。

职工工资表.xlsx

职工工资表

工号	姓名	部门	出生日期	工资
11001	王丽	部门1	1981-7-1	2800
11002	张云	部门2	1980-3-4	1200
11003	李凯威	部门1	1979-2-12	1000
11004	邓立斌	部门3	1965-2-7	2900
11005	李煜	部门4	1978-8-9	2500
11006	梁思成	部门5	1980-1-10	3200
11007	李茂	部门2	1981-3-9	1450
11008	文章	部门3	1972-9-23	2900

工资表

图 7－58　最终效果图

第 8 章

数值计算和数据管理

利用公式可以对工作表中的数据进行算术和逻辑等运算。单元格中一旦使用了公式，其值会自动随公式中所引用单元格数据的变化而变化。

本章学习目标：

- 掌握公式的基本应用；
- 掌握单元格引用的几种方法；
- 掌握数据排序和数据筛选；
- 掌握数据的分类汇总。

8.1 使用公式

8.1.1 公式概述

公式就是利用各种运算符把运算对象连接在一起的各种表达式。运算对象可以是文本、数值、逻辑值、单元格地址和函数等。公式最多由 8192 个英文字符组成。公式可以是简单的数学表达式，也可以是包含各种函数的表达式。

1. 运算符

在 Excel 中，运算符可以分为算术运算符、比较运算符、逻辑运算符、文本连接运算符和引用运算符。

（1）算术运算符

算术运算符包括：+、-、*、/、^和%。利用算术运算符与数值型数据构成算术表达式，用于完成基本的算术运算，其计算结果为数值型数据。

（2）比较运算符

比较运算符主要包括：=（等于）、>（大于）、<（小于）、>=（大于等于）、<=（小于等于）、< >（不等于）。

比较运算符用于比较两个数据（既可以是数值，也可以是文本）的大小，其结果为逻辑值 TRUE（真）或 FALSE（假）。由比较运算符连接构成的表达式称为比较运算式，它是一个逻辑表达式。如，设 A1 =10，则比较运算式：A1 >20 的结果为 FALSE，而比较运算式：A1 <20 的结果为 TRUE。

（3）逻辑运算符

逻辑运算符包括：逻辑与 AND、逻辑或 OR 和逻辑非 NOT。逻辑表达式格式为：逻辑运算符（运算对象），如 NOT（TRUE）。逻辑运算中的每个对象可以是一个逻辑常量（TRUE 或 FALSE），可以是比较运算式，也还可以是数字和文本（系统把数值 0 看作逻辑值假，非 0 值看作逻辑值真），还可以是结果为逻辑值的函数或另一个逻辑公式。

当每个运算对象的运算结果逻辑值都为真时，AND 运算的结果才为真，否则都为假，如 AND（5 >3, 10）的值为真而 AND（5 >3, 0）的值为假。当每个运算对象的运算结果逻辑值都为假时，OR 运算的结果才为假，否则都为真，如 OR（5 >6, 8 >8）的值为假而 OR（5 >3, 0）的值为真。当 NOT 运算对象的运算结果为逻辑值真时，NOT 运算结果是假，否则是真，如 NOT（OR（5 >3, 0））的值是假而 NOT（FALSE）的值是真。

（4）文本连接运算符

文本运算符只有“&”，它可以将一个或多个文本（字符串）连接成为一个文本值。若数值型数据被文本运算符连接，则按文本数据对待。在公式中直接连接文本时，需要用英文双引号将文本括起来。

例如：单元格 A1 中的内容为 10，在单元格 B1 中输入：水电费，在单元格 C1 中输入公式：B1&":" &A1，则单元格 C1 中显示：水电费: 10。

（5）引用运算符

引用运算符通常在函数表达式中表示运算区域，它可以将单元格区域合并计算。引用运算符主要包括区域运算符（:）、联合运算符（,）、交叉运算符（空格），如表 8 - 1 所示。【提示】公式中用到的所有字符都必须是英文半角字符，且不区分大小写。

表 8 - 1 引用运算符

引用运算符	含义	示例
:（冒号）	区域运算符。用来定义单元格区域，包括在两个引用之间的所有单元格被引用	例如 A1: B3 区域包括单元格 A1、A2、A3、B1、B2、B3。公式：A1 + A2 + A3 + B1 + B2 + B3 可以写成：SUM（A1: B3）
,（逗号）	联合运算符。是一种并集运算符，由它连接的两个或多个单元格区域都是函数的运算区域	例如公式：SUM（A1: B3, D1: D3）表示求 A1: B3 区域与 D1: D3 区域数据之和
单个空格	交叉运算符。是一种交集运算符，由它连接起来的两个或多个单元格区域中，只有重叠部分参加运算	例如公式：SUM（A1: B3 B1: C3）表示求 A1: B3 区域与 B1: C3 区域重叠部分（B1、B2 和 B3 单元格）的数据之和，如果两个区域没有重叠部分，则显示“# NULL!”

2. 公式语法

公式语法就是公式中各元素的计算顺序。Excel 中的公式是按照特定的顺序进行计算的，公式语法描述了计算的过程。公式按运算符号的优先级从左到右计算，用户根据需要可以使用括号来改变公式中的运算次序。运算符号的优先级如表 8-2 所示。

表 8-2　　运算符号的优先级

优先级	符号	说明
1	( )	括号
2	-	负号
3	%	百分号
4	^	乘方
5	* 和/	乘、除
6	+和-	加、减
7	&	连接文本
8	=、<、>、<=、>=、<>	比较符号

8.1.2 创建公式

要使用公式，必须首先在单元格中创建公式。公式由如下 5 种元素组成：运算符、单元格地址、数值或文本、函数、括号。用运算符表示公式操作类型，用单元格地址表示参与计算的数据位置，也可以直接输入数据进行计算。当公式中引用的单元格数据发生变化时，则公式计算的结果也自动更新。

输入公式类似于输入其他数据，只是在输入公式时必须以引导符“=”开头（或“+”开头，此时系统会在最前自动加上“=”），表明之后的字符为公式而非数字或文本。用户既可以在编辑栏中输入公式，也可以在单元格中输入公式。注意，如果在公式中输入文本或日期数据，必须将其用半角双引号（"）括起来。

1. 在编辑栏中输入公式

①新建一个空白工作簿，并且分别在 B1、B2 单元格中输入 7 和 5。

②单击要输入公式的单元格 B3，在编辑栏中输入符号“=”。

③接着输入公式的内容，如图 8-1 所示的“=B1* B2”。

④输入完毕后，按 Enter 键或单击编辑栏上的“输入”按钮✓，完成输入。

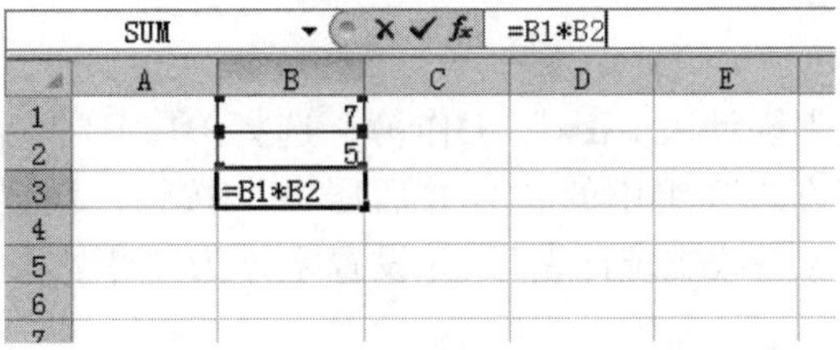

图 8-1　在编辑栏中输入公式

2. 在单元格中直接输入公式

①双击或单击要输入公式的单元格。例如在 C2 中输入公式：B1 + B2，首先单击或双击 C2，然后输入：=。

②单击单元格 B1，则在单元格 C2 中输入了单元格引用地址 B1。

③在单元格 C2 中输入运算符：+，然后单击单元格 B2。

④按 Enter 键或单击编辑栏上的“输入”按钮✔即可完成公式的输入。

【提示】输入的公式在确认之后，单击公式所在的单元格，可以在编辑栏编辑公式，或双击公式所在的单元格直接编辑公式。处理工作表数据时，经常会遇到在同一行或同一列使用相同公式的情况，利用填充（复制）功能可大大简化输入公式的过程。

默认情况下，单元格中显示公式计算的结果，而不显示公式。当在编辑栏对其进行编辑时，单元格中才会显示公式；当单击单元格时，在编辑栏中也会显示其公式。用户还可以通过“Ctrl + `（位于 Tab 键上面）”组合键，让单元格中始终显示或始终不显示公式。

日期或时间也可以进行加、减运算。如果在公式中使用日期或时间，日期或时间值要用半角双引号（“”）括起来。如在某单元格中输入公式：“2012 - 12 - 25” - “2012 - 2 - 13”，则该单元格的计算结果为 316（天）；如果将它转换成日期格式则为：1900/11/11。

随堂演练 1：制作“家庭收支统计表”

制作“家庭收支统计表 . xlsx”工作簿，效果如图 8 - 2 所示。具体操作步骤如下：

家庭收支统计表.xlsx

	A	B	C	D	E	F	G	H
1		家庭收支统计表						
2	支出	项目	一月	二月	三月	四月	五月	六月
3		电费	30.00	35.00	42.50	34.00	38.00	36.00
4		水费	20.00	22.50	26.00	23.50	21.00	25.00
5		天然气	24.00	35.00	26.50	27.00	25.00	30.00
6		交通费	200.00	160.00	210.00	130.00	170.00	280.00
7		话费	120.00	100.00	105.00	98.00	100.00	102.00
8		购物	1260.00	1055.00	1600.00	2000.00	1500.00	1420.00
9		其他	260.00	300.00	150.00	200.00	180.00	120.00
10		支出统计	1914.00	1707.50	2160.00	2512.50	2034.00	2013.00
11								
12	收入	工资收入	3000.00	3000.00	3000.00	3500.00	3500.00	3500.00
13		奖金收入	1100.00	1100.00	1100.00	1100.00	1200.00	1200.00
14		收入统计	4100.00	4100.00	4100.00	4600.00	4700.00	4700.00
15		当月余额	2186.00	2392.50	1940.00	2087.50	2666.00	2687.00
16								
17								

Sheet1 Sheet2 Sheet3

图 8 - 2 最终效果

①新建“家庭收支统计表 . xlsx”工作簿，选择 B1: H1 单元格区域，在“开始”选项卡，单击“对齐方式”组中的“合并后居中”按钮，设置该行的行高为“35”，在该单元格中输入“家庭收支统计表”，并设置字体为“华文彩云”，“字号”设置为 23。效果如图 8 - 3 所示。

②分别在 B2: B15 和 C2: H2 单元格区域输入如图 8 - 3 所示的文本，其中 B11 单元

格为空。将这两个单元格区域的文本设置为“居中”对齐，“字体”设置为“黑体”。效果如图8－3所示。

图8－3 标题、文本输入与设置

③选择A列，将“列宽”设置为3，分别将A2: A10和A12: A14单元格区域的“对齐方式”设置为“合并后居中”，分别在两个单元格区域中输入“支出”和“收入”，将其“字体”设置为“黑体”。选中“支出”和“收入”两个单元格区域，在“开始”选项卡，单击“对齐方式”组中的“方向”按钮，在弹出的下拉列表中选择“竖排文字”。效果如图8－4所示。

④选中B2: B9、B2: H2和B12: B14单元格区域，在“开始”选项卡，单击“字体”组中的“填充颜色”下拉按钮，在弹出的下拉列表中选择“深蓝，文字2，淡色80%”选项，对单元格进行填充；同样方法将“支出”和“收入”单元格填充为“浅蓝”，将B10: H10和B15: H15单元格区域填充为“黄色”。效果如图8－4所示。

图8－4 单元格合并及填充颜色

⑤选中A2: H15单元格区域，使用鼠标右键单击选中的单元格区域，在弹出的快

捷菜单中选择“设置单元格格式”命令，打开“设置单元格格式”对话框。打开“边框”选项卡，在“线条样式”列表框中选择“细黑线”，单击右侧“外边框”按钮；在“线条样式”列表框中选择“细虚线”，单击右侧“内部”按钮。单击“确定”按钮，效果如图 8-5 所示。

家庭收支统计表

	项目	一月	二月	三月	四月	五月	六月
支出	电费						
	水费						
	天然气						
	交通费						
	话费						
	购物						
	其他						
	支出统计						
收入	工资收入						
	奖金收入						
	收入统计						
	当月余额						

图 8-5　设置边框

⑥选中 C3: H10 和 C12: H15 单元格区域，在选中的单元格区域右击，从弹出的快捷菜单中选择“设置单元格格式”命令，打开“设置单元格格式”对话框。打开“数字”选项卡，在“分类”列表框中选择“数值”选项，在右侧设置“小数位数”为 2，在“负数”列表框中选择第一个。单击“确定”按钮，最后在工作表中输入如图 8-6 所示的数据。

⑦单击 C10 单元格，输入公式：C3 + C4 + C5 + C6 + C7 + C8 + C9；单击 C14 单元格，输入公式：C12 + C13；选中 C15 单元格，输入公式：C14 - C10，按 Enter 键。

家庭收支统计表

	项目	一月	二月	三月	四月	五月	六月
支出	电费	30.00	35.00	42.50	34.00	38.00	36.00
	水费	20.00	22.50	26.00	23.50	21.00	25.00
	天然气	24.00	35.00	26.50	27.00	25.00	30.00
	交通费	200.00	160.00	210.00	130.00	170.00	280.00
	话费	120.00	100.00	105.00	98.00	100.00	102.00
	购物	1260.00	1055.00	1600.00	2000.00	1500.00	1420.00
	其他	260.00	300.00	150.00	200.00	180.00	120.00
	支出统计						
收入	工资收入	3000.00	3000.00	3000.00	3500.00	3500.00	3500.00
	奖金收入	1100.00	1100.00	1100.00	1100.00	1200.00	1200.00
	收入统计						
	当月余额						

图 8-6　输入数据

⑧单击 C10 单元格，然后拖动其填充柄到 H10 单元格（将鼠标移至 C10 单元格边框右下角，当鼠标指针变为“ + ”形，按住鼠标左键拖动至 H10 单元格），如图 8 - 7 所示。

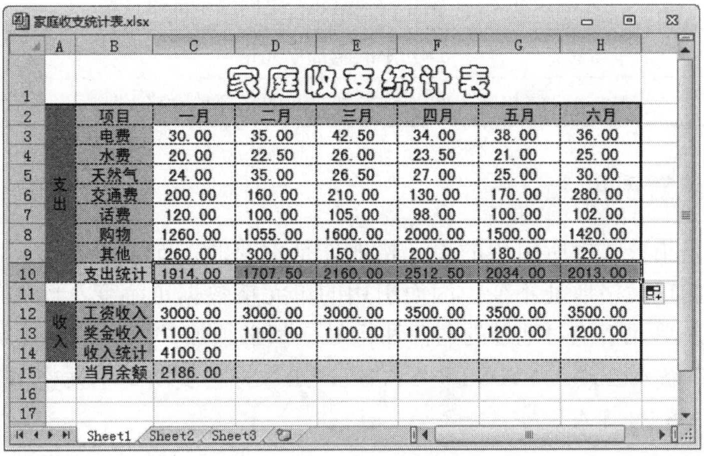

家庭收支统计表.xlsx

	A	B	C	D	E	F	G	H
1		家庭收支统计表						
2	支出	项目	一月	二月	三月	四月	五月	六月
3		电费	30.00	35.00	42.50	34.00	38.00	36.00
4		水费	20.00	22.50	26.00	23.50	21.00	25.00
5		天然气	24.00	35.00	26.50	27.00	25.00	30.00
6		交通费	200.00	160.00	210.00	130.00	170.00	280.00
7		话费	120.00	100.00	105.00	98.00	100.00	102.00
8		购物	1260.00	1055.00	1600.00	2000.00	1500.00	1420.00
9		其他	260.00	300.00	150.00	200.00	180.00	120.00
10		支出统计	1914.00	1707.50	2160.00	2512.50	2034.00	2013.00
11								
12	收入	工资收入	3000.00	3000.00	3000.00	3500.00	3500.00	3500.00
13		奖金收入	1100.00	1100.00	1100.00	1100.00	1200.00	1200.00
14		收入统计	4100.00					
15		当月余额	2186.00					

Sheet1 Sheet2 Sheet3

图 8 - 7 自动填充数据

⑨单击 C14 单元格，然后拖动其填充柄到 H14 单元格；单击 C15 单元格，然后拖动其填充柄到 H15 单元格；填充数据时，边框线也被复制，所以一般需要重新设置边框线（本例未重新设置）。

⑩完成后的最终效果如图 8 - 7 所示。

【提示】在 C10: H10、C14: H14 和 C15: H15 单元格区域，都利用了填充方法复制公式，大大简化了公式输入的过程。

8.2 单元格引用

单元格引用的作用在于标识工作表上的单元格区域，并指明公式中所使用的数据的位置。Excel 提供了绝对引用、相对引用和混合引用 3 种单元格引用方式。

在默认情况下，如果要引用某个单元格，只需输入单元格地址即可，例如，C2 引用了列 C 和行 2 交叉处的单元格；如果要引用单元格区域，则输入该区域左上角的单元格地址、冒号（:）和区域右下角的单元格地址（构成了单元格区域地址），如表 8 - 3 所示。

表 8 - 3 单元格引用

单元格区域地址	引用的区域
A2: A10	在 A 列中，第 2 行到第 10 行之间的单元格区域
B5: F5	在第 5 行中，B 列到 F 列之间的单元格区域
A2: F5	A2 单元格与 F5 单元格分别为对角线定点的矩形区域

续表

单元格区域地址	引用的区域
10: 10	在第 10 行中的全部单元格
2: 8	第 2 行到第 8 行之间的全部单元格
D: D	D 列中的全部单元格
C: F	C 列到 F 列之间的全部单元格

8.2.1 绝对引用

绝对引用是指公式中所引用的单元格地址是不变的，即无论公式复制或移动到何处，它所引用的单元格地址不变，因而引用的单元格数据也不变，此时的单元格地址称为绝对地址。单元格绝对地址的列标和行号前都必须加“ $ ”符号，如 A7。如在单元格 B3 中输入公式：A1 + A7，如果将它复制到单元格 B8，则 B8 中的公式仍为：A1 + A7。

8.2.2 相对引用

相对引用是指公式中的单元格和被公式引用单元格之间的相对位置关系始终保持不变，即复制公式时，随着公式中的单元格地址的改变，被公式引用的单元格地址也做相应调整以满足相对位置关系不变的要求，此时的单元格地址称为相对地址。注意，相对地址的列标和行号前不需要加“ $ ”符号，如 E10。例如在 F3 单元格中的公式为：A3 + B3 + C3 + D3，将其复制到单元格 F5，则 F5 中的公式为：A5 + B5 + C5 + D5。上节介绍的利用填充方法复制公式都是相对引用。

【提示】当用剪切和粘贴的方法把公式移到其他单元格时，公式中行或列的相对地址不会发生改变，绝对地址就更不会改变了。

8.2.3 混合单元格引用

混合引用是指在一个公式中，引用的单元格地址既有相对引用，又有绝对引用。混合引用有两种情况，一种是列标前有“ $ ”符号，而行号前没有“ $ ”符号，此时被引用的单元格其列位置是绝对的，而行的位置是相对的；另外一种是列的位置是相对的，而行的位置是绝对的。如 $C1 是列的位置绝对、行的位置相对，而 C$1 是列的位置相对、行的位置绝对。如在单元格 A8 中输入公式：$A1 + A$7，若将其复制到 B8 单元格，则 B8 单元格中的公式为：$A1 + B$7；复制到 B9 单元格，则 B9 单元格中的公式为：$A2 + B$7。

8.2.4 同一工作簿中单元格和单元格区域的引用

1. 三维单元格引用

前面介绍的单元格引用，只是引用了当前工作表中的某个单元格。其实单元格又可以引用工作簿中其他多个工作表中的某个单元格，这种引用称为三维单元格引用。

三维单元格引用的格式是：工作表名! 单元格地址。工作表名和单元格地址之间必须用“!”来分隔。

实例：创建“单元格引用 1. xlsx”，其中有 5 个工作表，分别是 h1、h2、Sheet3、Sheet4、Sheet5，在 Sheet5 的 F6 单元格输入公式：Sheet3! C10 + Sheet4! D7，而在 Sheet5 的 D6 单元格输入公式：'h1'! A1 +'h2'! C1。它们都是正确的三维单元格引用。

【提示】如果被引用的工作表名不是默认的 Sheet1、Sheet2……格式，则工作表名必须用英文单引号（'）引起来，如：'工资表'! A11、'12'! F9、'h1'! A1 +'h2'! C1 等。

2. 三维单元格区域引用

单元格还可以引用工作簿中其他多个工作表中的某个单元格区域，这就是三维单元格区域引用。

三维单元格区域引用的格式是：函数名（工作表名! 单元格区域）。工作表名和单元格区域之间仍然用“!”分隔。

实例：接上例，在 Sheet5 工作表的 A1 单元格输入公式：SUM（Sheet3! A1: B3），表示 A1 单元格中的求和（SUM）函数引用了 Sheet3 工作表中的 A1: B3 单元格区域。

如果同时引用多个不连续工作表的不同单元格区域，则采用如下格式：函数名（工作表名 1! 单元格区域, 工作表名 2! 单元格区域, 工作表名 3! 单元格区域……）。

实例：接上例，在 Sheet5 工作表之后插入 Sheet6 工作表。在 Sheet6 工作表的 A2 单元格输入公式：SUM（'h1'! A1: B3, Sheet3! A1: B5, Sheet5! A2: B3），表示将 h1 工作表中的 A1: B3、Sheet3 工作表中的 A1: B5 和 Sheet5 工作表中的 A2: B3 不同工作表不同单元格区域中的数值型数据进行求和，计算结果将放在 Sheet6 工作表的 A2 单元格中。

如果同时引用多个连续工作表的相同单元格区域，则采用如下格式：函数名（工作表名 1: 工作表名 n! 单元格区域）。

实例：接上例，在 Sheet6 工作表的 A3 单元格输入公式：SUM（Sheet3: Sheet5! A1: B3），表示将 Sheet3、Sheet4、Sheet5 三个工作表中的相同单元格区域 A1: B3 中的数值型数据进行求和，计算结果将放在 Sheet6 工作表的 A3 单元格中。

8.2.5　不同工作簿中单元格和单元格区域的引用

可以在公式中引用其他工作簿不同工作表中的单元格区域，方法与同一工作簿中单元格的引用相似，只是在工作表名前加上了路径和工作簿文件名，且路径、工作簿文件名和工作表名统一由英文单引号“'”引起来，工作簿文件名由英文大括号“ []”括起来。

实例：接上例，关闭“单元格引用 1. xlsx”。创建“单元格引用 2. xlsx”工作簿，然后在 Sheet1 工作表的 A1 单元格中输入公式“SUM（'C: \ Users \ DELL \ Documents\ [单元格引用 1. xlsx] h1: Sheet3'! A1: B5）”，则表示将“单元格引用 1. xlsx”工作簿中的 h1、h2、Sheet3 三个工作表中相同单元格区域 A1: B5 的数值型数据进行求和计算，并将结果放在当前 A1 单元格中。其中“C: \ Users \ DELL \ Documents \ ”表示“单元格引用 1. xlsx”工作簿存放的路径。如果被引用的工作簿文件已经打开，则公式中可以省略路径简化为“SUM（' [单元格引用 1. xlsx] h1: Sheet3'! A1: B5）”。

8.3 函数

Excel 为用户提供了大量的函数，这些函数都是 Excel 预定义的公式和各种计算过程。如求和函数（SUM）、求平均值函数（AVERAGE）等。函数处理数据的方式与公式处理数据的方式相同，使用函数可以使公式变得更加简单，所以在公式中尽量使用函数。

函数由函数名和参数组成。函数名通常用大写字母表示，用来描述函数的功能。函数的基本形式为：函数名（参数 1，参数 2……），参数可以是数字、文本、逻辑值、数组、单元格引用或函数所需要的其他信息，也可以是常量、公式或其他函数。参数要用半角圆括号（ ）括起来，多个参数之间要用英文半角逗号“,”分隔开，最多可以有 255 个参数。函数本身也可以作为参数，构成所谓的函数嵌套，Excel 最多允许嵌套 64 层函数。

函数是特殊的公式，所以可以按照输入公式的方法输入，函数也是从等号“=”开始。用户可以按照输入公式的方法先输入“=”，再输入函数；或者使用编辑栏中的“插入函数”按钮 fx 或在“公式”选项卡单击“函数库”组中的“插入函数”按钮 fx 输入函数。

Excel 提供给用户的函数类型包括：财务、日期与时间、数学与三角函数、统计、查找与引用、数据库、文本、逻辑、信息和工程等。表 8-4 列出了几个常用的函数。

表 8-4　Excel 常用函数

函数及其格式	功能
SUM（范围）	求范围内所有数值型数据的和
SUMIF（条件范围," 条件", 求和范围）	求符合指定条件的某范围内数值型数据的和
AVERAGE（范围）	求范围内所有数值型数据的平均值
COUNT（范围）	求范围内数值型数据的个数
COUNTA（范围）	求范围内非空各种数据的个数
COUNTIF（范围," 条件"）	求范围内满足条件的数据的个数
MAX（范围）	求范围内数值型数据的最大值
MIN（范围）	求范围内数值型数据的最小值
RAND（）	给出 0 到 1 之间的任意一个随机数
NOW（）	给出当前系统的日期和时间
TODAY（）	给出当前系统的日期
DAY（" 日期"）	给出指定日期当月的第几天
WEEKDAY（" 日期"）	给出指定日期对应的星期几

续表

函数及其格式	功能
MONTH（" 日期"）	给出指定日期对应的月份
YEAR（" 日期"）	给出指定日期对应的年份
RIGHT（" 字符串"，数值型整数 n）	从字符串的最后一个字符开始截取 n 个字符
LEFT（" 字符串"，数值型整数 n）	从字符串的第一个字符开始截取 n 个字符
INT（数值型数据）	数值型数据向下（小）取整
ROUND（数值型数据，保留小数位数）	对数值型数据按“保留小数位数”四舍五入
IF（条件，数据 1，数据 2）	当条件为真时，取数据 1；否则，取数据 2

【提示】范围是指单元格区域，条件一般是逻辑表达式，否则条件必须由英文半角" 括起来。

8.3.1 输入函数

1. 直接输入函数

用户可以在单元格中像输入公式一样直接输入函数，其具体操作步骤如下：

①创建如图 8－8 所示的工作表，双击要输入函数的单元格 B8。

②直接输入“＝SUM（C3: E5）”，将对单元格区域 C3: E5 的数值型数据进行求和操作。

③按 Enter 键或单击✔按钮完成函数的输入，最终效果如图 8－9 所示。

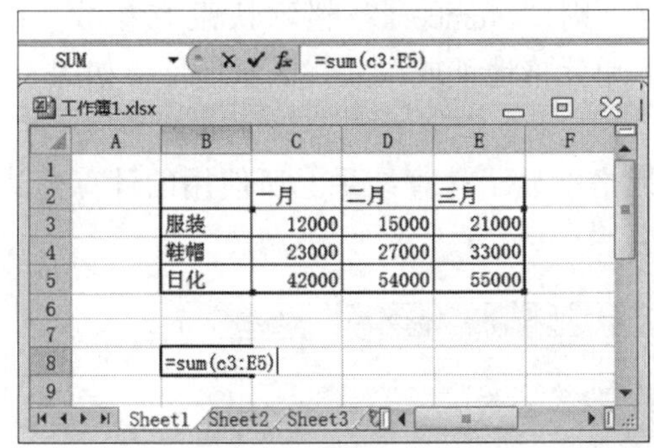

图 8－8 直接输入公式

图 8－9 最终效果图

2. 使用“插入函数”按钮 fx 插入函数

用户利用编辑栏中的“插入函数”按钮 fx 可以快速地插入函数，而不需要记忆大量的函数及其参数，其具体操作步骤如下：

①单击要建立公式的单元格，如图 8－8 所示的单元格中的 B8。

②单击编辑栏中的“插入函数”按钮 fx，或在“公式”选项卡单击“函数库”组中的“插入函数”按钮 fx，或按 Shift＋F3 组合键，打开如图 8－10 所示的“插入函数”对话框。

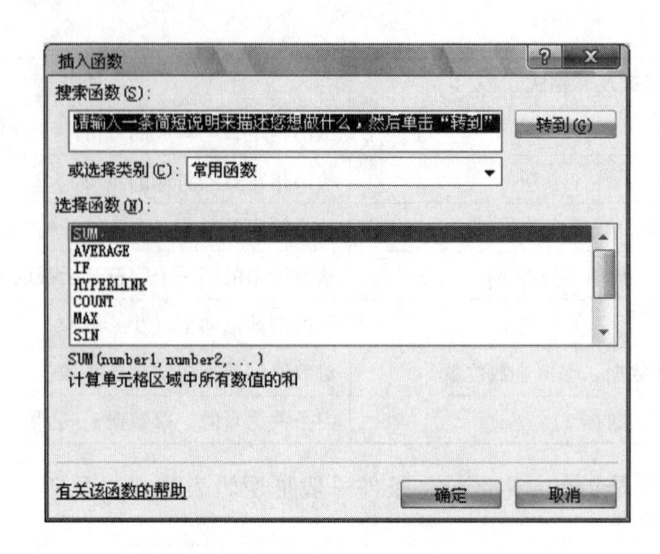

图 8-10　“插入函数”对话框

③在该对话框中，可在“搜索函数”文本框中直接输入所需函数名，然后单击“转到”按钮；也可以在“或选择类别”下拉列表中选择所需的函数类别，最后在“选择函数”列表框中选择所需的函数，例如这里选择“SUM”。

④单击“确定”按钮，弹出所选函数（SUM）的“函数参数”对话框，如图 8-11 所示。如果活动单元格上方是数值型数据列，则“Number1”栏默认范围参数是该数值型数据列单元格区域地址；如果活动单元格上方不是数值型数据列，而活动单元格右侧是数值型数据行，则“Number1”栏默认范围参数是该数值型数据行单元格区域地址。如果活动单元格周围没有数值型数据，则“Number1”栏默认没有参数。在“Number1”栏输入范围参数时，可以直接输入单元格地址或单元格区域地址，如图 8-11 所示的 C3: E5。

⑤单击“确定”按钮，在建立公式的单元格中显示计算结果。所使用的计算公式显示在编辑栏中，如：=SUM（C3: E5）。

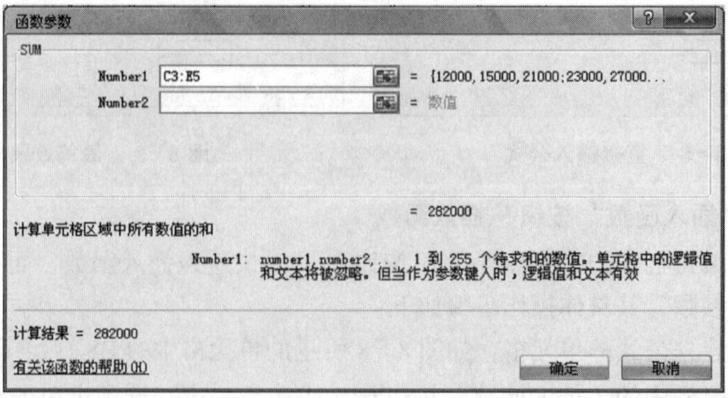

图 8-11　“函数参数”对话框

【提示】在“Number1”栏输入范围参数时，常采用另一种方法。单击参数栏右边的“折叠对话框”按钮，暂时折叠对话框。然后在工作表中选定单元格区域，这时所选定的单元格区域将被一个虚框包围，再单击“展开对话框”按钮返回到原来的对话框，选定的单元格区域会自动填入到对话框的参数栏中。

如果输入的参数是多个不相邻的单元格区域，甚至是在不同工作表或不同工作簿上，则可以分别在“Number1”、“Number2”…、“Number255”（最多可以有 255 个）中输入各个单元格区域地址，它们的输入方法同上一样。

3. 使用“自动求和”下拉按钮输入函数

在“开始”选项卡，单击“编辑”组中的“自动求和”下拉按钮；或在“公式”选项卡，单击“函数库”组中的“自动求和”下拉按钮，打开如图 8－12 所示的函数下拉列表。在其中列出了 5 个常用的函数可供用户选择，直接单击按钮默认输入求和函数 SUM。单击“其他函数”也可以打开“插入函数”对话框。

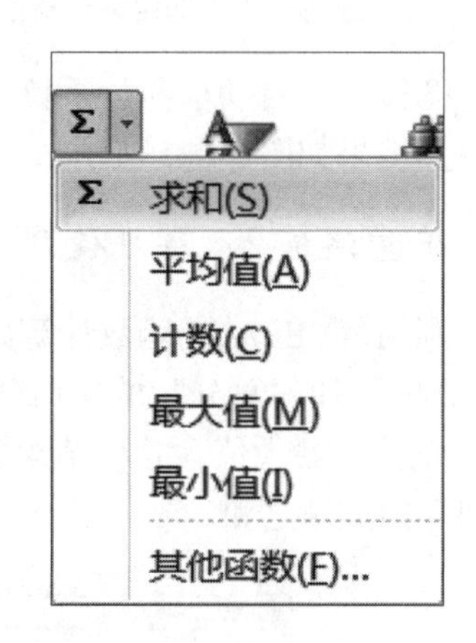

图 8－12　“自动求和”下拉列表

具体操作步骤如下：

①打开“工作簿 1. xlsx”文档。

②选定要存放自动求和结果的单元格 C6。

③打开“自动求和”下拉列表选择“求和”，此时在 C6 将自动出现自动求和函数 SUM（）及求和数据区域，按 Enter 键确认输入。

	A	B	C	D	E	F
1						
2			一月	二月	三月	
3		服装	12000	15000	21000	
4		鞋帽	23000	27000	33000	
5		日化	42000	54000	55000	
6			=SUM(C3:C5)			

图 8－13　自动求和

使用“自动求和”按钮不仅能一次求出一组数据的总和，而且还能同时自动求出多组数据中每组数据的求和，具体操作步骤如下：

①打开“工作簿 1. xlsx”文档。

②在选定自动求和的多组数据的同时，还选定其下方的一组空白单元格区域，本例选定 C3: E6，如图 8－14 所示。

	一月	二月	三月
服装	12000	15000	21000
鞋帽	23000	27000	33000
日化	42000	54000	55000

图 8-14　选定单元格区域

	一月	二月	三月
服装	12000	15000	21000
鞋帽	23000	27000	33000
日化	42000	54000	55000
	77000	96000	109000

图 8-15　自动求和的结果

③打开“自动求和”下拉列表选择“求和”；或单击“自动求和”下拉按钮Σ，其计算结果如图 8-15 所示。

随堂演练 2：练习使用“AVERAGE”和“MAX”函数

利用 AVERAGE 函数计算如图 8-16 所示的中“英语”、“历史”、“文秘基础”、“计算机”和“总分”的平均分，并将结果分别放在相应的单元格中；利用 MAX 函数求“总分”最大值，并将结果放在 I12 单元格中。总分为英语、历史、文秘基础和计算机 4 门成绩之和。

文秘班第一学期成绩单

学号	姓名	性别	英语	历史	文秘基础	计算机	总分
054300001	王晓凤	男	86	85	89	74	
054300002	李丽珊	女	80	90	52	75	
054300003	将雯雯	女	76	70	69	83	
054300004	张三桂	男	70	84	75	71	
054300005	黄庆霞	女	68	74	88	74	
054300006	杨云霄	男	68	83	82	70	
054300007	赵红	女	85	75	68	75	
054300008	黄海河	男	55	52	78	85	
		平均分					
						总分最高	

图 8-16　文秘班成绩单．xlsx

其具体操作步骤如下：

④首先计算“总分”。单击 I3 单元格，在“开始”选项卡，单击“编辑”组中的“自动求和”按钮Σ（因为默认求和，所以不用打开下拉列表），按 Enter 键；拖动 I3 单元格的填充柄到 I10 单元格，完成“总分”的计算。

⑤利用 AVERAGE 函数求“平均分”。单击 E11 单元格，单击编辑栏中的“插入函数”按钮f_x，打开如图 8-17 所示的“插入函数”对话框，在“选择函数”列表框中选择所需的函数“AVERAGE”。

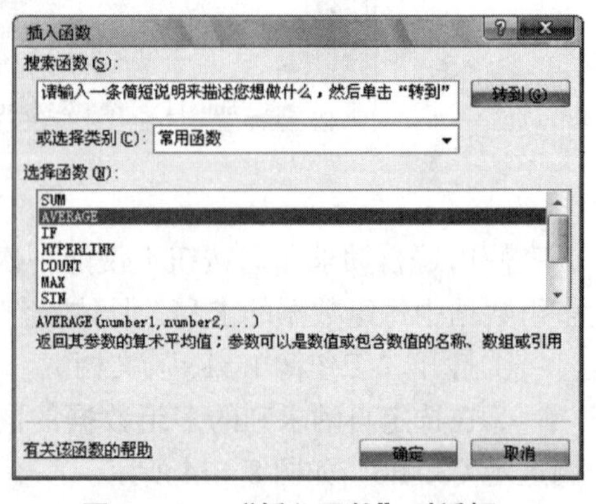

图 8-17　“插入函数”对话框

⑥单击“确定”按钮，弹出所选函数（AVERAGE）的“函数参数”对话框，如图 8－18 所示，在“Number1”栏默认为活动单元格的列上方数值型单元格区域 E3: E10。单击“确定”按钮，即可显示 E11 的计算结果，如图 8－19 所示。

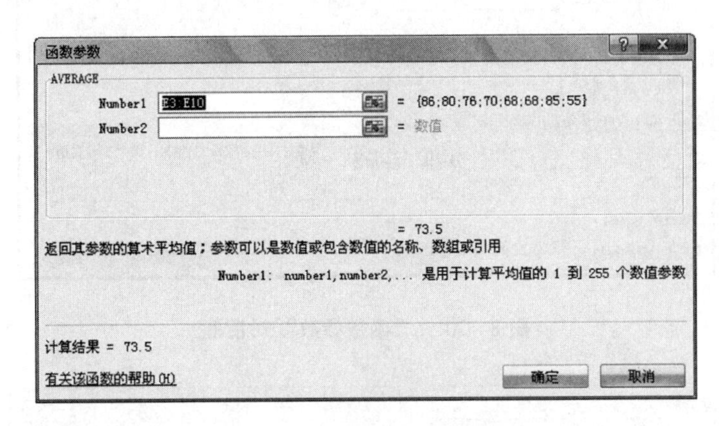

图 8－18　“函数参数”对话框

⑦单击 E11 单元格，拖动其填充柄到 I11 单元格，完成“平均分”的计算。

E11　=AVERAGE(E3:E10)

文秘班成绩单.xlsx

	A	B	C	D	E	F	G	H	I
1		文秘班第一学期成绩单							
2		学号	姓名	性别	英语	历史	文秘基础	计算机	总分
3		054300001	王晓风	男	86	85	89	74	334
4		054300002	李丽珊	女	80	90	52	75	297
5		054300003	将雯雯	女	76	70	69	83	298
6		054300004	张三桂	男	70	84	75	71	300
7		054300005	黄庆霞	女	68	74	88	74	304
8		054300006	杨云霄	男	68	83	82	70	303
9		054300007	赵红	女	85	75	68	75	303
10		054300008	黄梅河	男	55	52	78	85	270
11				平均分	73.5				
12								总分最高	
13									
14									

sheet1 / Sheet2 / Sheet3

图 8－19　“平均分”计算结果

⑧计算“总分”最高值。单击 I12 单元格，单击编辑栏中的“插入函数”按钮，打开如图 8－17 所示的“插入函数”对话框，在“选择函数”列表框中选择所需的函数“MAX”。单击“确定”按钮，弹出所选函数（MAX）的“函数参数”对话框，如图 8－20 所示。单击“Number1”参数栏右边的“折叠对话框”按钮，进入工作表选定单元格区域 I3: I10，再返回如图 8－20 所示对话框。

⑨单击“确定”按钮，在 I12 单元格中显示计算结果。最终效果如图 8－21 所示。

8.3.2　编辑函数

单击函数所在的单元格，函数表达式出现在编辑栏的编辑区，此时可以像编辑文本一样对函数进行编辑。另外，还可以使用插入函数的方法进行修改，单击公式编辑栏中的“插入函数”按钮；或在“公式”选项卡单击“函数库”组中的“插入函

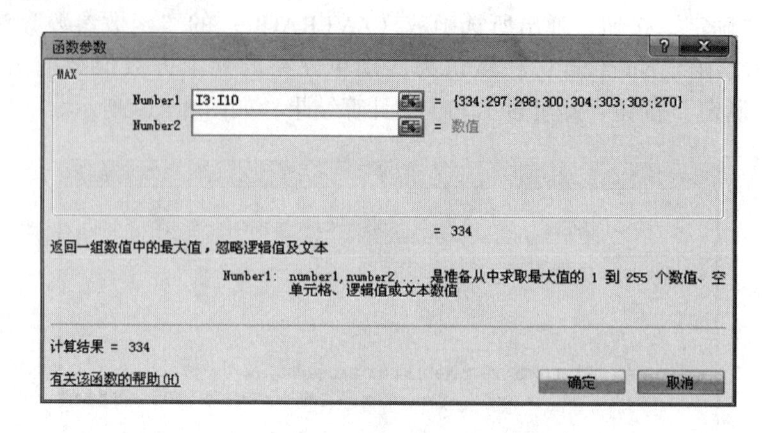

图 8－20 “函数参数”对话框

文秘班成绩单.xlsx

	A	B	C	D	E	F	G	H	I
1		文秘班第一学期成绩单							
2		学号	姓名	性别	英语	历史	文秘基础	计算机	总分
3		054300001	王晓风	男	86	85	89	74	334
4		054300002	李丽珊	女	80	90	52	75	297
5		054300003	将雯雯	女	76	70	69	83	298
6		054300004	张三桂	男	70	84	75	71	300
7		054300005	黄庆霞	女	68	74	88	74	304
8		054300006	杨云霄	男	68	83	82	70	303
9		054300007	赵红	女	85	75	68	75	303
10		054300008	黄海河	男	55	52	78	85	270
11				平均分	73.5	76.625	75.125	75.875	301.125
12								总分最高	334
13									

sheet1 Sheet2 Sheet3

图 8－21 最终结果

数”按钮，打开“插入函数”对话框，在该对话框中根据需要对参数进行修改，然后单击“确定”按钮即可。

8.3.3 使用数组进行计算

数组是小空间内进行大量计算的好方法，它是一组长方形范围的公式或值，可以替代很多重复的公式。使用数组进行计算的具体操作步骤如下：

①创建如图 8－22 所示的“日化统计 . xlsx”工作簿，表中第 2 行是单价，第 3 行是数量。“总计”等于第 2 行乘以第 3 行的相应数据。

②选择存放区域 B4: E4。

③直接输入“＝B2: E2* B3: E3”。

④按“Ctrl＋Shift＋Enter”组合键将公式作为数组的形式输入，如图 8－23 编辑栏编辑区的 {＝B2: E2* B3: E3} 所示。显示在编辑栏里的公式不是将两个单元格相乘，而是将两行单元格 B2: E2 和 B3: E3 配对相乘，相应的结果放在单元格区域 B4: E4 的各个单元格中，如图 8－23 所示。

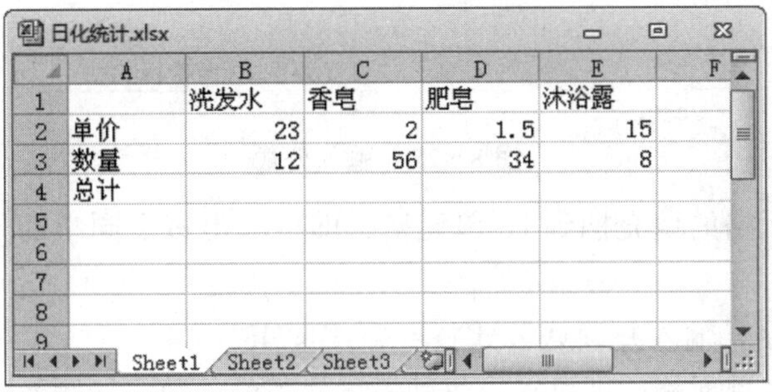

图 8－22　日化统计．xlsx

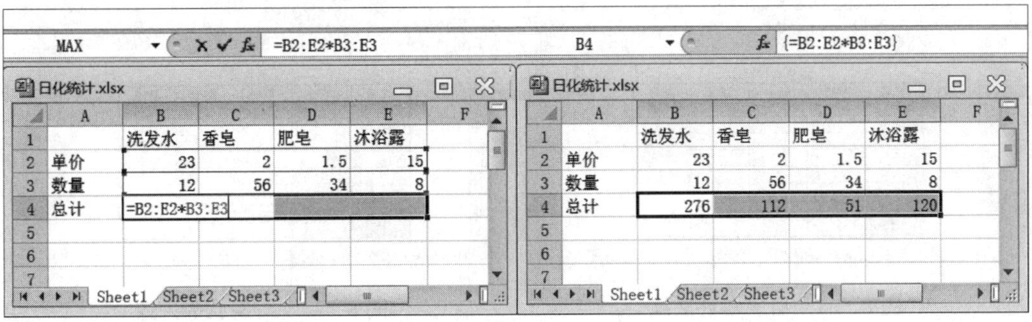

图 8－23　使用数组进行计算

随堂演练 3：根据学生成绩，统计优秀人数及优秀率

在如图 8－24 所示的“学生成绩．xlsx”工作簿中，完成如下操作：计算“总评”值，并分别放在相应的单元格中，总评的计算方法为：平时、期中各占 30%，期末占 40%；统计“优秀人数”，并分别放在相应的单元格中，优秀人数的标准是成绩大于等于 90；统计“优秀率”，并分别放在相应的单元格中；求总评平均值，并放在 F11 单元格中。

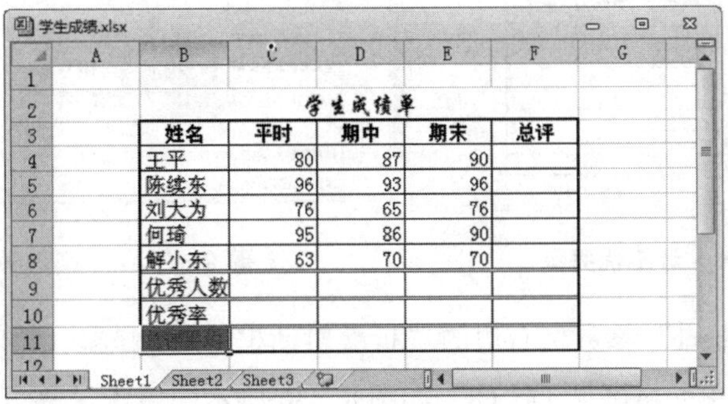

图 8－24　学生成绩．xlsx

其具体操作步骤如下：

①在 F4 单元格，输入并确认公式：＝C4* 30%＋D4* 30%＋E4* 40%，如图 8－

25 所示。

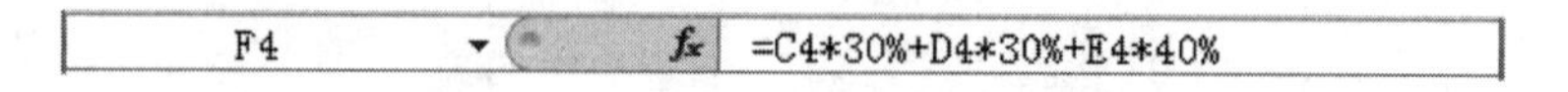

图 8-25 输入公式

②拖动 F4 单元格的填充柄到 F8 单元格，即可求出每个同学的“总评”成绩，如图 8-26 所示。

③在 C9 单元格，输入并确认公式：=COUNTIF（C4: C8," > =90"），拖动 C9 单元格的填充柄到 F9 单元格，即可求出每种考试优秀的人数，如图 8-27 所示。

F4 =C4*30%+D4*30%+E4*40%

学生成绩.xlsx

学生成绩单

姓名	平时	期中	期末	总评
王平	80	87	90	86.1
陈续东	96	93	96	95.1
刘大为	76	65	76	72.7
何琦	95	86	90	90.3
解小东	63	70	70	67.9
优秀人数				
优秀率				

图 8-26 计算总评成绩

AVERAGE =COUNTIF(C4:C8,">=90")

学生成绩.xlsx

学生成绩单

姓名	平时	期中	期末	总评
王平	80	87	90	86.1
陈续东	96	93	96	95.1
刘大为	76	65	76	72.7
何琦	95	86	90	90.3
解小东	63	70	70	67.9
优秀人数	=COUNTIF(C4:C8,">=90")			2
优秀率	COUNTIF(range, criteria)			

图 8-27 计算优秀人数

④在 C10 单元格，输入并确认：=C9/COUNT（C4: C8），如图 8-28 所示。拖动 C10 单元格的填充柄到 F10 单元格，即可求出每种考试的总评优秀率。

⑤单击 F11 单元格，单击编辑栏中的“插入函数”按钮 fx，打开“插入函数”对话框，在“选择函数”列表框中选择所需的函数“AVERAGE”，单击“确定”按钮，弹出所选函数（AVERAGE）的“函数参数”对话框，如图 8-29 所示。

AVERAGE =C9/COUNT(C4:C8)

学生成绩.xlsx

学生成绩单

姓名	平时	期中	期末	总评
王平	80	87	90	86.1
陈续东	96	93	96	95.1
刘大为	76	65	76	72.7
何琦	95	86	90	90.3
解小东	63	70	70	67.9
优秀人数	2	1	3	2
优秀率	=C9/COUNT(C4:C8)		60%	40%

图 8-28 计算优秀率

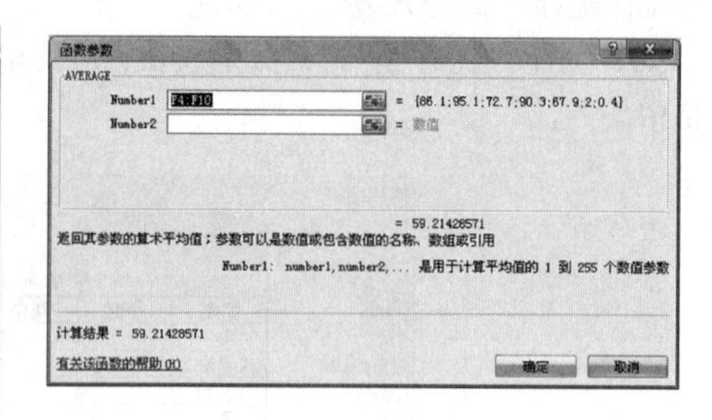

图 8-29 “函数参数”对话框

⑥单击“Number1”参数栏右边的“折叠对话框”按钮，暂时折叠对话框。然后在工作表中选定单元格区域 F4: F8，如图 8-30 所示。单击“展开对话框”按钮返回到原来的对话框，选定的单元格区域会自动填入到对话框的参数栏。

⑦单击“确定”按钮，在 F11 单元格中显示总评平均值计算结果。最终效果如图 8-31 所示。

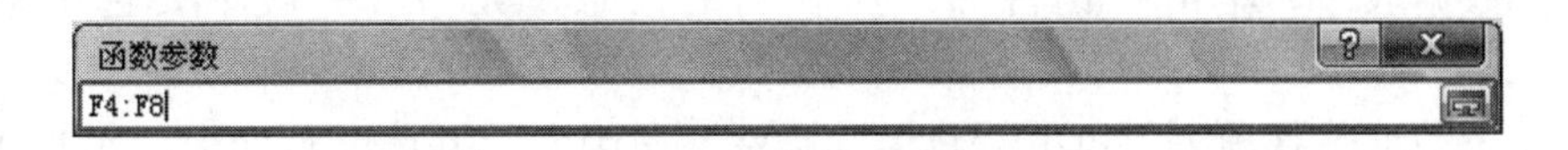

图 8－30　选定单元格区域

学生成绩.xlsx

学生成绩单

姓名	平时	期中	期末	总评
王平	80	87	90	86.1
陈续东	96	93	96	95.1
刘大为	76	65	76	72.7
何琦	95	86	90	90.3
解小东	63	70	70	67.9
优秀人数	2	1	3	2
优秀率	40%	20%	60%	40%
[illegible]				82.42

Sheet1　Sheet2　Sheet3

图 8－31　计算总评平均

注意：如果先选定一行数值型（非公式结果）区域，然后选择某个函数时，计算结果将自动存放在该行右侧第一个空白单元格中。如果先选定一列或多列数值型（非公式结果）区域，然后选择某个函数时，计算结果将自动存放在该区域下面的第一行相应空白单元格区域。

8.4　数据排序与数据筛选

Excel不仅可以制作一般的表格，而且具有较强的数据管理能力。它可以对大量数据快速地进行排序、筛选、分类汇总等管理性操作。数据管理以数据表为基础。

8.4.1　数据排序

数据排序就是将数据表中的记录以关键字段（某一指定字段）的数据值由小到大（升序）或由大到小（降序）进行重新排列。

1. 简单排序

简单排序也叫单列排序，它是最简单、最常用的排序方法，也就是根据工作表中某一列的数据对整个工作表进行升序或降序排列。在“数据”选项卡“排序和筛选”组中有“升序”按钮和“降序”按钮，利用它们可以迅速地对数据表中的记录以某一关键字段进行简单排序。用户还可以在数据表内右击，在弹出的快捷菜单中选择“排序”→“升序”或“降序”命令即可。

例题 1：以“销售人员工资表”的为例，按某一列的数据进行“升序/降序”排序：

①创建如图 8－32 所示的“销售人员工资表 . xlsx”工作簿。

②在数据表中，单击“销售额”所在列的任意单元格（一般不要选中整列），如D5。

③在“数据”选项卡，单击“排序和筛选”组中的“升序”按钮，数据表中的记录就按“销售额”中的数值升序排列。

④单击“基本工资”所在列中的任意一个单元格，如E6。

⑤右击，在弹出的快捷菜单中选择“排序”→“降序”命令，数据表中的记录就按“基本工资”中的数值降序排列，如图8－33所示。

销售人员工资表

姓名	部门	销售额	基本工资	提成	应发工资
王朝云	销售一部	2345	1000	117.25	1117.00
李斯温	销售二部	3456	1200	172.80	1373.00
乔云	销售二部	4532	2900	226.60	3127.00
田庆云	销售一部	4567	2500	228.35	2728.00
赵毅昆	销售三部	5678	2900	567.80	3468.00
张力	销售一部	5678	2800	567.80	3368.00
刘海洋	销售三部	6789	3200	678.90	3879.00
赵新意	销售二部	8756	3500	875.60	4376.00

图8－32　按销售额升序排序的结果

销售人员工资表

姓名	部门	销售额	基本工资	提成	应发工资
赵新意	销售二部	8756	3500	875.60	4376.00
刘海洋	销售三部	6789	3200	678.90	3879.00
乔云	销售二部	4532	2900	226.60	3127.00
赵毅昆	销售三部	5678	2900	567.80	3468.00
张力	销售一部	5678	2800	567.80	3368.00
田庆云	销售一部	4567	2500	228.35	2728.00
李斯温	销售二部	3456	1200	172.80	1373.00
王朝云	销售一部	2345	1000	117.25	1117.00

图8－33　按基本工资降序排序的结果

2. 复杂排序

使用“数据”选项卡“排序和筛选”组中的“升序/降序”按钮，只能按一个关键字进行简单排序。如果想再进一步排序，就要用到多列排序，也就是需要按多个关键字进行复杂排序，或者只对数据表的部分数据区域进行复杂排序，这时需要执行“数据”选项卡“排序和筛选”组中“排序”按钮，打开如图8－34所示的“排序”对话框。

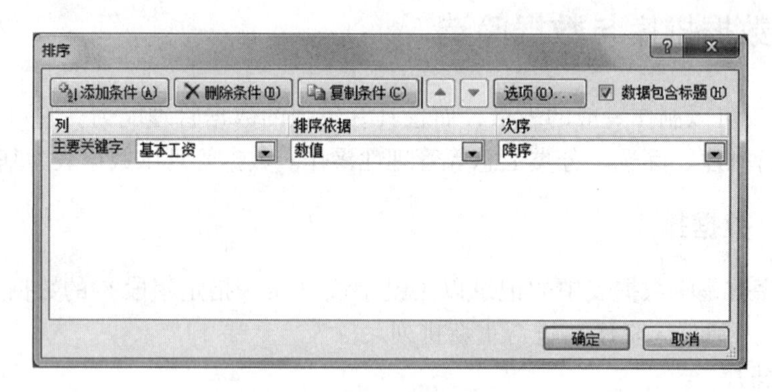

图8－34　“排序”对话框

在默认情况下，Excel会根据“主要关键字”升序排序。当选择多个排序关键字时，首先按“主要关键字”（必须指定的关键字）进行排序，当两条以上记录的主要关键字段值相同时，再根据“次要关键字”进行排序。当次要关键字段值又相同时，再根据“第三关键字”进行排序，……依此类推。若所有关键字段值都相同时，排序无意义。

单击“排序”对话框中的“选项”按钮，可以打开如图8－35所示的“排序选项”

对话框。在此对话框中用户可以自定义排序次序，指定在排序时是否区分大小写，选择是“按列排序”还是“按行排序”；选择对汉字是按“字母排序”还是按“笔画排序”。

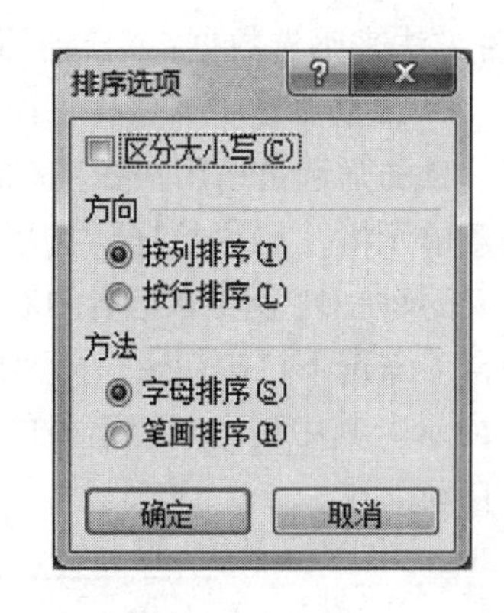

图8－35 “排序选项”对话框

例题2：在“销售人员工资表”数据表中以“销售额”为主要关键字升序、以“基本工资”为次要关键字降序、以“提成”为第三关键字升序排序，其具体操作步骤如下：

①打开图8－32所示的“销售人员工资表.xlsx”工作簿，单击数据表中的任一单元格，或选中B3: G11单元格区域。

②在“数据”选项卡单击“排序和筛选”组中“排序”按钮，打开“排序”对话框。

③在“主要关键字”下拉列表中选择“销售额”；在“排序依据”下拉列表中选择“数值”；在“次序”下拉列表中选择“升序”选项。

④单击“添加条件”按钮，添加“次要关键字”选项，在“次要关键字”下拉列表中选择“基本工资”；在“排序依据”下拉列表中选择“数值”；在“次序”下拉列表中选择“降序”。

⑤再次单击“添加条件”按钮，添加“次要关键字”选项，在“次要关键字”下拉列中选择“提成”；在“排序依据”下拉列表中选择“数值”；在“次序”下拉列表中选择“升序”，如图8－36所示。

⑥选中“数据包含标题”复选框，表示第一行为标题行，不参加排序；否则，标题行将参加排序。单击“确定”按钮完成排序。

⑦以“销售人员工资表（复杂排序）.xlsx”为文件名另存，结果如图8－37所示。

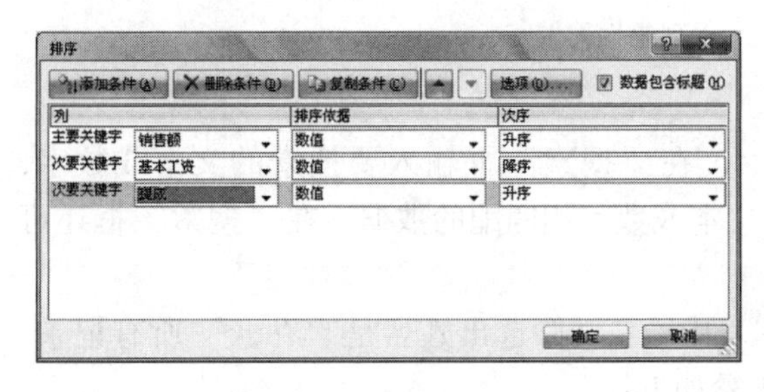

图8－36 设置排序条件

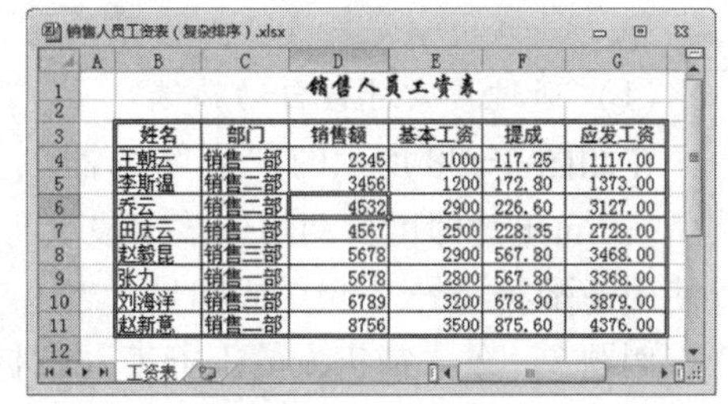

销售人员工资表

姓名	部门	销售额	基本工资	提成	应发工资
王朝云	销售一部	2345	1000	117.25	1117.00
李斯温	销售二部	3456	1200	172.80	1373.00
乔云	销售二部	4532	2900	226.60	3127.00
田庆云	销售一部	4567	2500	228.35	2728.00
赵毅昆	销售三部	5678	2900	567.80	3468.00
张力	销售一部	5678	2800	567.80	3368.00
刘海洋	销售三部	6789	3200	678.90	3879.00
赵新意	销售二部	8756	3500	875.60	4376.00

图8－37 排序实例

8.4.2 数据筛选

若要在一个较大的数据表中查看某些数据，就需要查找符合条件的数据并把结果显示出来，以方便查看、分析或打印。通过对工作表的筛选，可以在工作表中只显示符合条件的数据行，而将不符合条件的数据行全部隐藏起来。在Excel中，用户可以用

3 种方法来筛选数据："自动筛选"、"自定义筛选" 和 "高级筛选"。

1. 自动筛选

自动筛选是指用户在"列筛选器"按筛选条件进行的数据筛选。单击数据表中的任意单元格，在"数据"选项卡单击"排序和筛选"组中的"筛选"按钮，这时数据表的每一列字段单元格的右侧都会出现一个自动筛选下拉按钮。单击某一个字段的自动筛选下拉按钮，会弹出一个相应的自动筛选下拉列表（列筛选器），如图 8-38 所示。其中列出了该字段的筛选方式，用户可以通过选择值或搜索进行筛选或自定义自动筛选。

图 8-38 "列筛选器"

(1) 通过搜索进行自动筛选

在如图 8-38 所示的"列筛选器"上，在"搜索"框输入要搜索的文本或数字，然后按 Enter 键即可自动筛选该字段上与文本或数字相匹配的数据。在"搜索"框还可以使用通配符星号（* ）或问号（?）。

例题 3：在"销售人员工资表"数据表中，自动筛选出姓名是"乔云"所有记录，并且把结果显示在屏幕上。其具体操作步骤如下：

①打开如图 8-32 所示的"销售人员工资表 . xlsx"工作簿。

②在工作表中单击任意一个单元格。

③在"数据"选项卡，单击"排序和筛选"组中的"筛选"按钮，此时在每个字段名单元格的右侧都出现下拉按钮，如图 8-39 所示。

④单击"姓名"字段的自动筛选下拉按钮打开自动筛选下拉列表，在"搜索"框输入"乔云"，如图 8-40 所示。

⑤按 Enter 键即可自动筛选“乔云”，筛选结果如图 8－41 所示。

销售人员工资表.xlsx

销售人员工资表

姓名	部门	销售额	基本工资	提成	应发工资
张力	销售一部	5678	2800	567.80	3368.00
李斯温	销售二部	3456	1200	172.80	1373.00
王朝云	销售一部	2345	1000	117.25	1117.00
赵毅昆	销售三部	5678	2900	567.80	3468.00
田庆云	销售一部	4567	2500	228.35	2728.00
刘海洋	销售三部	6789	3200	678.90	3879.00
赵新意	销售二部	8756	3500	875.60	4376.00
乔云	销售二部	4532	2900	226.60	3127.00

图 8－39 自动筛选

升序(S)
降序(O)
按颜色排序(T)
从“姓名”中清除筛选(C)
按颜色筛选(I)
文本筛选(F)
乔云
(选择所有搜索结果)
将当前所选内容添加到筛选器
乔云
确定 取消

图 8－40 输入搜索文本

【提示】如果想退出自动筛选状态，再一次单击“筛选”按钮即可。

销售人员工资表（自动筛选）.xlsx

销售人员工资表

姓名	部门	销售额	基本工资	提成	应发工资
乔云	销售二部	4532	2900	226.60	3127.00

图 8－41 筛选结果

（2）通过选择值进行自动筛选

在如图 8－38 所示的“列筛选器”上，若要选择列表中的值进行筛选，首先取消“（全选）”复选框，这样将取消所有复选框的复选标记。然后，仅单击选中要筛选的条件值，单击“确定”按钮即可自动筛选该字段上与选中值相匹配的记录。

例题 4：在“销售人员工资表”数据表中，自动筛选出满足销售额为“3456”或“5678”条件的所有记录，并且把结果显示在屏幕上。其具体操作步骤如下：

①重复例题 3 的前三步。

②单击“销售额”字段的自动筛选下拉按钮打开自动筛选下拉列表，取消“全选”复选框，再选中“3456”和“5678”作为自动筛选条件，如图 8－42 所示。

③单击“确定”按钮，即可自动筛选出满足“3456”或“5678”条件的所有记录，如图 8－43 所示。最后以“销售人员工资表（自动筛选）. xlsx”为文件名保存即可。

（3）自定义自动筛选

用户在用以上方法自动筛选数据时，如果还不能满

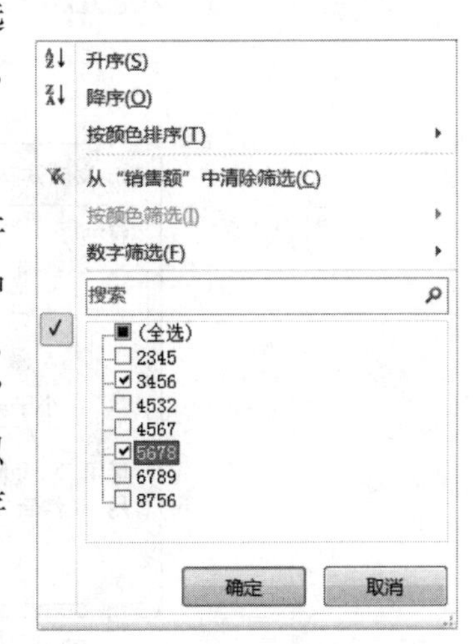

图 8－42 自动筛选

销售人员工资表（自动筛选）.xlsx

	A	B	C	D	E	F	G
1		销售人员工资表					
2							
3		姓名	部门	销售额	基本工资	提成	应发工资
4		张力	销售一部	5678	2800	567.80	3368.00
5		李斯温	销售二部	3456	1200	172.80	1373.00
7		赵毅昆	销售三部	5678	2900	567.80	3468.00
12							

工资表

图 8-43　筛选结果

足需求，就需要自定义自动筛选了。自定义自动筛选是指用户按照需要自定义筛选条件，然后再自动筛选。

例题 5：在“销售人员工资表”数据表中，筛选出销售额大于 3456、小于或等于 5678 之间的记录。具体操作步骤如下：

①重复例题 3 的前三步。

②单击“销售额”字段的自动筛选下拉按钮打开自动筛选下拉列表，如图 8-44 所示。选择“数字筛选”→“自定义筛选”命令，打开“自定义自动筛选方式”对话框，如图 8-45 所示。

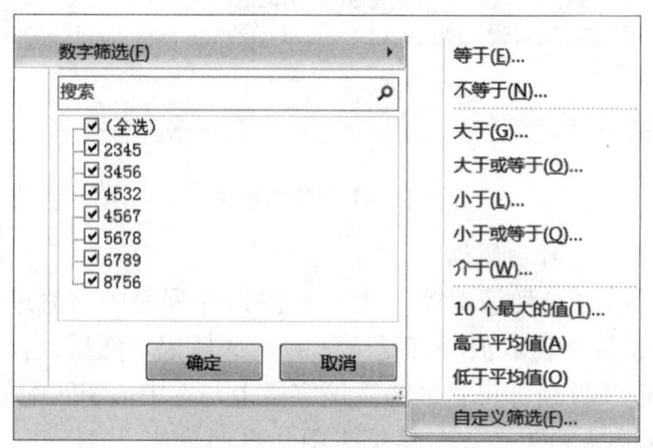

图 8-44　自定义筛选菜单

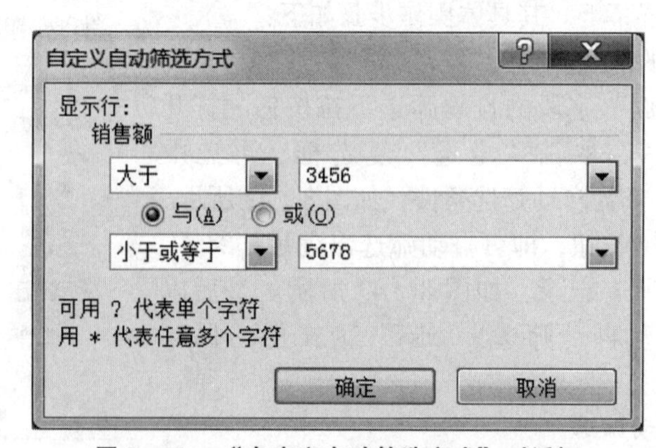

图 8-45　“自定义自动筛选方式”对话框

③在“销售额”选项组，左侧下拉列表中选择“大于”选项，右侧的下拉列表框中选择或输入数据“3456”。再选择“与”单选按钮（利用“与”、“或”逻辑关系可以构成复合查找条件），接着在其下方设置条件为“小于或等于”，在其右侧的下拉列表框中选择或输入数据“5678”。

④单击“确定”按钮，即可筛选出满足条件的记录。以“销售人员工资表（自定义筛选.xlsx）”为文件名另存，结果如图8－46所示。

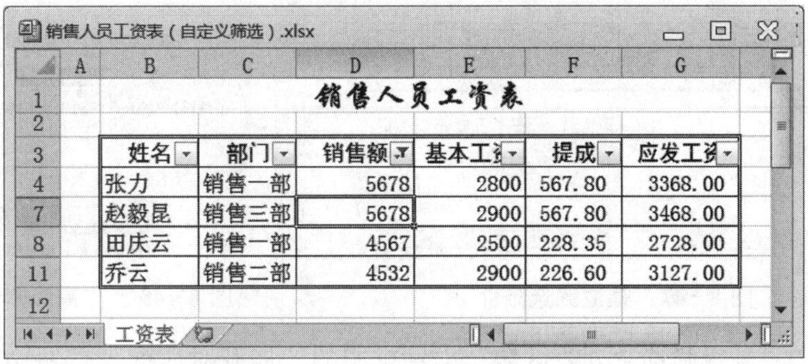

销售人员工资表（自定义筛选）.xlsx

	A	B	C	D	E	F	G
1		销售人员工资表					
2							
3		姓名	部门	销售额	基本工资	提成	应发工资
4		张力	销售一部	5678	2800	567.80	3368.00
7		赵毅昆	销售三部	5678	2900	567.80	3468.00
8		田庆云	销售一部	4567	2500	228.35	2728.00
11		乔云	销售二部	4532	2900	226.60	3127.00
12							

工资表

图8－46 “自定义筛选”实例

【提示】如果不需要显示筛选结果，可以将筛选结果清除。方法是，单击“数据”选项卡“排序和筛选”组中的“清除”按钮。

2. 使用“高级筛选”功能查询数据

高级筛选也是对数据表的一种筛选，它可以设定比较复杂的筛选条件。筛选条件设定在工作表的条件区域，并且可以直接将筛选结果复制到当前工作表的其他空白位置。

执行高级筛选操作前，首先要设定条件区域，该区域应该与数据表保持一定的距离。条件区域至少为两行，第一行为字段名，第二行及以下各行为筛选条件。用户可以定义一个或多个条件，如果在字段下面的同一行中输入条件，则表示条件之间是逻辑“与”的关系；如果在字段下面的不同行中输入条件（不能出现空行），则表示条件之间是逻辑“或”的关系。

例题6：在“销售人员工资表”数据表中，利用高级筛选功能将销售额大于或等于4800或基本工资大于2850或应发工资小于1200的记录筛选出来，并在原位置显示筛选结果。其具体操作步骤如下：

①打开图8－32所示的“销售人员工资表.xlsx”工作簿，在工作表中建立筛选条件。本例是在E13: G16区域建立的高级筛选条件，如图8－47所示。

②在工作表中单击任意一个单元格。单击“数据”选项卡“排序和筛选”组中的“高级”按钮，打开“高级筛选”对话框，如图8－48所示。

③在“高级筛选”对话框的“方式”选项组，选中“在原有区域显示筛选结果”单选按钮，筛选结果将显示在原数据表位置。

④如果需要重新设定数据筛选范围（默认范围是整个数据表），可单击“列表区

域”文本框右侧的“折叠对话框”按钮，返回工作表再选择要筛选的数据区域，之

销售人员工资表.xlsx

	姓名	部门	销售额	基本工资	提成	应发工资
1	销售人员工资表					
3	姓名	部门	销售额	基本工资	提成	应发工资
4	张力	销售一部	5678	2800	567.80	3368.00
5	李斯温	销售二部	3456	1200	172.80	1373.00
6	王朝云	销售一部	2345	1000	117.25	1117.00
7	赵毅昆	销售三部	5678	2900	567.80	3468.00
8	田庆云	销售一部	4567	2500	228.35	2728.00
9	刘海洋	销售三部	6789	3200	678.90	3879.00
10	赵新意	销售二部	8756	3500	875.60	4376.00
11	乔云	销售二部	4532	2900	226.60	3127.00
13				销售额	基本工资	应发工资
14				>=4800		
15					>2850	
16						<1200

图 8-47　建立筛选条件

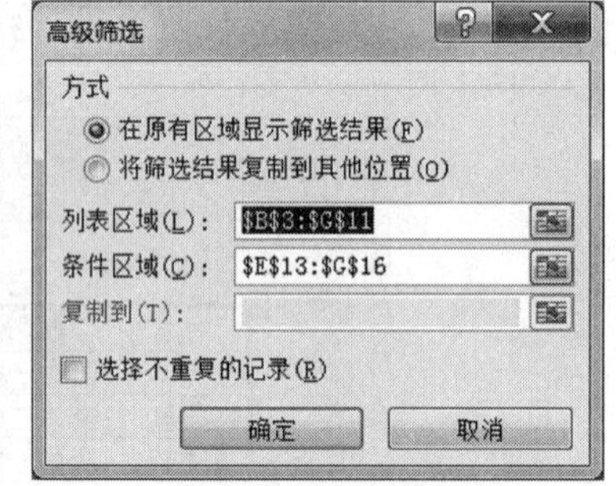

图 8-48　“高级筛选”对话框

后再单击“高级筛选 - 列表区域”对话框中的“展开对话框”按钮返回“高级筛选”对话框；或直接输入要筛选的数据区域。本例的数据区域为：B3: G11，如图8-49 所示。

⑤用同样的方法，单击“条件区域”文本框右侧的“折叠对话框”按钮，在工作表中选择条件区域为 E13: G16。

⑥单击“确定”按钮，完成高级筛选操作，以“销售人员工资表（高级筛选）”为文件名另存，最终效果如图 8-50 所示。

销售人员工资表.xlsx

	姓名	部门	销售额	基本工资	提成	应发工资
1	销售人员工资表					
3	姓名	部门	销售额	基本工资	提成	应发工资
4	张力	销售一部	5678	2800	567.80	3368.00
5	李斯温	销售二部	3456	1200	172.80	1373.00
6	王朝云	销售一部	2345	1000	117.25	1117.00
7	赵毅昆	销售三部	5678	2900	567.80	3468.00
8	田庆云	销售一部	4567	2500	228.35	2728.00
9	刘海洋	销售三部	6789	3200	678.90	3879.00
10	赵新意	销售二部	8756	3500	875.60	4376.00
11	乔云	销售二部	4532	2900	226.60	3127.00
13				销售额	基本工资	应发工资
14				>=4800		
15					>2850	
16						<1200

高级筛选 - 列表区域:

图 8-49　选择数据筛选范围

销售人员工资表（高级筛选）.xlsx

	姓名	部门	销售额	基本工资	提成	应发工资
1	销售人员工资表					
3	姓名	部门	销售额	基本工资	提成	应发工资
4	张力	销售一部	5678	2800	567.80	3368.00
6	王朝云	销售一部	2345	1000	117.25	1117.00
7	赵毅昆	销售三部	5678	2900	567.80	3468.00
9	刘海洋	销售三部	6789	3200	678.90	3879.00
10	赵新意	销售二部	8756	3500	875.60	4376.00
11	乔云	销售二部	4532	2900	226.60	3127.00
13				销售额	基本工资	应发工资
14				>=4800		
15					>2850	
16						<1200

图 8-50　高级筛选结果

【提示】在“高级筛选”对话框“方式”选项组中，若选择“将筛选结果复制到其他位置”，此时“复制到”选项才有效。在“复制到”栏指定目标区域，则将高级筛选的结果复制到当前工作表的其他区域。若选中“选择不重复的记录”复选项，则在筛选结果中不包含内容相同的记录，否则显示出满足条件的所有记录。如果要取消高级筛选的结果，而显示原数据表的所有记录，则单击“数据”选项卡“排序和筛选”组中的清除按钮即可。

8.5 数据的分类汇总

分类汇总就是将经过排序后已具有一定规律的数据进行汇总，生成各种类型的汇总报表。分类汇总时，必须确定分类字段、汇总方式和选定汇总项。汇总方式可以是求和、计数、平均值、最大值、最小值和乘积等。分类汇总前，首先要对数据表按照要汇总的关键字段进行排序，以使同类型的记录集中在一起（分类），然后单击“数据”选项卡“分级显示”组中的“分类汇总”按钮进行汇总。

8.5.1 创建分类汇总

例题7：将“销售人员工资表.xlsx”数据表，以“部门”为关键字段进行升序分类汇总，汇总方式为“求和”，汇总项包含“基本工资”、“提成”、“应发工资”，汇总结果显示在数据下方。其具体操作步骤如下：

①打开如图8-32所示的“销售人员工资表.xlsx”工作簿。

②对需要分类汇总的字段进行排序。单击数据表中“部门”所在列的任意单元格，如C4，再单击“数据”选项卡“排序和筛选”组中的“升序”按钮，进行升序排序，排序结果如图8-51所示。

③单击“数据”选项卡“分级显示”组中的“分类汇总”按钮，打开如图8-52所示的“分类汇总”对话框。

销售人员工资表.xlsx

销售人员工资表

姓名	部门	销售额	基本工资	提成	应发工资
李斯温	销售二部	3456	1200	172.80	1373.00
赵新意	销售二部	8756	3500	875.60	4376.00
乔云	销售二部	4532	2900	226.60	3127.00
赵毅昆	销售三部	5678	2900	567.80	3468.00
刘海洋	销售三部	6789	3200	678.90	3879.00
张力	销售一部	5678	2800	567.80	3368.00
王朝云	销售一部	2345	1000	117.25	1117.00
田庆云	销售一部	4567	2500	228.35	2728.00

工资表

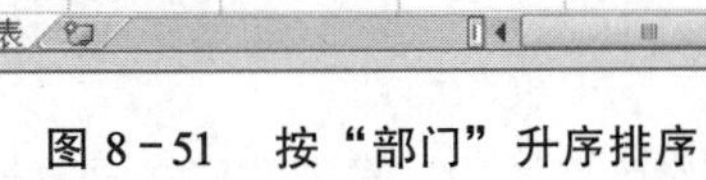

图8-51 按“部门”升序排序

图8-52 “分类汇总”对话框

④本例要求在“分类汇总”对话框中完成以下设置：

- 在“分类字段”下拉列表中选择用来分类汇总的关键字段：部门。
- 在“汇总方式”下拉列表中选择汇总方式（分类汇总计算函数）：求和。
- 在“选定汇总项”列表中选定要进行汇总计算的数据列（分类汇总的计算对象），可以是一列或多列。本例选择：基本工资、提成、应发工资。
- 如果需要在每组数据之间插入分页符（用虚线表示），则选定“每组数据分页”复选项，此时，每组数据分页单独打印（本例不选择）。
- 如果需要替换任何现存的分类汇总，选中“替换当前分类汇总”复选项。

• 本例选中“汇总结果显示在数据下方”复选项，否则汇总结果显示在数据上方。

⑤单击“确定”按钮，并以“销售人员工资表（分类汇总）”为文件名另存，分类汇总结果如图 8－53 所示。

销售人员工资表（分类汇总）.xlsx

销售人员工资表

姓名	部门	销售额	基本工资	提成	应发工资
李斯温	销售二部	3456	1200	172.80	1373.00
赵新意	销售二部	8756	3500	875.60	4376.00
乔云	销售二部	4532	2900	226.60	3127.00
	销售二部 汇总		7600	1275.00	8876.00
赵毅昆	销售三部	5678	2900	567.80	3468.00
刘海洋	销售三部	6789	3200	678.90	3879.00
	销售三部 汇总		6100	1246.70	7347.00
张力	销售一部	5678	2800	567.80	3368.00
王朝云	销售一部	2345	1000	117.25	1117.00
田庆云	销售一部	4567	2500	228.35	2728.00
	销售一部 汇总		6300	913.40	7213.00
	总计		20000	3435.10	23436.00

图 8－53 “分类汇总”实例

8.5.2 删除分类汇总

用户可以随时删除分类汇总，回到工作表的初始状态。具体操作步骤如下：在工作表中单击任意一个单元格。单击“数据”选项卡“分级显示”组中的“分类汇总”按钮，在弹出的“分类汇总”对话框中单击“全部删除”按钮即可。

第 9 章

数据图表化

在 Excel 中，用户可以在工作表上创建图表，或者将图表作为工作表的嵌入对象使用。另外，用户也可以在 Web 页上发布图表。

本章学习目标：

- 掌握创建和编辑图表的方法；
- 掌握迷你图的创建方法。

9.1 图表基础

9.1.1 图表的基本概念

图表是用图示方式表示工作表数据的方法，它是由数据表生成的用于形象表示数据的图形，当数据表中的数据变动时，与之相对应的图表也随之做出相应的变化。

图表要依据数据表生成，数据表就称为图表的源数据。数据表中一个单元格的数据称为数据点，一行或一列单元格的数据称为数据系列。如果数据系列产生在行，则构成数据行数据系列；如果数据系列产生在列，则构成数据列数据系列。

建立图表时，数据点的值在图表中用柱形、条形、线条、点等图形来表示，这些形状的图形称作数据标志。图表中的每一种数据系列都以相同形状和颜色的数据标志表示。

9.1.2 图表的组成

尽管各种类型图表的组成并不完全相同，但它们的基本组成元素是相似的。如图 9-1 所示的三维柱形图中可以看到图表的几种基本组成元素。

- 图表区：图表区包括图表中所有的元素。
- 图表标题：图表标题是用来表示图表内容的说明性文本，它可以自动与坐标轴对齐或者在图表顶部居中。
- 绘图区：在二维图表中，绘图区是以坐标轴为界并包含所有数据系列的区域。在三维图表中，绘图区是以坐标轴为界并包含数据系列、分类名称、刻度线标签和坐

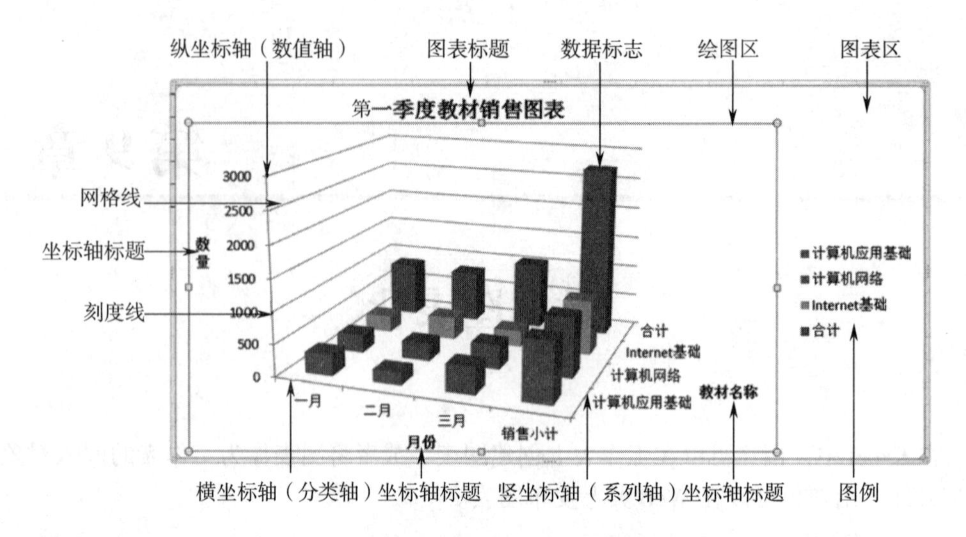

图 9-1　图表的一般构成

标轴标题的区域。

- 数据标志：数据标志是图表中的条形、面积、圆点、扇面或其他符号，代表数据表单元格的单个数据点或值。
- 坐标轴：坐标轴是界定图表绘图区的线条，是用作度量的参照框架。一般图表都有 X 轴和 Y 轴，X 轴通常为水平坐标轴并包含分类，Y 轴通常为垂直坐标轴并包含数值。三维图表有第 3 个轴（Z 轴）。饼图和圆环图没有坐标轴。
- 刻度线：刻度线是类似于直尺分隔线的度量线，与坐标轴相交。刻度线标签用于标识图表上的分类、值或系列。
- 网格线：图表中的网格线是可添加到图表中以便于查看和计算数据的线条。网格线是坐标轴上刻度线的延伸，它穿过了绘图区。
- 图例：图例是一个方框，用来标识图表中的数据系列或分类指定的图案及颜色。

在系统提供的图表模板里，图表类型大致分为柱形图、折线图、饼图、条形图等 11 种，并且每种类型中又有若干个子类型。

9.2　创建与编辑图表

图表有嵌入式和独立式（非嵌入式）图表两种。默认情况下，图表作为嵌入式图表放在工作表上。而独立式图表要单独放在一个图表工作表中，它是特定的工作表，只包含单独的图表。独立图表和嵌入图表只有图表所在的位置不同，没有其他的不同。

创建一个基本图表很简单，但是对基本图表编辑就有点复杂了。对基本图表编辑包含“设计”、“布局” 和“格式”等设置。

9.2.1　创建基本图表

如果要创建基本图表，就必须先在工作表中为图表输入数据，然后使用“插入”

选项卡中的“图表”组的按钮来创建基本图表。创建图表的具体操作步骤如下：

①建立“销售统计表.xlsx”数据表，如图9-2所示。

②选定用于创建图表的数据区域，该区域一般由连续或不连续的多列构成，而且必须包含数据表的第一行（字段名所在行）和数值型数据列左侧的某一列，如B2: F6单元格区域，如图9-3所示。

全年销售统计表

类别	第一季度	第二季度	第三季度	第四季度
显示器	27000	32000	36000	25000
打印机	34000	36000	29000	32000
笔记本	21000	17000	18000	22000
扫描仪	45000	39000	36000	33000

图9-2 销售统计表.xlsx

全年销售统计表

类别	第一季度	第二季度	第三季度	第四季度
显示器	27000	32000	36000	25000
打印机	34000	36000	29000	32000
笔记本	21000	17000	18000	22000
扫描仪	45000	39000	36000	33000

图9-3 选择B2: F6数据区域

③在“插入”选项卡，单击“图表”组中的对话框启动器按钮，打开如图9-4所示的“插入图表”对话框。

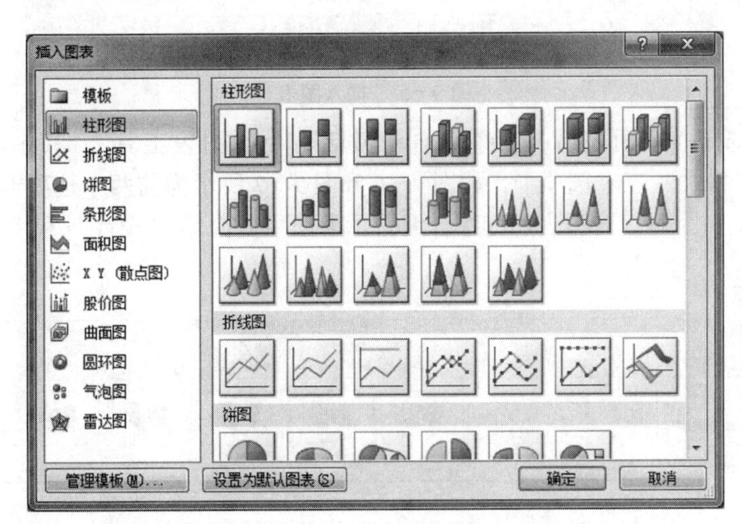

图9-4 插入图表

④在“插入图表”对话框左侧选择相应的图表类型，这里选择“柱形图”，然后在右侧选择子图表类型“三维簇状柱形图”，单击“确定”按钮即可插入图表，如图9-5所示。

9.2.2 编辑图表

在Excel中，创建一个基本图表后，常需要对它进行编辑修改，以达到最佳效果。编辑图表是在已创建基本图表的基础上进行的，它包括更改图表类型、添加图表标题、添加坐标轴标题、移动图表、三维旋转等内容。

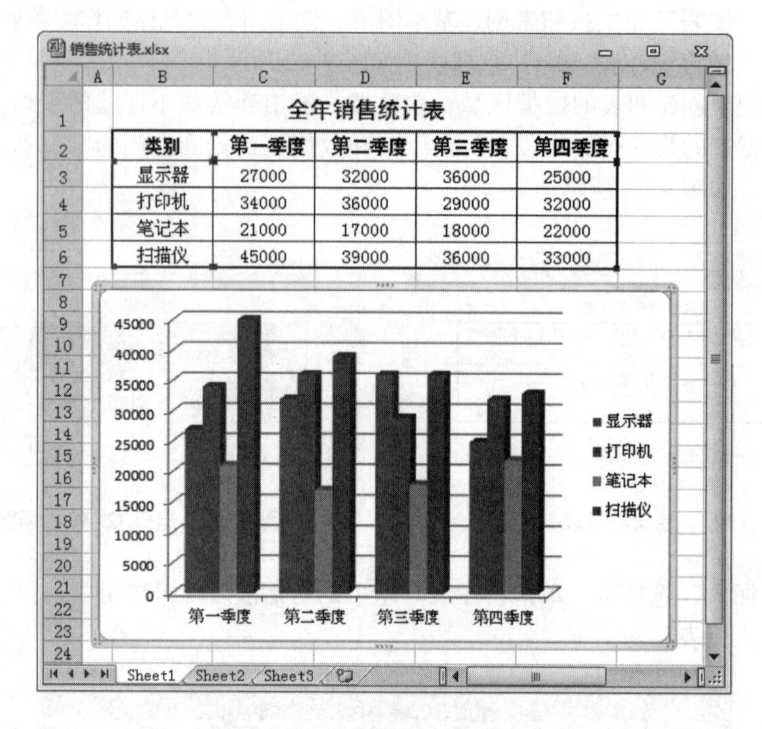

全年销售统计表

类别	第一季度	第二季度	第三季度	第四季度
显示器	27000	32000	36000	25000
打印机	34000	36000	29000	32000
笔记本	21000	17000	18000	22000
扫描仪	45000	39000	36000	33000

图 9-5　插入图表

当单击选择一个图表后，系统会自动激活一个“图表工具”，其中有“设计”、“布局”和“格式”三个选项卡，如图 9-6 和图 9-7 所示为前两个选项卡。利用这三个选项卡上的命令可以对图表进行综合编辑。下面主要介绍“设计”和“布局”选项卡的功能。

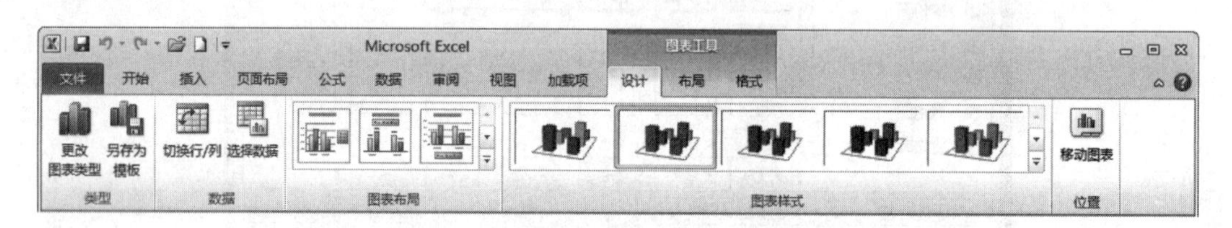

图 9-6　“图表工具”→“设计”选项卡

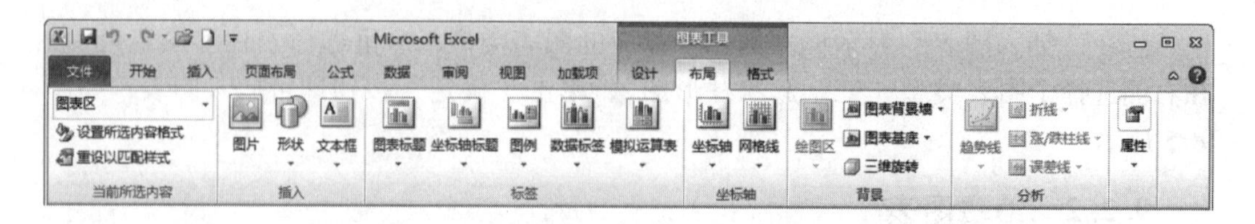

图 9-7　“图表工具”→“布局”选项卡

1. 移动图表

在 Excel 中，可以将图表移到其他的工作表中，其具体操作步骤如下：

①单击选中需要进行位置调整的图表。

②在激活的“图表工具”中，单击“设计”选项卡“位置”组中的“移动图表”按钮；或在右键快捷菜单中选择“移动图表”命令，打开“移动图表”对话框，如图9-8所示。

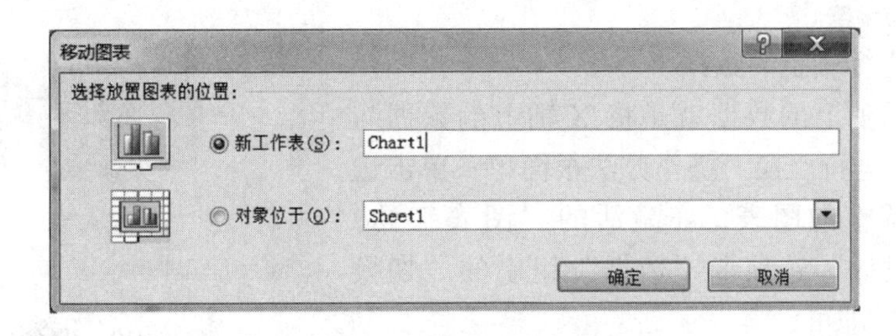

图9-8 “移动图表”对话框

③单击“新工作表”单选按钮，可生成一张新的图表工作表，默认名称是Chart1，用户可在其右侧的文本框中输入图表工作表的新名称；单击“对象位于”单选按钮，可将图表嵌入到工作表中，用户可在其右边的下拉列表框中选择所需嵌入到的工作表。

④设置完成后，单击“确定”按钮即可完成图表移动。

2. 更改图表类型

Excel中提供了多种图表类型，而且每种类型的图表都有几种不同的格式。用户可以根据需要进行选择或更改，以便将数据以最有效的形式展示出来。对于大部分二维图表，既可以更改数据系列的图表类型，也可以更改整张图表的图表类型。对于大部分三维图表，更改图表类型将影响到整张图表。对于三维条形图和柱形图，用户还可以将有关数据系列更改为圆锥、圆柱或棱锥类型。

更改图表类型的具体操作步骤如下：

①打开如图9-2所示的“销售统计表.xlsx”，单击选定图表。

②在激活的“图表工具”中，单击“设计”选项卡“类型”组中的“更改图表类型”按钮；或在右键快捷菜单中选择“更改图表类型”命令，打开“更改图表类型”对话框，如图9-9所示。

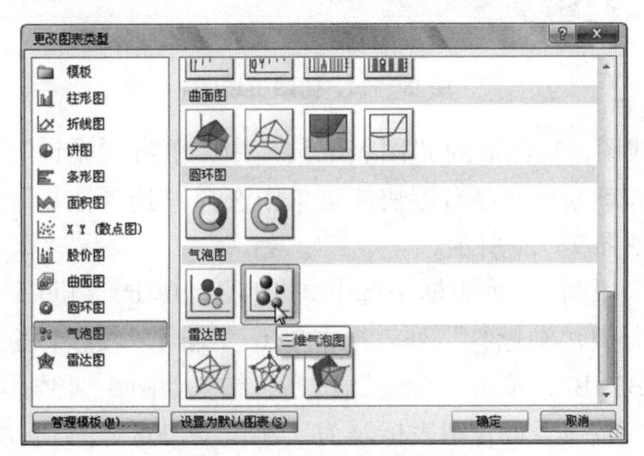

图9-9 更改图表类型

③在左侧列表中选择合适的图表类型，然后从右侧列表框中选择合适的子类型，如选择“气泡图”中的“三维气泡图”。

④单击“确定”按钮，最终效果如图 9－10 所示。

3. 交换坐标轴上的数据

交换坐标轴上的数据就是将 X 轴上的数据与 Y 轴上的数据进行互换。操作方法很简单：单击选中需要进行调整的图表，在激活的“图表工具”中，单击“设计”选项卡“数据”组中的“切换行/列”按钮即可。

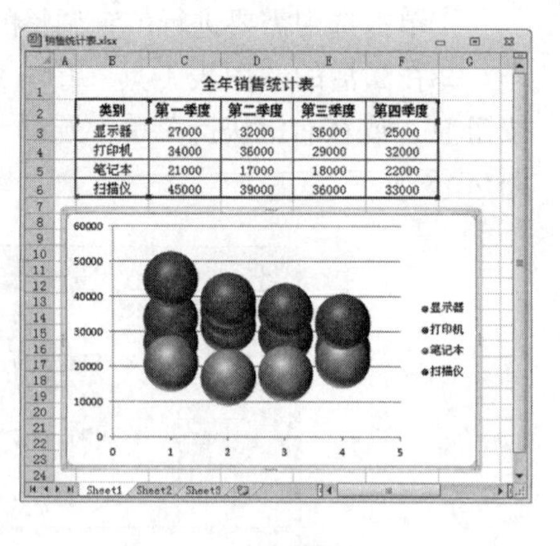

全年销售统计表

类别	第一季度	第二季度	第三季度	第四季度
显示器	27000	32000	36000	25000
打印机	34000	36000	29000	32000
笔记本	21000	17000	18000	22000
扫描仪	45000	39000	36000	33000

图 9－10　最终效果

4. 更改数据源

以创建折线图为例介绍更改数据源的方法。首先创建如图 9－11 所示的“学校年度支出表”，依据此表创建一个“带数据标记的折线图”。操作步骤如下：

①首先选择 B2: E7 单元格区域，在“插入”选项卡，单击“图表”组中的“折线图”下拉按钮，在弹出的下拉列表中选择“带数据标记的折线图”即可创建一个初始折线图图表，如图 9－11 所示。

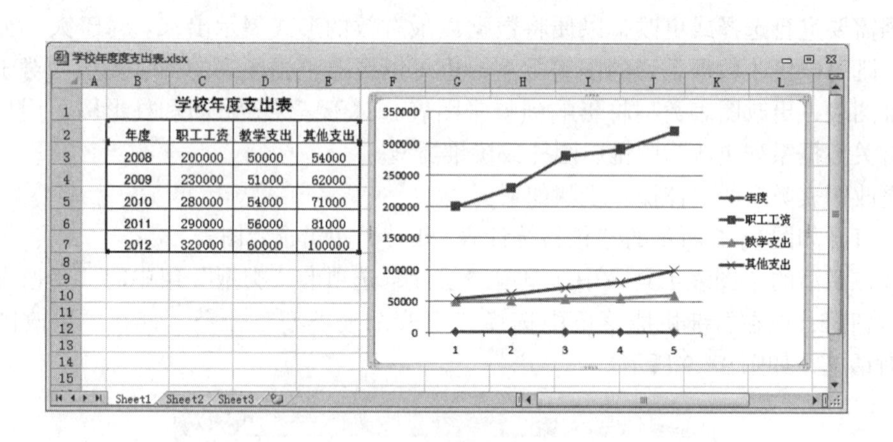

学校年度支出表

年度	职工工资	教学支出	其他支出
2008	200000	50000	54000
2009	230000	51000	62000
2010	280000	54000	71000
2011	290000	56000	81000
2012	320000	60000	100000

图 9－11　初始折线图

②选中初始折线图，在激活的“图表工具”中，单击“设计”选项卡“数据”组中的“选择数据”按钮；或在右键快捷菜单中选择“选择数据”命令，打开“选择数据源”对话框，如图 9－12 所示。

③在“图例项（系列）”列表框中选中“年度”，单击“删除”按钮将其删除。

④在“水平（分类）轴标签”列表框中单击“编辑”按钮，打开“轴标签”对话框选择轴标签区域 B3: B7，单击“确定”按钮，结果如图 9－13 所示。

⑤单击“确定”按钮，设置图表标题为“年度支出走势图”、水平坐标轴（X 轴）标题为“年度”、数值轴（Y 轴）标题为“数额”，最终效果如图 9－14 所示。

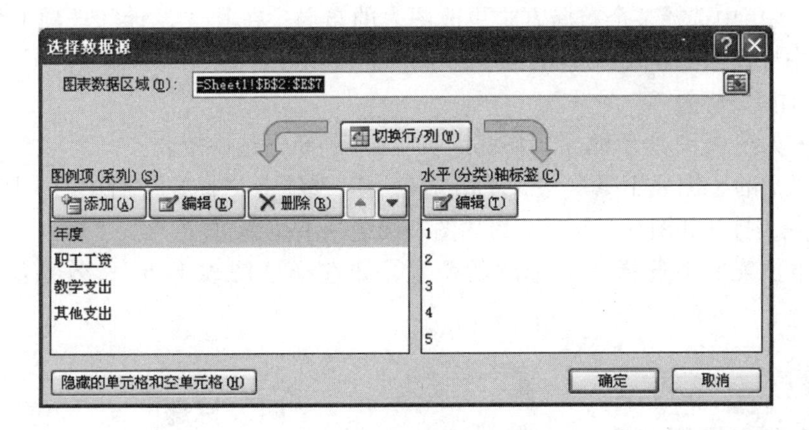

图 9-12　“选择数据”对话框

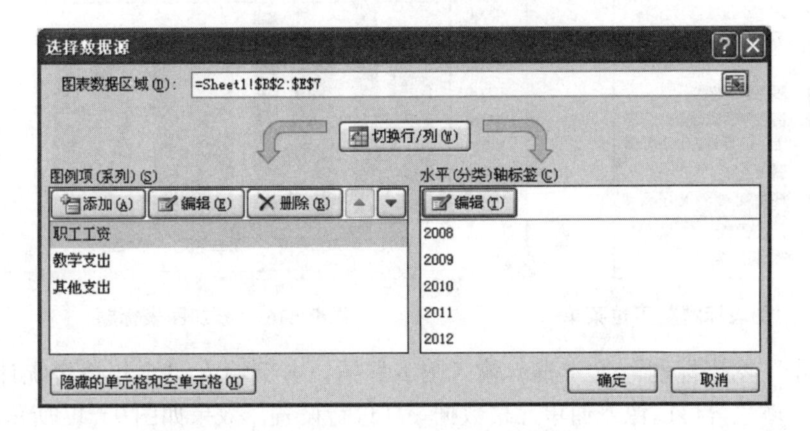

图 9-13　“选择数据”对话框

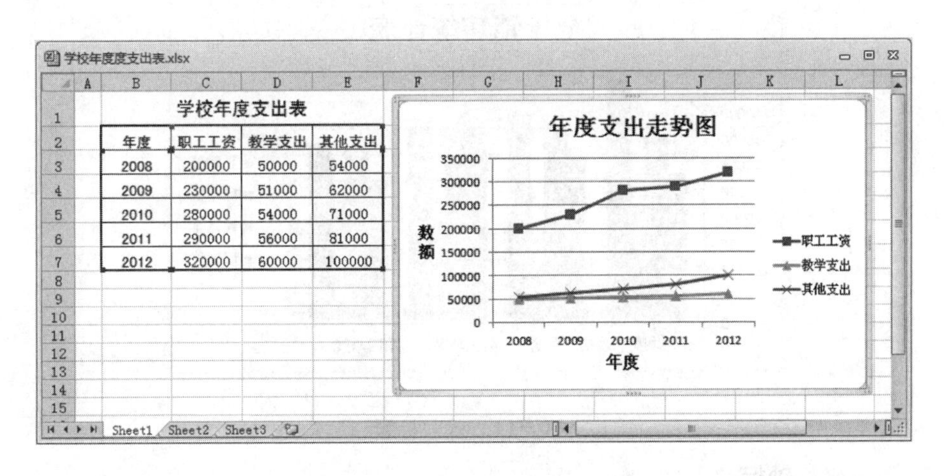

图 9-14　“选择数据”对话框

5. 更改图表布局和样式

单击选中需要进行调整的图表，即可激活“图表工具”，在其“设计”选项卡的

“图表布局”组中选择某个布局方式更改图表的布局；在其“设计”选项卡的“图表样式”组中选择某个样式更改图表的样式。

6. 添加图表标题

①打开如图 9-2 所示的“销售统计表.xlsx”，单击选中图表。

②在激活的“图表工具”中，单击“布局”选项卡“标签”组中的“图表标题”下拉按钮，打开如图 9-15 所示的“图表标题”下拉菜单。

③在下拉菜单中选择图表标题的位置，如选择“图表上方”，效果如图 9-16 所示。

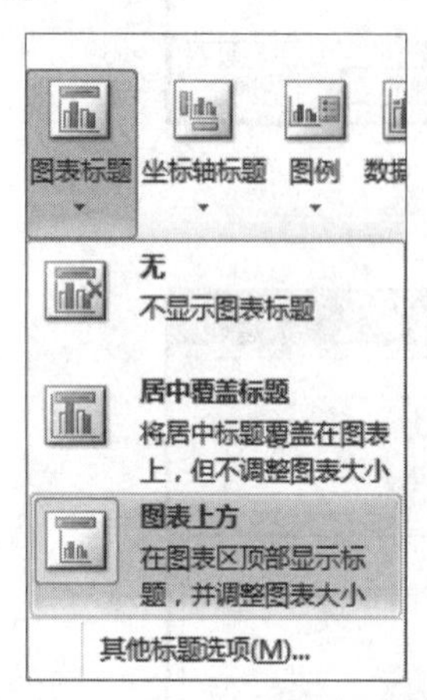

图 9-15 “图表标题”下拉菜单

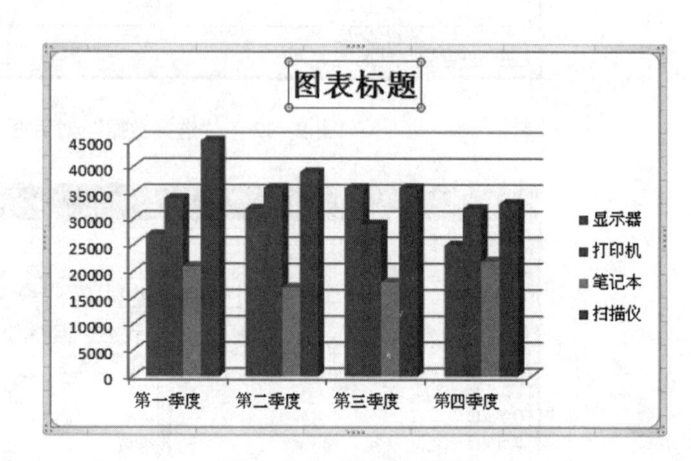

图 9-16 添加图表标题

④单击“图表标题”文本框，输入图表标题，本例输入“全年销售统计表”。标题的字体、颜色等可以像普通单元格数据一样进行设置。效果如图 9-17 所示。

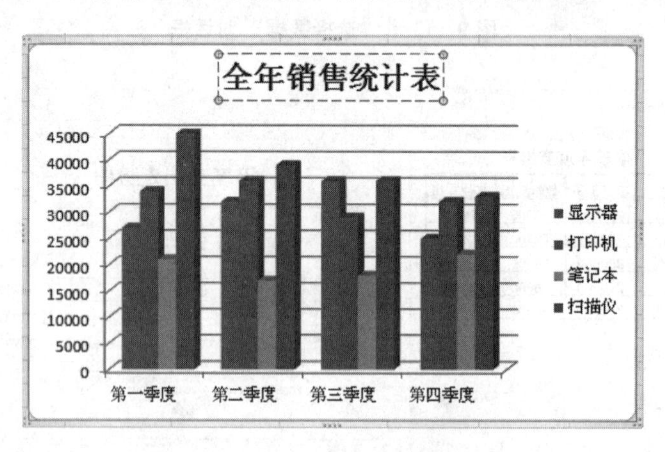

图 9-17 输入标题

7. 添加坐标轴标题

操作步骤如下：

①单击选中如图 9-17 所示的图表，并改变其图表类型为“三维柱形图”。

②在激活的“图表工具”中单击“布局”选项卡“标签”组中的“坐标轴标题”

下拉按钮，打开如图 9－18 所示的“坐标轴标题”下拉菜单，其中给出了 3 种类型的坐标。

③在下拉菜单的下级子菜单中，可以选择某种类型坐标轴标题的方式。如图 9－19 所示，“主要横坐标轴标题”采用了“坐标轴下方标题”方式、“主要纵坐标轴标题”采用了“竖排标题”方式、“竖坐标轴标题”采用了“竖排标题”方式。

图 9－18　“坐标轴标题”下拉菜单

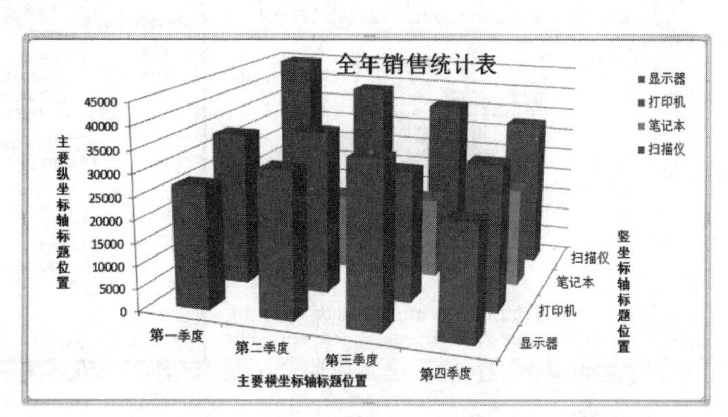

图 9－19　三维坐标轴标题位置示意图

8. 更改图例格式

单击选中需要更改的图表，即可激活“图表工具”，单击其“布局”选项卡“标签”组中的“图例”下拉按钮，在弹出的下拉列表中更改图例格式，如位置、对齐等。如图 9－20 所示左下角的图表中就是在底部显示图例。

9. 设置数据标签格式

以创建“饼图”为例介绍数据标签格式的设置。创建如图 9－20 所示的“学校季度支出表”，依据此表创建一个“第三季度”支出情况的分离型三维饼图。操作步骤如下：

①首先选择 B2: F2 单元格区域，然后按住 Ctrl 键再选择 B5: F5 单元格区域（同时选择了两个不连续的单元格区域）。

②在“插入”选项卡，单击“图表”组中的“饼图”下拉按钮，在弹出的下拉列表中选择“分离型三维饼图”即可创建一个初始“饼图”图表。

③在激活的“图表工具”，单击其“布局”选项卡“标签”组中的“数据标签”下拉按钮，在弹出的下拉列表中选择“其他数据标签选项”打开“设置数据标签格式”对话框，如图 9－20 右侧所示。在此可以设置标签包括的项目（本例选择“类别名称”和“显示引导线”）、标签位置（本例选择“最佳匹配”）。

④需要注意的是引导线只有在饼图中不能存放数据标签时才出现，“职工工资”标签就没有引导线、“设备维护”标签就有引导线。

10. 数据表添加行或列后图表的更新

建立图表后，用户可以向图表中添加数据。由于图表与工作表数据之间已建立了动态链接关系，所以在修改工作表数据时，一般图表会随之自动更新。但当在工作表

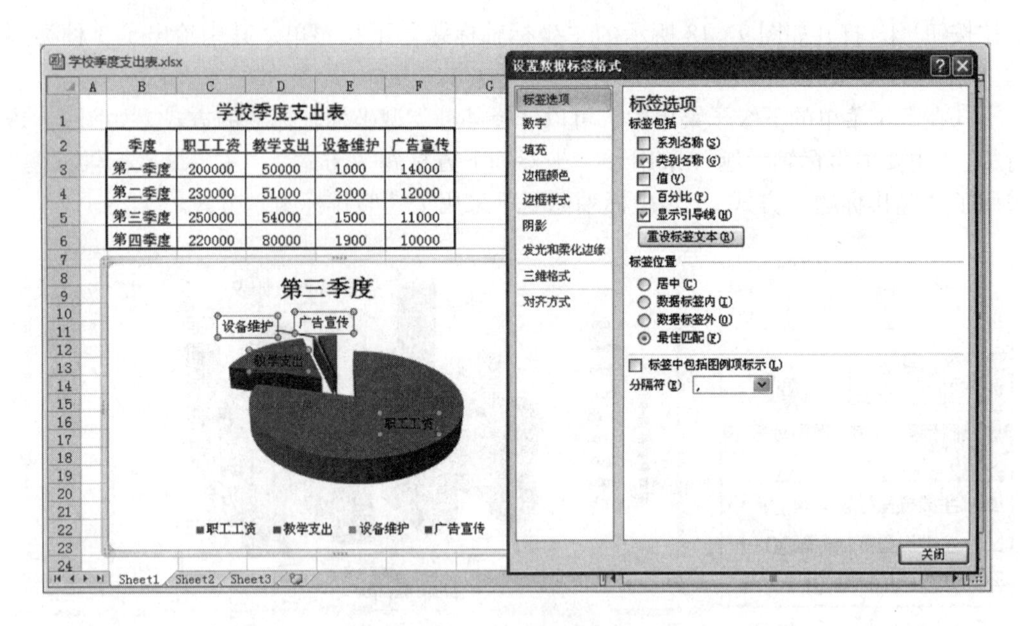

图 9-20　设置数据标签格式

中增加新的数据列或数据行时，就需要单独将其添加到图表中。

数据表添加行（多行）或列（多列）后，就意味着数据表数据区域发生了改变。此时必须对图表的源数据区域进行更改，否则图表不会自动更新。

用复制的方法更改图表源数据区域是最简单的方法，其具体操作步骤如下：

①选择需要复制的行（多行）或列（多列）数据区域。

②执行“复制”命令或按“Ctrl+C”组合键。

③选中图表，执行“粘贴”命令或按“Ctrl+V”组合键，即可完成图表源数据区域的更改，此时图表中也就添加了数据行或数据列。

【提示】删除原先的图表，重新选择图表源数据区域，然后再创建新的图表也是很简单的方法。

11. 在图表中删除数据系列

如果要同时删除工作表和图表中的数据，只要从工作表中删除数据，图表将会自动删除；若只删除图表中的某个数据系列，而仍要保留工作表中的其他数据系列时，则可以按以下方法操作：

①单击图表中要删除的数据系列，则该数据系列中的所有数据标志均出现控制点，如图 9-21 中的“合计”数据系列。

②按 Delete 键就可以从图表中删除该数据系列，但并不改变与其建立链接关系的工作表数据，如图 9-22 所示。

【提示】图表和源数据表是紧密相连的，是数据的两种不同的表现形式。当源数据表中的数据发生变化时，图表中的相应数据也必然被改变（增加新的数据列或数据行除外，因为它们不在图表源数据区域）。一般不在图表中改变数据，最好让图表数据跟随数据表数据自动变化。

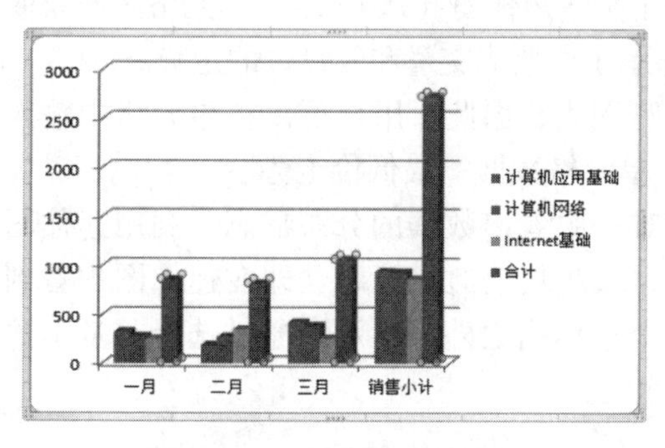

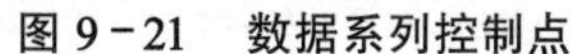
图9-21 数据系列控制点

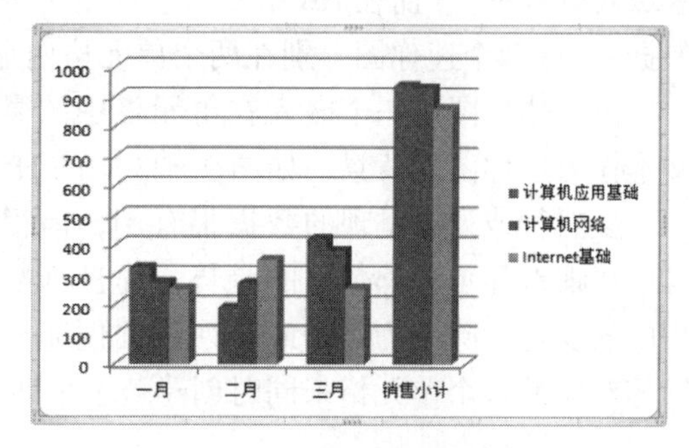

图9-22 删除数据系列实例

12. 设置图表格式

一个嵌入式图表可以看做是Word中的一个图形对象，而且图表中还包含若干个文本框，因此对它们的操作与在Word中相同。单击选择图表，图表边框上会出现8个控制点，用鼠标拖动控制点可随意改变图表的大小。用鼠标还可以将图表拖动到其他的合适位置。当图表的大小改变时，它的组成元素也会发生相应的变化。单击图表中的一个组成元素对象，如图例、绘图区和图表标题等，该对象周围出现文本框，此时可以利用拖动的方法移动该对象，还可以对其进行格式设置，如字体、字号和颜色等。右击某个对象，在弹出的快捷菜单中有对其操作的命令。双击某个对象打开相应的格式对话框，利用该对话框可以对其进行更详细的设置，如边框、三维格式、大小、三维旋转等。

9.3 迷你图

9.3.1 迷你图的概念

迷你图是Excel 2010新增的一个功能，它是单元格中的一个微型图表，可提供数据的直观表示。使用迷你图可以显示一系列数值的趋势（如股市趋势），或者可以突出显示最大值和最小值。在数据旁边放置迷你图可达到最佳效果。

与Excel工作表上的图表不同，迷你图不是对象，它实际上是单元格背景中的一个微型图表。例如在图9-23中，H3单元格里创建了一个柱形迷你图（从C3: G3单元格

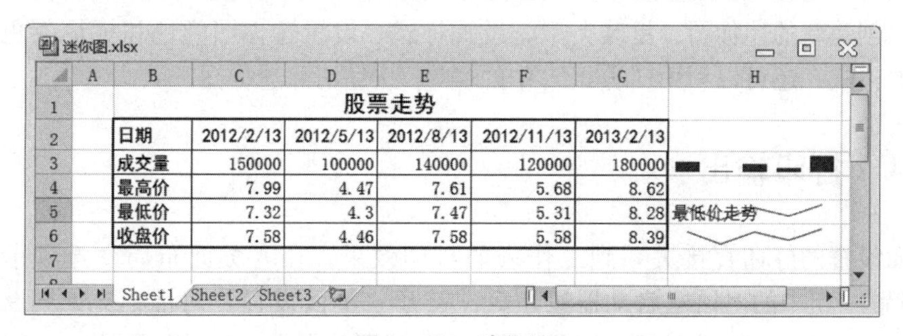
迷你图.xlsx

	A	B	C	D	E	F	G	H
1		股票走势						
2		日期	2012/2/13	2012/5/13	2012/8/13	2012/11/13	2013/2/13	
3		成交量	150000	100000	140000	120000	180000	
4		最高价	7.99	4.47	7.61	5.68	8.62	
5		最低价	7.32	4.3	7.47	5.31	8.28	最低价走势
6		收盘价	7.58	4.46	7.58	5.58	8.39	
7								

Sheet1 Sheet2 Sheet3

图9-23 迷你图

区域获取数据)，而在H6单元格里创建了一个折线迷你图（从C6: G6单元格区域获取数据)。这两个迷你图分别在两个单元格内显示了股票成交量和收盘价的走势。

由于迷你图是一个嵌入在单元格中的微型图表，因此，用户可以在单元格中输入文本作为迷你图的背景，如图9-23中的H5单元格数据“最低价走势”。

虽然行或列中呈现的数据很有用，但很难一眼看出数据的分布形态。利用迷你图可以清晰地显示相邻数据的趋势，而且当数据发生更改时，可以立即在迷你图中看到相应的变化。除了为一行或一列数据创建一个迷你图之外，还可以通过选择与基本数据相对应的多个单元格来同时创建若干个迷你图。

9.3.2 迷你图的创建和编辑

1. 迷你图的创建

创建迷你图的步骤如下：

①创建一个如图9-23所示的数据表。

②选择一个空白单元格或一行空白单元格或一列空白单元格。本例选择H3。

③在“插入”选项卡的“迷你图”组中，单击要创建的迷你图的类型，本例选择“柱形图”，打开如图9-24所示的“创建迷你图”对话框。

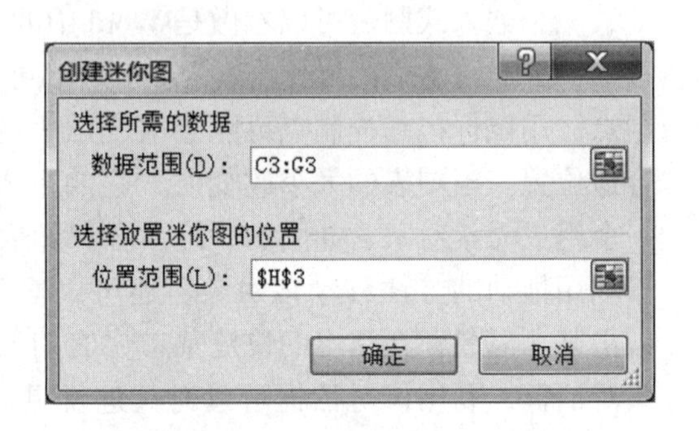

图9-24 “创建迷你图”对话框

④在“数据范围”框中，输入迷你图所基于的单元格区域或单击折叠按钮来暂时折叠对话框，在工作表上选择所需的单元格区域，然后单击展开按钮返回原来的对话框。【提示】此时只能是行或列。

⑤单击“确定”按钮，完成迷你图的创建。

⑥重复以上操作，在H5单元格创建“折线图”型迷你图。

⑦单击H5单元格，拖动其填充柄到H6单元格为其创建“折线图”型迷你图。

⑧单击H5单元格，输入“最低价走势”，最后效果如图9-23所示。

2. 迷你图的编辑

当选择迷你图时，将会出现“迷你图工具”，并显示“设计”选项卡。在“设计”选项卡上有“迷你图”、“类型”、“显示”、“样式”和“分组”功能组。使用其中的命令可以创建新的迷你图、更改类型、设置样式、设置迷你图颜色和标记颜色、设置坐标轴的格式，还可以利用“分组”中的清除按钮清除迷你图。

9.4 打印输出

页面设置的好坏直接关系到工作表的打印效果，在“页面布局”选项卡，单击“页面设置”组中的对话框启动器按钮，打开“页面设置”对话框，如图9-25所示。在该对话框中有4个选项卡，即“页面”、“页边距”、“页眉/页脚”、“工作表”，用户可在相应的选项卡中进行不同的设置，以此来控制工作表的外观和版面。

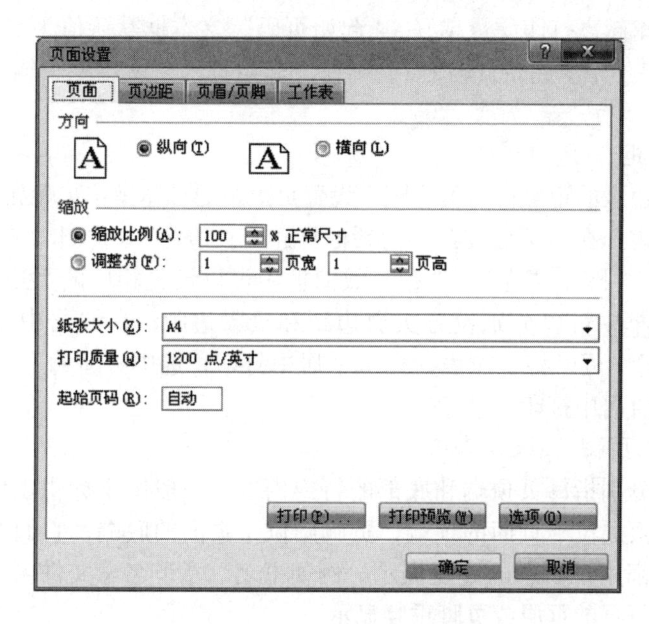

图9-25 “页面设置”对话框

1. 设置页面

页面的打印方式包括打印方向、缩放比例、纸张大小、打印质量及起始页码等。用户可根据自己的需要对页面进行设置，其具体操作步骤如下：

①选定工作表，在“页面设置”对话框打开“页面”选项卡，如图9-26所示。

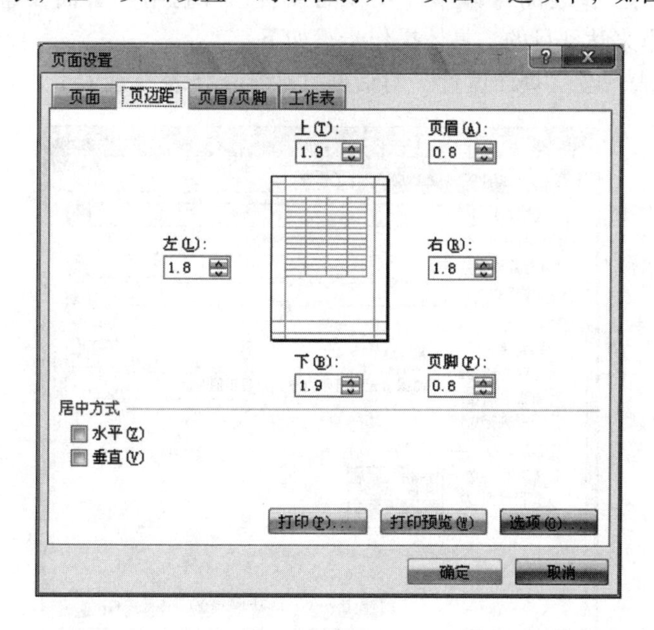

图9-26 “页边距”选项卡

②在“方向”栏设置打印方向；在“缩放”栏设置工作表打印时放大或缩小的比

例；在“纸张大小”下拉列表中选择纸张型号；在“打印质量”下拉列表中选择所需的分辨率，分辨率越高打印质量越好。“起始页码”文本框默认值为“自动”，即起始页码值为1；如果不希望起始页码为1，则在“起始页码”文本框中输入所需的起始页码数。

2. 设置页边距

正文与页面边缘的距离称为页边距。设置页边距的具体操作步骤如下：

①选定工作表，在“页面设置”对话框打开“页边距”选项卡，如图9－26所示。

②在“上”、“下”、“左”、“右”数值框中可以设置相应的页边距；在“页眉”和“页脚”数值框中可以分别设置页眉边距和页脚边距；在“居中方式”栏，选中“水平”复选项时，可以将工作表数据水平居中打印；选中“垂直”复选项时，可以将工作表数据垂直居中打印。

3. 设置页眉/页脚

页眉和页脚分别指每页顶端和底部的特定内容，一般用于标明工作表名称、页码和打印日期等。页眉位于页面的顶端，页脚则位于页面的底端，它们都不占用正常的文本空间，并且都用于信息的重复显示。例如书名、章节名、文件名、公司的名称或标志等，均可在每页的页眉或页脚重复显示。

用户也可以将页眉和页脚的内容设置为奇数页和偶数页不同，避免过分单调，并便于装订。在设置页眉和页脚时，可直接利用Excel的内置页眉和页脚，也可根据需要自定义页眉和页脚。

4. 设置工作表

用户如果想对工作表的打印作进一步的设置，可利用“页面设置”对话框中的“工作表”选项卡来达到目的。具体操作步骤如下：

①选定工作表，在“页面设置”对话框打开“工作表”选项卡，如图9－27所示。

图9－27 “工作表”选项卡

②在“工作表”选项卡中，用户可根据需要对各选项进行设置，其中各选项的功能说明如下：

（1）打印区域

在默认情况下，打印工作表数据区的所有内容。如果用户要对工作表定义一个特定的打印区域，可以单击“打印区域”文本框右边的折叠按钮，打开“页面设置-打印区域”对话框，然后在工作表中选定打印区域。选定打印区域后，单击“展开对话框”按钮即可返回“页面设置”对话框。

（2）打印标题

当一个工作表的内容很多、数据很长时，为了能看懂以后各页内各列或各行所表示的意义，往往需要在每一页上打印出行或列的标题，这时“打印标题”选项组就显得尤为重要了。这里包括“顶端标题行”和“左端标题列”两个选项。如果工作表标题为行标题，则单击“顶端标题行”文本框右边的折叠按钮，即可选定工作表中哪一行作为行标题使用；如果工作表标题为列标题，则单击“左端标题列”文本框右边的折叠按钮，即可选定工作表中哪一列作为列标题使用。

（3）打印

在此选项组中，选中“网格线”复选框，即可在工作表上打印垂直或水平网格线；选中“单色打印”复选框，在打印时将不会考虑工作表背景颜色与图案，这适合于那些使用单色打印机的用户；选中“草稿品质”复选框，则不会打印网格线或大部分图形，因而可减少打印时间；选中“行号列标”复选框，可在打印的工作表中加上行号和列标；如果用户想打印单元格批注，可在“批注”下拉列表框中选择打印方式；当工作表中有错误的单元格时，可在“错误单元格打印为”下拉列表框中选择打印方式。

（4）打印顺序

当工作表中的数据不能在一页中完整打印时，可用此选项组来控制页码的编排和打印顺序。单击“先列后行”单选按钮后，先由上向下再由左至右打印；单击“先行后列”单选按钮后，先由左至右再由上向下打印。

【提示】用户除了使用“页面设置”对话框进行页面设置外，还可以在“页面布局”选项卡使用“页面设置”组中的功能按钮进行页面设置。

第 10 章

PowerPoint 2010 基础

PowerPoint 2010 是微软公司推出的 Office 2010 系列软件中重要的组件之一，是简便易用的多媒体演示文稿制作与播放软件。由它制作的文件，称为演示文稿。PowerPoint 2010 演示文稿默认的扩展名为 pptx，以后会常将 PowerPoint 2010 简称 PPt 或 PPT。演示文稿中可以同时包含文字、数据、图表、图形图像、声音以及视频等多种信息，通常应用于多媒体教学、会议、网页及 CAI 等领域，是进行信息发布、学术交流、商务会议、演讲授课的有效工具。

本章学习目标：

- 掌握 PowerPoint 2010 的基本操作；
- 掌握 PowerPoint 2010 创建和编辑文本的方式。

10.1 启动/退出 PowerPoint 2010

1. 启动方式

启动 PowerPoint 应用程序的方法有多种，这里只介绍三种最基本的方法：

①选择“开始”菜单中的“所有程序”→“Microsoft Office”→“Microsoft PowerPoint 2010”即可启动 PowerPoint。

②双击 PowerPoint 2010 图标即可启动 PowerPoint。

③在桌面的空白处右击，新建一个“Microsoft Office PowerPoint 文档”后，双击文件图标。启动 PowerPoint 2010 后，将自动新建一个空白文档。

2. 退出方式

PowerPoint 2010 的退出方式，常见的有以下 4 种：

①单击 PowerPoint 2010 窗口右上角的“关闭”按钮。

②右击标题栏，在弹出的快捷菜单中选择“关闭”命令。

③双击左上角 PowerPoint 按钮。

④单击 PowerPoint 按钮，在弹出的菜单中选择“关闭”命令。

10.2 PowerPoint 2010 窗口和视图方式

10.2.1 PowerPoint 窗口

启动 PowerPoint 2010 后直接打开如图 10－1 所示的 PowerPoint 窗口。PowerPoint 2010 窗口与之前的版本相比有了较大的调整，在普通视图下 PowerPoint 窗口由标题栏、快速访问工具栏、功能区、视图窗格、幻灯片窗格、备注窗格和状态栏等组成。

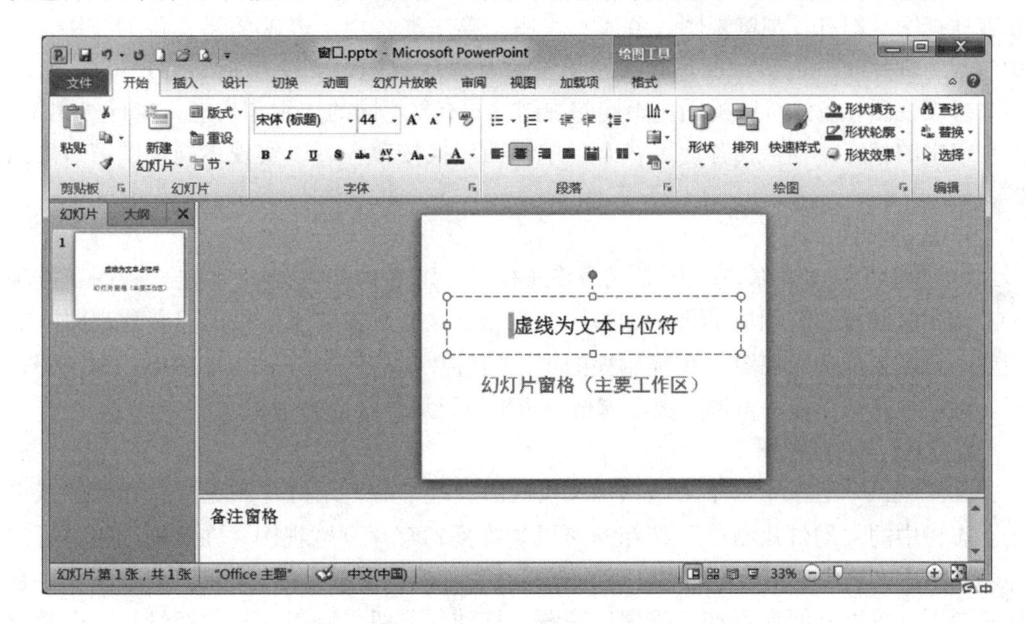

图 10－1 PowerPoint 普通视图窗口

1. 视图窗格

在普通视图（默认视图方式）下，视图窗格在窗口的左侧。视图窗格中包含“幻灯片”和“大纲”两个选项卡 幻灯片 大纲 ×，默认为“幻灯片”选项卡，如图 10－1 所示。可以认为在“幻灯片”选项卡状态下就是“幻灯片”视图方式，而在“大纲”选项卡状态下就是“大纲”视图方式。

2. 幻灯片窗格

幻灯片窗格是查看和编辑幻灯片元素的操作平台，用于显示当前幻灯片的整体外观，是 PowerPoint 窗口的主要工作区（编辑区）。每张幻灯片的元素可以包含文本、图形、SmartArt 图形、表格、图表、文本框、影片、声音、超链接、动画等。

3. 占位符

在幻灯片窗格中，系统给用户建立了预留框，即在图 10－1 中看到的周边是虚线（或阴影线）的方框，这就是所谓的占位符。占位符具有 Word 文本框的特性，可以对其颜色、位置、大小等进行设置，甚至删除。新建文稿中默认有两个文本占位符，即“标题”占位符和“副标题”占位符，在这些占位符内可以添加标题、副标题和正文等。

4. 备注窗格

备注窗格在幻灯片窗格的下方，在其中可以为幻灯片添加注释性备注。可以将备注打印出来并在放映演示文稿时进行参考。该备注在幻灯片放映时不会出现，可以让观众在网页上看到。如果需要在备注窗格中含有图形，则必须在备注页视图下添加。

10.2.2 演示文稿视图方式

PowerPoint 2010 提供了 3 类视图方式。第一类是用于编辑演示文稿的视图，其中包括普通视图、幻灯片浏览视图、备注页视图。第二类是用于放映演示文稿的视图，其中包括幻灯片放映视图和阅读视图。第三类是母版视图，其中包括幻灯片母版视图、讲义母版视图和备注母版视图。不同的视图方式有着不同的作用和功能，执行“视图”选项卡中的相应命令，或者使用状态栏中视图切换按钮，可以实现不同视图窗口之间的切换。

1. 普通视图

PPt 默认和主要的编辑视图方式是普通视图，如图 10-1 所示。单击“视图”选项卡“演示文稿视图”组中的“普通视图”按钮，或单击状态栏中的“普通视图”按钮可以切换到普通视图。在普通视图中，幻灯片工作区被分成 3 个窗格，即视图窗格、幻灯片窗格和备注窗格。拖动窗格的边框可以调整相应窗格的大小。

2. 幻灯片浏览视图

在“视图”选项卡，单击“演示文稿视图”组中的“幻灯片浏览”按钮，或单击状态栏中的“幻灯片浏览”按钮可以切换到幻灯片浏览视图。在此视图下，可以显示出演示文稿中的所有幻灯片，这些幻灯片以缩略图方式显示，如图 10-2 所示。在此视图下，可以方便地添加、排序、隐藏、移动、剪切、复制、删除幻灯片，以及设置幻灯片的切换。还可以在幻灯片浏览视图中添加节，并按不同的类别或节对幻灯片进行排序。

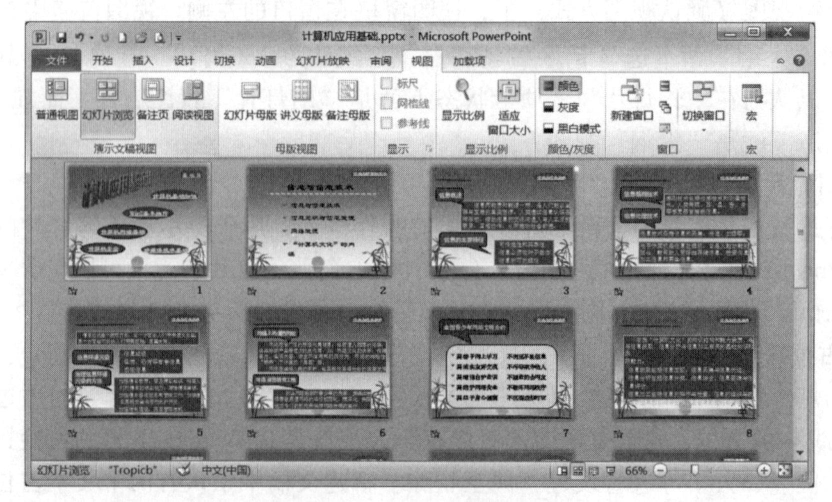

图 10-2　幻灯片浏览视图

3. 备注页视图

在“视图”选项卡，单击“演示文稿视图”组中的“备注页”按钮，可以切换到备注页视图。该视图分为上下两部分，上面部分是当前幻灯片的缩略图，下面部分为一个文本框，可以输入当前幻灯片的备注信息。如图 10－3 所示。

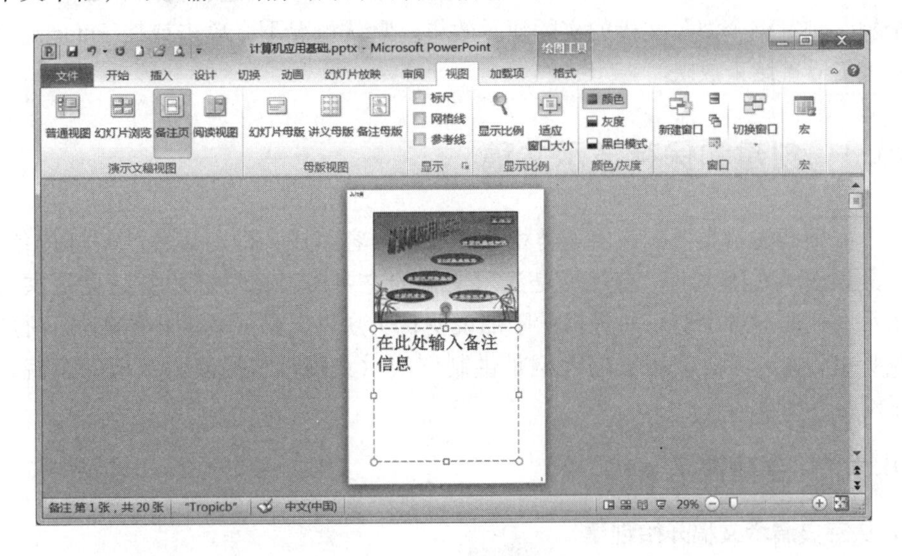

图 10－3　备注页视图

4. 阅读视图

在“视图”选项卡，单击“演示文稿视图”组中的“阅读视图”按钮，或单击状态栏中的“阅读视图”按钮可以切换到阅读视图，如图 10－4 所示。在此视图方式下，会自动隐藏功能区和左侧的视图窗格，只保留标题栏和状态栏，方便对演示文稿的阅读。如果需要对演示文稿进行修改，可以随时从阅读视图切换到其他视图。具体方法为：在状态栏上直接单击其他视图按钮，或直接按 Esc 键退出阅读视图方式即可。

图 10－4　阅读视图

5. 幻灯片放映视图

在“幻灯片放映”选项卡，单击“开始放映幻灯片”组中的“从头开始”按钮或者“从当前幻灯片开始”按钮，或单击状态栏中的“幻灯片放映”按钮可以切换到幻灯片放映视图。在此视图方式下，幻灯片以全屏方式进行播放，能够展示幻灯片的全貌，浏览整个演示文稿的实际演示效果。默认情况下，单击或按 Enter 键显示下一张，按 Esc 键结束放映。

10.3 创建和保存演示文稿

一个完整的演示文稿应该由 4 类相互关联的内容组成，即幻灯片、幻灯片备注页、听众讲义和演示文稿大纲。幻灯片是演示文稿的主要内容；幻灯片备注页是供演讲人宣读演示文稿时对各个幻灯片进行的附加说明；听众讲义是一套缩小的幻灯片打印件，供听众听报告时参考；演示文稿大纲是供制作演示文稿时掌握演示文稿的全貌，也可供演示幻灯片时参考。

10.3.1 创建演示文稿

1. 从空白演示文稿开始创建

创建一个空白演示文稿，然后再按照自己的设计思路制作演示文稿，这是一般用户常用的方法。启动 PowerPoint 2010 时，程序会自动创建一个空白演示文稿。另外，在“快速访问工具栏”单击“新建”按钮；或按 Ctrl + N 组合键，创建空白演示文稿。也可以通过“文件”选项卡中的“新建”命令，创建空白演示文稿，如图 10 - 5 所示。

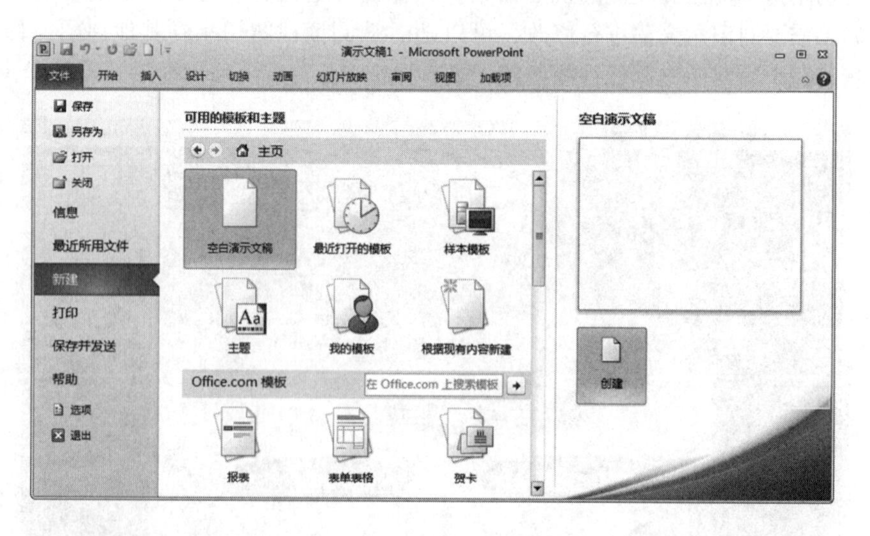

图 10 - 5　使用“新建”命令创建空白演示文稿

2. 根据模板和主题创建演示文稿

模板是一张幻灯片或一组幻灯片的图案或蓝图。模板中一般包含了版式、主题颜色、主题字体、主题效果和背景样式等内容。用户可以根据 PowerPoint 提供的样本模板来创建演示文稿。当用户选择某一模板后，演示文稿中所有幻灯片的格式都与样本模板的格式一致。主题不仅包含单张幻灯片中的文本或图形，还包含主题颜色、字体、效果、背景和某种版式。主题适用于演示文稿中的所有部件，包括文本和数据。

采用模板或主题方法创建演示文稿不必再为每张幻灯片确定设计配色方案，大大节约了用户的时间，具有简便、易操作、效果好等优点。

3. 根据现有演示文稿创建演示文稿

如果用户想借鉴已有的演示文稿创建新演示文稿，可以采用以下方法和操作步骤：

①执行“文件”选项卡中的“新建”命令。在打开的“可用的模板和主题”窗口中单击“根据现有内容新建”，则打开如图 10－6 所示的“根据现有演示文稿新建”对话框。

②找到并双击某个演示文稿即可根据现有演示文稿创建新的演示文稿。

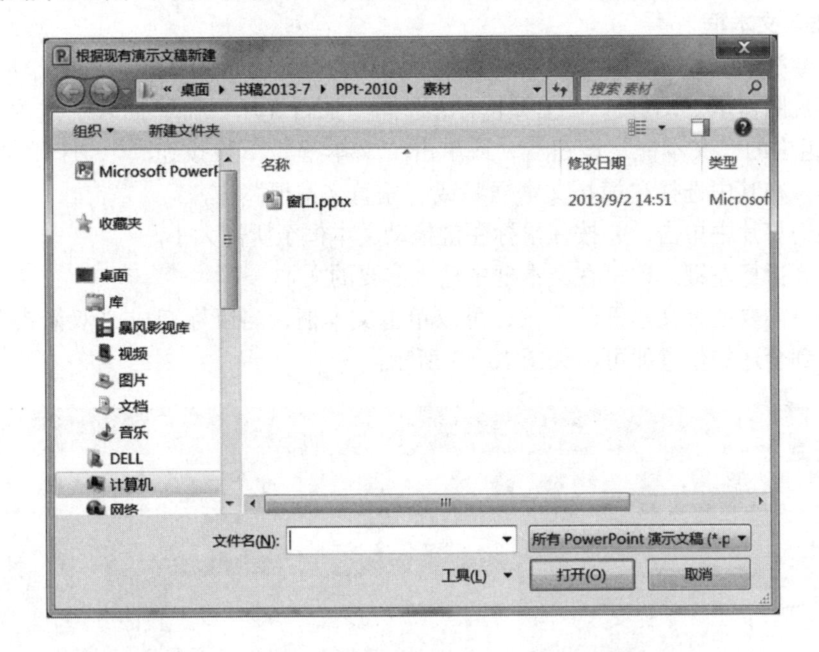

图 10－6　“根据现有演示文稿新建”对话框

10.3.2　保存演示文稿

当用户创建了一个新演示文稿或对旧演示文稿进行修改后，就需要对演示文稿进行保存，其具体操作步骤如下：

①像在 Word 和 Excel 窗口一样，在 PowerPoint 窗口中，直接单击快速访问工具栏上的“保存”按钮；或按“Ctrl＋S”组合键；或在“文件”选项卡中选择“保存”或“另存为”命令，打开“另存为”对话框。

②首先在此对话框选择演示文稿保存的位置；在“文件名”文本框输入演示文稿的名称；在“保存类型”下拉列表选择保存类型，默认保存类型为“PowerPoint 演示文稿（*.pptx）”；单击 工具(L) 下拉按钮，选择“常规选项”可以设置密码。

③单击“保存”按钮，演示文稿被保存，此后标题栏会显示出该演示文稿的名称。

10.4 创建文本

幻灯片的制作过程实际上就是幻灯片内容的输入过程。幻灯片的内容只有文本必须在文本框中出现，如标题和副标题文本框。还有绘制的图形，插入的图片、剪贴画、艺术字、文本框和公式等，在这些对象中，有的以“浮于文字上方”环绕方式出现，如插入的图片、剪贴画和绘制的图形等，有的以文本框的形式出现，如公式和艺术字等。

10.4.1 文本框

要添加文本到幻灯片，需要使用占位符、文本框、绘制的图形和艺术字等形式的对象。标题占位符实际上也是文本框，文本框是进行文本输入和编辑最常用的对象。

1. 插入文本框

在普通视图方式下（如果没有特意说明都认为是普通视图方式）的操作步骤如下：

①在视图窗格“幻灯片”选项卡单击选择一张幻灯片。在“插入”选项卡，单击“文本”组中的“文本框”按钮，或单击“文本框”下拉按钮，打开“文本框”下拉菜单，在其中选择“横排文本框”或“垂直文本框”。

②在幻灯片中单击，并按住鼠标左键拖动文本框至所需大小。

③松开鼠标左键，即可在文本框中输入需要的文本。

④如果需要调整文本框的位置，可以单击文本框，当鼠标变成“双箭头”时将文本框拖动到合适的位置即可，如图 10－7 所示。

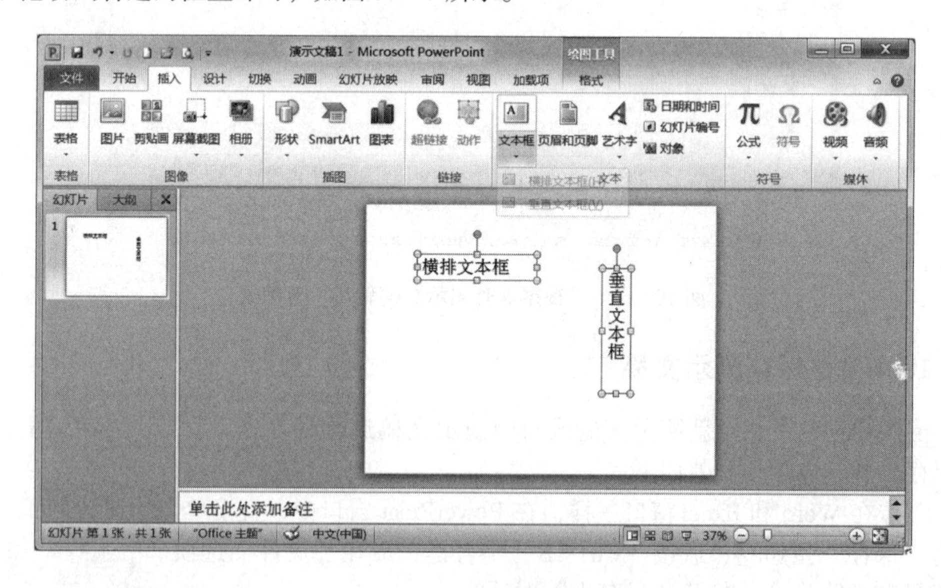

图 10－7 插入文本框

2. 设置文本框样式

通过设置文本框的样式，可以对文本框的大小、位置、颜色和填充等进行设置，达到美化文本框并满足用户的不同需要。

右击需要进行设置的文本框，在弹出的快捷菜单中选择“设置形状格式”或“大小和位置”命令，打开“设置形状格式”对话框，如图10-8所示。

图10-8　“设置形状格式”对话框

(1) 设置填充

单击“设置形状格式”对话框中的“填充”选项，可以设置文本框的填充方式。选择其中不同的单选按钮，在对话框右侧会出现不同的设置选项，进行相应设置即可完成对文本框的填充。

(2) 设置线条颜色

单击“设置形状格式”对话框中的“线条颜色”选项，可以对文本框边框的线条颜色进行设置。线条颜色的设置包括无线条、实线和渐变线等3种方式。

(3) 设置线型

单击“设置形状格式”对话框中的“线型”选项，可以对文本框边框的线型进行设置。主要包括了线型的宽度、复合类型、短画线类型、线端类型、连接类型等的设置。

(4) 设置三维旋转

单击“设置形状格式”对话框中的“三维旋转”选项，可以对文本的三维旋转进行设置。可以在“预设”下拉列表选择一种“三维旋转”方式，或直接在“旋转”栏设置三维旋转的角度。

(5) 设置位置

除了通过拖动文本框改变位置外，还可以通过“设置形状格式”对话框中的“位置”选项对文本框的位置进行调整。在“水平”和“垂直”数值框中直接输入数值，可以直接设定文本框在幻灯片中距离左上角或居中的位置。

(6) 设置文本框对齐方式和内部边距

单击“设置形状格式”对话框中的“文本框”选项。可以对文本框的水平对齐方式（竖排）、垂直对齐方式（横排）、文字方向、内部边距等进行设置。

通常情况下，在文本框输入的文字距离文本框四周边框的距离是默认设置好的。其实，用户可以通过减少文本框的内部边距，获得更大的设计空间，使文本框容纳更多的文字信息。在“内部边距”选项组的左、右、上、下数值框中重新输入数值即可。

10.4.2 输入文本

1. 输入文字

(1) 在文本占位符中输入文字

在普通视图中，幻灯片窗格会出现“单击此处添加标题”或“单击此处添加副标题”等提示性文本占位符。在“文本占位符”中输入文本是 PPT 中最基本、最方便的一种输入方式。具体操作步骤如下：

①单击幻灯片窗格中的“文本占位符”，提示性文本变为闪动的光标。

②在光标处直接输入文字，新输入的文字替换了原来“文本占位符”中的文字。

(2) 在视图窗格的“大纲”选项卡中输入文字

在视图窗格“大纲”选项卡中可以直接输入文字，并同时可以浏览幻灯片的内容。具体操作步骤如下：

①单击幻灯片视图窗格中的“大纲”选项卡，切换至“大纲”窗口。

②在“大纲”窗口幻灯片图标后面单击鼠标，切换至编辑状态。

③在光标后面直接输入文字，输入的内容自动替换原来“标题占位符”中的文字，如图 10-9 所示。

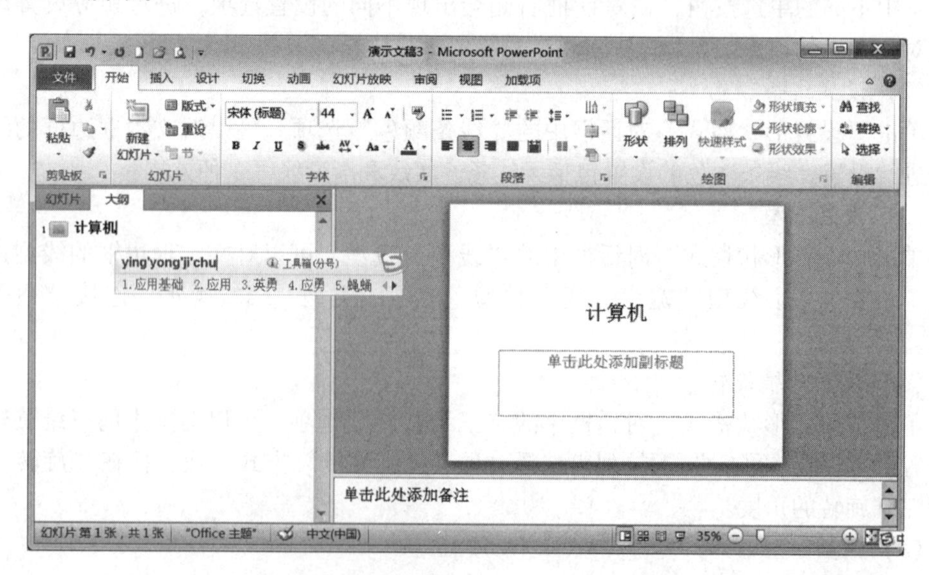

图 10-9 在“大纲”选项卡中输入文字

【提示】一般情况下，在“文本占位符”中输入的文字都将作为幻灯片的标题或者副标题。在“大纲”选项卡中输入的文字就是幻灯片的标题。

(3) 在文本框中输入文字

如果想在幻灯片中输入正文或者大段的文字内容，可以通过文本框来实现。其具体操作步骤如下：

①在幻灯片中插入一个文本框，并对文本框的样式进行设置。

②单击文本框，直接进行文字的输入或者将大段的文字进行复制粘贴即可。

③输入的文本若超过文本框的长度，会自动转到下一行。如果需要另起一个段落，应该按 Enter 键。

(4) 输入符号

①在“插入”选项卡，单击“符号”组中的“符号”按钮Ω，打开如图 10－10 所示的“符号”对话框。

②插入符号的方法与在 Word 中插入符号的方法相同。首先在“字体”下拉列表选择“Wingdings”字体，然后选择符号进行插入操作。

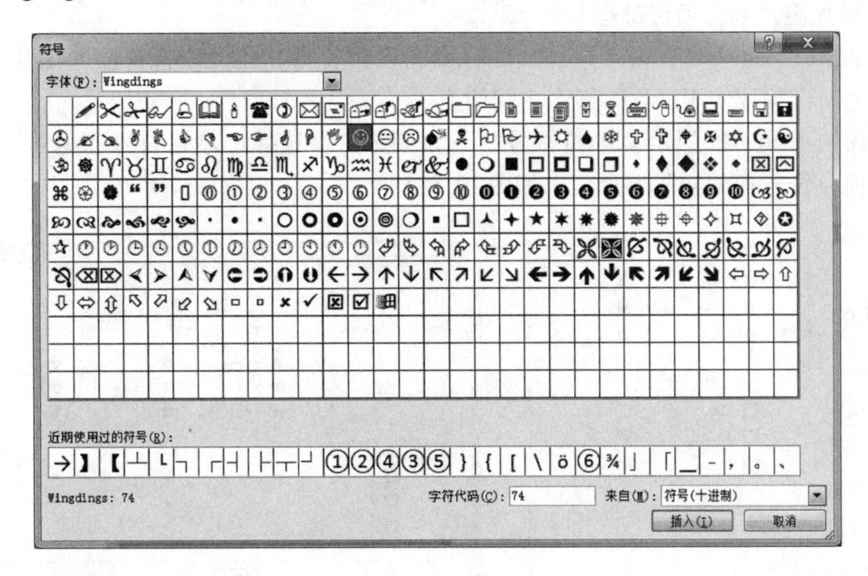

图 10－10 “符号”对话框

(5) 输入公式

①在“插入”选项卡，单击“符号”组中的“公式”按钮π，功能区中出现了“公式工具”的“设计”选项卡，如图 10－11 所示。

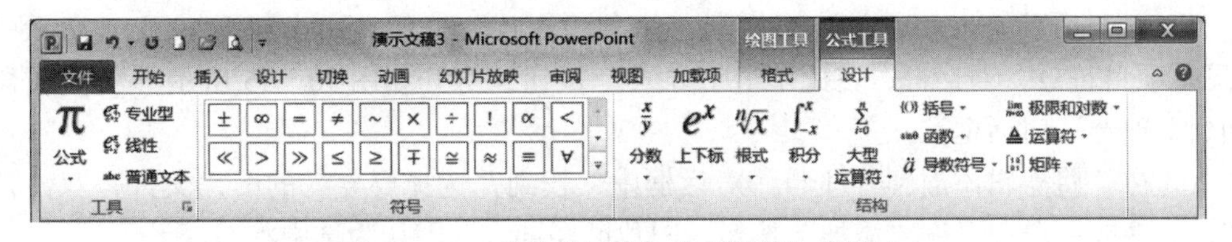

图 10－11 “公式工具”的“设计”选项卡

②像在 Word 中一样，在“设计”选项卡的“工具”、“符号”和“结构”三个组中，找到需要的公式类型，单击相应按钮即可进行公式的插入。

【提示】如果需要插入一些常用的大型公式，可以直接单击“插入”选项卡“符号”组中的“公式”下拉按钮，从弹出的快捷菜单中选择需要的公式类型即可。

（6）添加项目符号或编号

在幻灯片中，根据内容适当添加项目符号或编号，可以使文本结构清晰，便于阅读。具体操作步骤如下：

①选中需要添加项目符号或编号的文本或文本行。

②在“开始”选项卡，单击“段落”组中的“项目符号”按钮（若添加编号则单击“编号”按钮），即可为文本添加默认样式的项目符号（或编号）。

③单击“项目符号”按钮右侧的下拉箭头（或“编号”按钮右侧的下拉箭头），打开如图 10－12 所示“项目符号”下拉菜单，在其中可以选择不同样式的项目符号（或编号）。

2. 导入图片制作项目符号

在 PowerPoint 中可以直接添加软件自带的项目符号，还可以将自己的图片文件导入，作为项目符号使用。具体操作步骤如下：

①在如图 10－12 所示“项目符号”下拉菜单中，选择“项目符号和编号”选项，弹出“项目符号和编号”对话框，如图 10－13 所示。

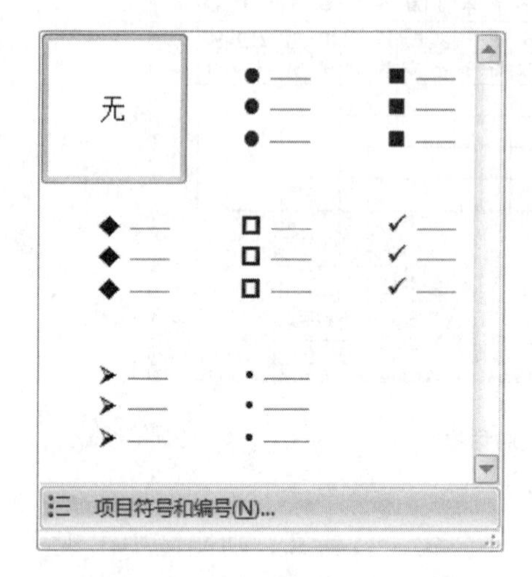

图 10－12　“项目符号”下拉菜单

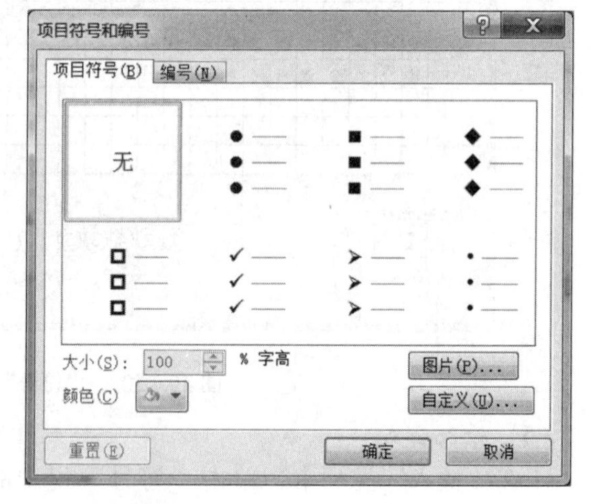

图 10－13　“项目符号和编号”对话框

②在“项目符号和编号”对话框，单击“图片”按钮，弹出如图 10－14 所示的“图片项目符号”对话框，在此单击“导入”按钮，打开如图 10－15 所示“将剪辑添加到管理器”对话框。

③在“将剪辑添加到管理器”对话框中，找到并选择要导入的图片文件，双击该图片文件或单击右下角“添加”按钮，图片已经导入并默认为选中状态。

④单击“确定”按钮，即可将导入的图片作为项目符号添加到文本中。

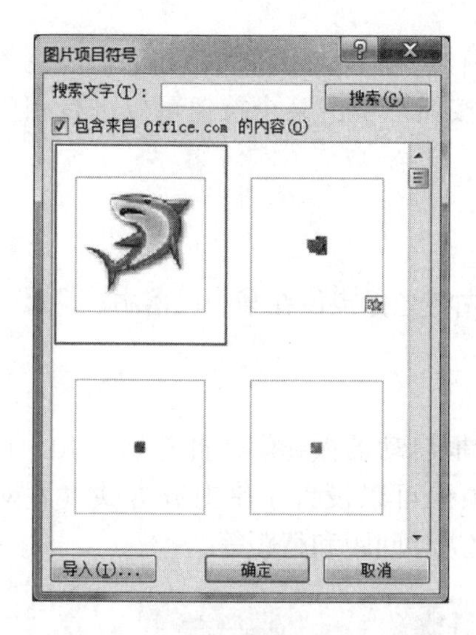

图 10-14 “图片项目符号”对话框

图 10-15 “将剪辑添加到管理器”对话框

10.5 编辑文本

10.5.1 字符格式设置

字符格式设置针对的是字符对象，所以首先应该选择字符文本。

1. 利用“字体”对话框

操作步骤如下：

①在“开始”选项卡，单击“字体”组的对话框启动器按钮，打开如图 10-16 所示的“字体”对话框。

②在“字体”选项卡，可以设置中文字体、西文字体、字体样式、大小、效果、字体颜色、下划线线型、下划线颜色等。

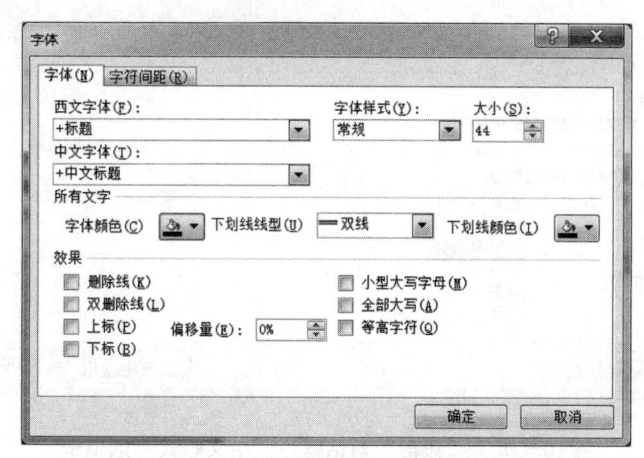

图 10-16 “字体”对话框→“字体”选项卡

2. 利用“字体”组的按钮

在“开始”选项卡的“字体”组中，有设置字体、字号、字符间距和字体颜色的下拉按钮，还有加粗、倾斜、下划线和清除格式等按钮，单击某个按钮可以进行相应的格式设置。

10.5.2 段落格式设置

段落格式设置针对的对象是整个段落，所以首先将光标定位在某一段落中。

1. 利用“段落”对话框

操作步骤如下：

①在“开始”选项卡，单击“段落”组的对话框启动器按钮，打开如图10－17所示的“段落”对话框。在其“缩进和间距”选项卡可以设置水平对齐方式（左对齐、右对齐、居中对齐、两端对齐和分散对齐）、缩进、间距和行距等。

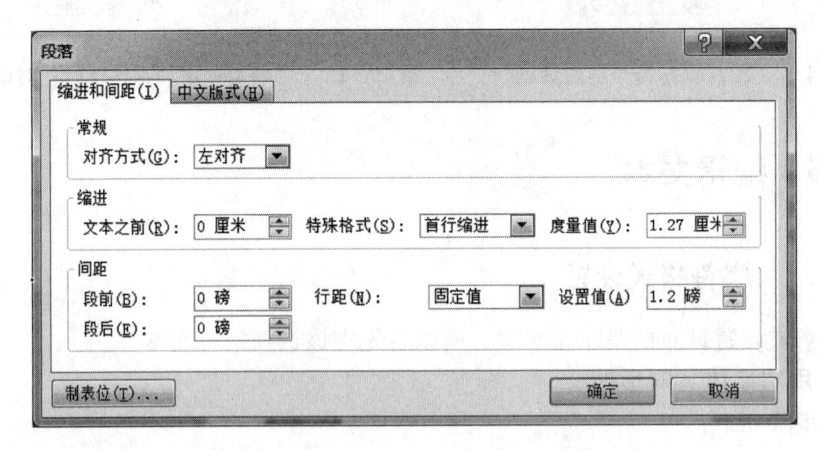

图10－17 “段落”对话框→“缩进和间距”选项卡

②选择“段落”对话框的“中文版式”选项卡，利用其“文本对齐方式”下拉列表可以设置段落的垂直对齐方式，如图10－18所示。

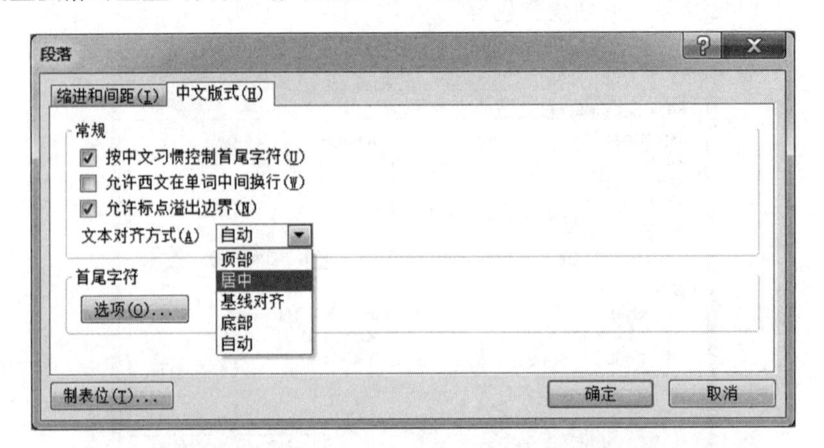

图10－18 “段落”对话框→“中文版式”选项卡

2. 利用“段落”组的按钮

在“开始”选项卡的“段落”组中，有设置水平对齐方式的 4 个按钮，还有设置分栏、行距、文字方向和对齐文本（垂直方向）下拉按钮，单击某个按钮可以进行相应的格式设置。

第 11 章

PowerPoint 的高级应用

频繁使用单调的文字很容易使人对演示文稿的内容失去兴趣，往往达不到良好的展示效果。PowerPoint 为用户提供了表格、图片、剪贴画、屏幕截图、相册、自选形状图形、SmartArt 图形、图表和艺术字等功能。在幻灯片中使用音频和视频，会使幻灯片更具感染力，给人留下更加深刻的印象。灵活使用母版、排练计时等功能，制作出有独特风格的演示文稿。利用这些功能可以制作出更加出色、漂亮和专业的演示文稿。

本章学习目标：

- 掌握 SmartArt 图形和相册的创建和编辑方法；
- 掌握幻灯片的高级操作；
- 掌握幻灯片的修饰方法。

11.1　SmartArt 图形和相册

频繁使用单调的文字很容易使人对演示文稿的内容失去兴趣，往往达不到良好的展示效果。PowerPoint 为用户提供了表格、图片、剪贴画、屏幕截图、相册、自选形状图形、SmartArt 图形、图表和艺术字等功能。利用这些功能可以制作出更加出色、漂亮和专业的演示文稿。下面主要介绍 SmartArt 图形和相册，其他参见本书 Word 或 Excel 部分。

11.1.1　SmartArt 图形

利用 SmartArt 图形功能，可以创建组织结构图、层次结构图、演示过程或工作流程图，使用 SmartArt 图形可以快速、轻松、有效和形象地传达各种信息。

1. 创建 SmartArt 图形

在演示文稿中创建 SmartArt 图形的具体步骤如下：

①选中一个幻灯片，在“插入”选项卡单击“插图”组中的“SmartArt”按钮，打开“选择 SmartArt 图形”对话框，如图 11－1 所示。

②在该对话框的左侧列表对 SmartArt 图形进行了分类，如：列表、流程、循环、层次结构等，用户可以根据具体应用来选择创建 SmartArt 图形。在此我们选择“圆形

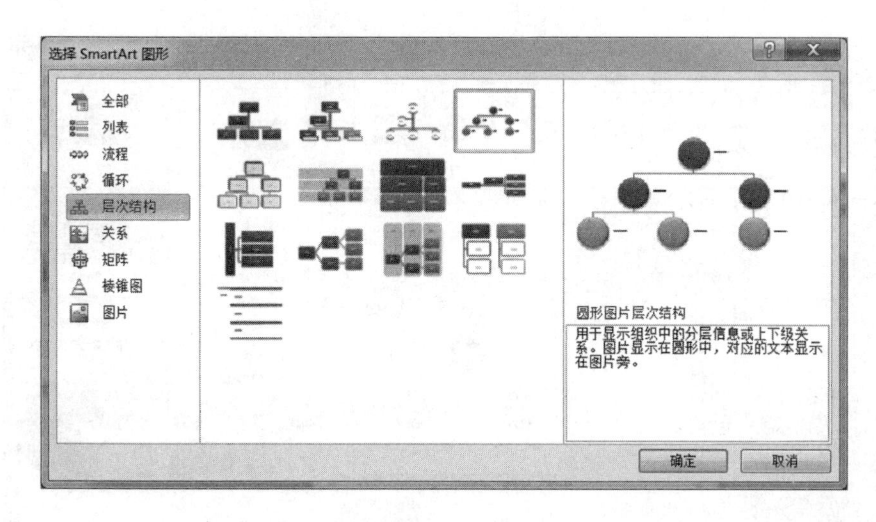

图 11－1 “选择SmartArt 图形”对话框

图片层次结构图”，单击“确定”按钮，完成 SmartArt 图形的创建，如图 11－2 所示，其中有 6 个文本占位符和 6 个用于插入图片的图形占位符。

③在图形占位符插入图片。在文本占位符输入文字，也可以单击左侧的“文本窗格”中对应的“文本”进行文字的编辑与添加。

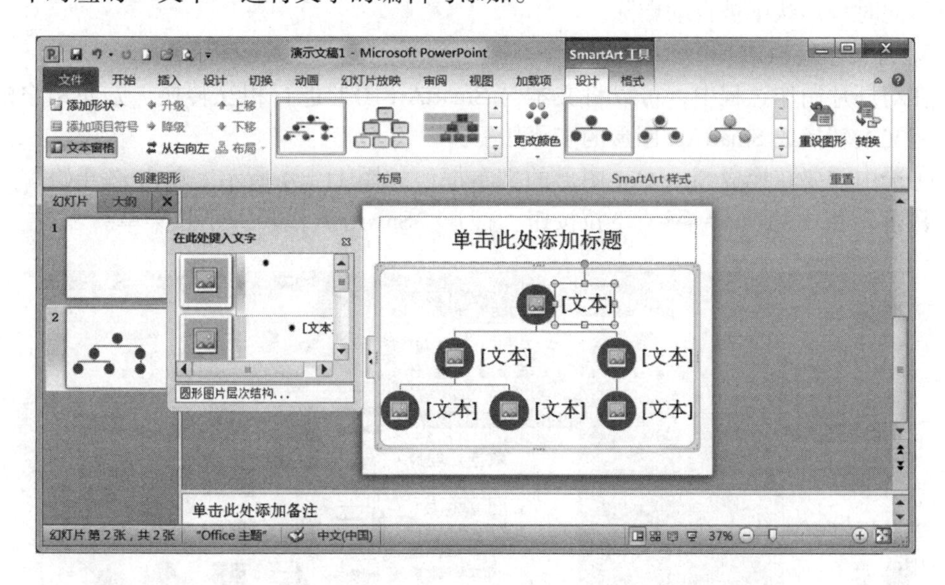

图 11－2 在SmartArt 图形中输入文字

2. 编辑 SmartArt 图形

(1) 在 SmartArt 图形中添加形状

在创建 SmartArt 图形后，可以根据实际需要对图形的内容进行添加或删除。右键单击 SmartArt 图形中要添加新形状位置最近的一个形状，在弹出的快捷菜单中单击“添加形状”，在随后选择一个添加方式即可，如图 11－3 所示；或在“设计”选项卡的“创建图形”组选择“添加形状”下拉菜单，在其中选择一个即可。

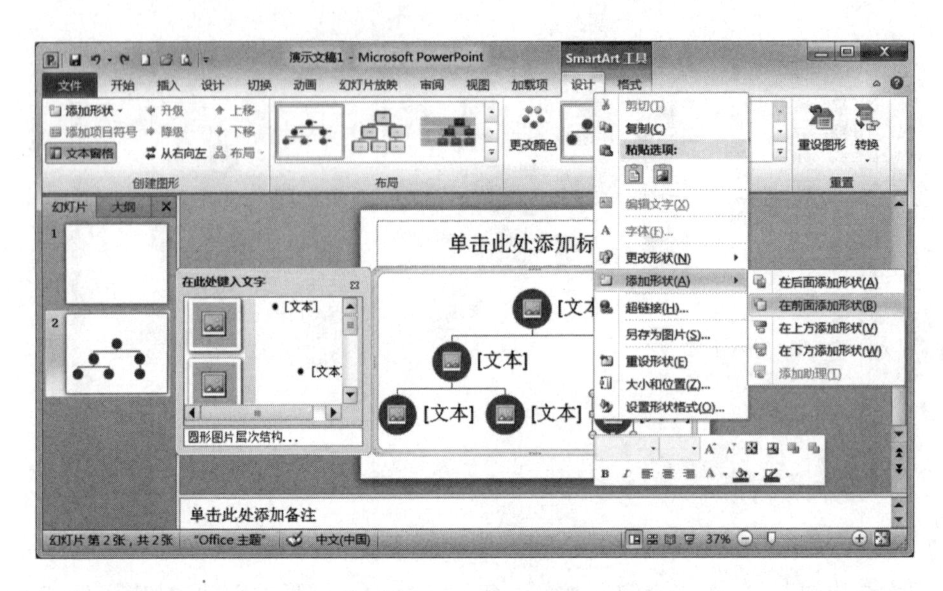

图 11－3　添加形状

（2）在 SmartArt 图形中删除形状

若要从 SmartArt 图形中删除某个形状，首先用 Delete 键删除该形状对应的所有文本框，此时该形状则被自动删除。

3. 将文本转换成 SmartArt 图形

在幻灯片制作过程中，可以将文本与 SmartArt 图形进行相互转换，方便用户的使用。将文本转换成 SmartArt 图形的步骤如下：

①选中需要转换成 SmartArt 图形的文本框，如图 11－4 所示。单击“开始”选项卡“段落”组中的 转换为 SmartArt 下拉按钮，打开“SmartArt 图形”下拉菜单。

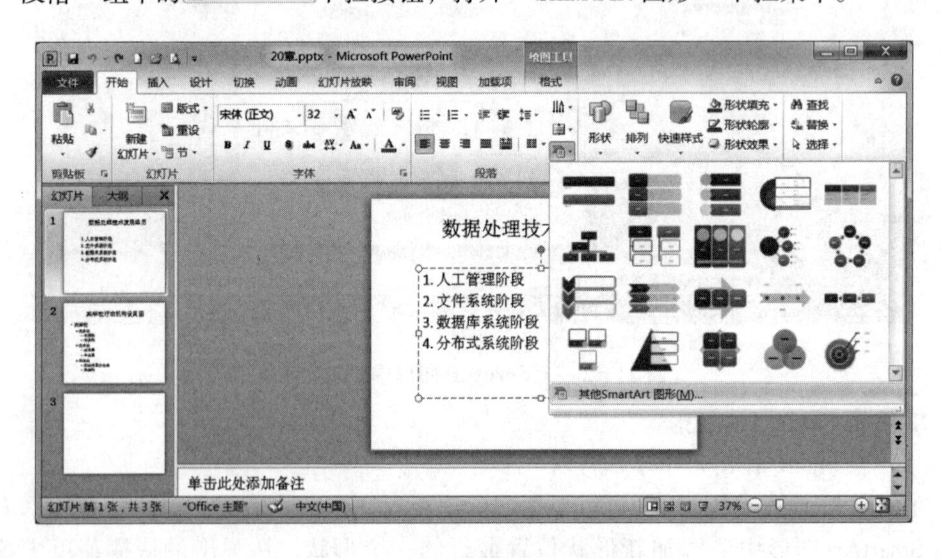

图 11－4　选中需要转换的文本框

②在弹出的下拉菜单中单击选择 SmartArt 图形样式，如“基本流程”，得到如图

11 -5 所示的效果。

③如果在“SmartArt 图形”下拉菜单选择“其他 SmartArt 图形”命令，则打开“选择 SmartArt 图形”对话框，在此用户可以选择更多的 SmartArt 图形，如选择“流程”中的“步骤上移流程”，得到如图 11 - 6 所示的效果。

数据处理技术发展经历

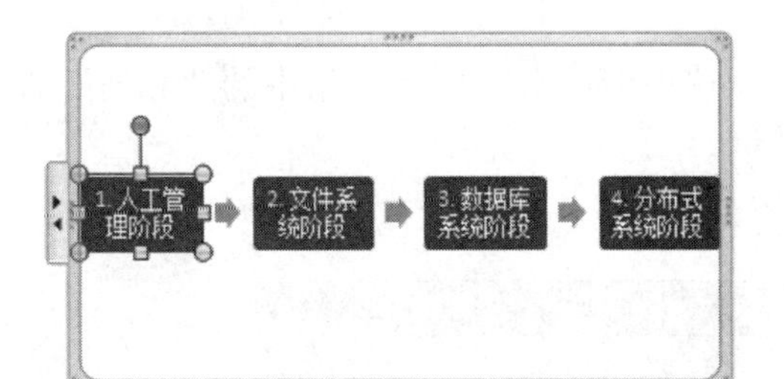

图 11 - 5　转换成“基本流程”

数据处理技术发展经历

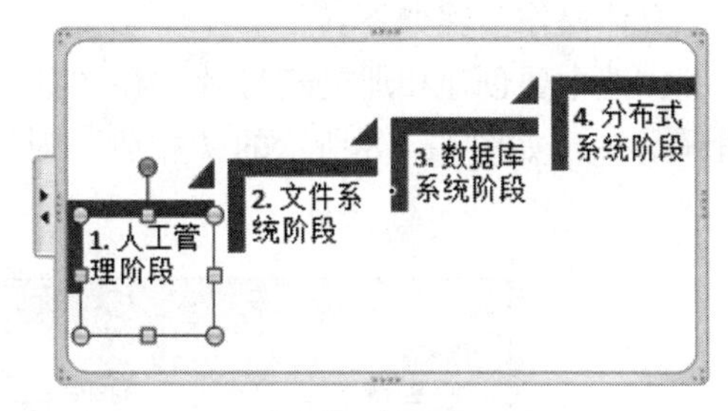

图 11 - 6　转换成“步骤上移流程”

4. 将 SmartArt 图形转换成文本

选中要转换成文本的 SmartArt 图形，选择“SmartArt 工具”的“设计”选项卡，单击“重置”组中的“转换”下拉按钮，从弹出的下拉列表中单击“转换为文本”命令，如图 11 - 7 所示，即可将 SmartArt 图形转换成文本。

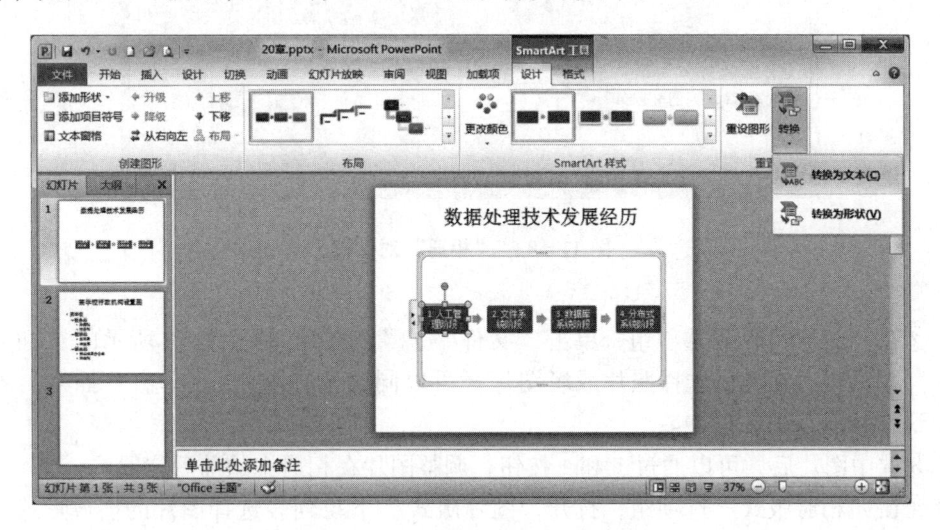

图 11 - 7　转换所使用的工具按钮

注意：在选择文字转化成SmartArt图形时，尽可能选择结构清晰、文字简洁的文本作为转换的对象。同时根据文字的表述内容选择合适的SmartArt图形。

11.1.2 创建相册

随着数码技术的广泛应用，越来越多的人开始学习制作电子相册。PowerPoint 2010 增加了制作电子相册的功能，可以轻松、方便地创建漂亮的电子相册。所谓“相册”就是根据一组照片创建或编辑一个演示文稿，每张幻灯片中可能有一张照片或多张照片。

具体操作步骤如下：

①选中要创建相册的幻灯片，在“插入”选项卡单击“图像”组中的“相册”按钮，弹出如图 11－8 所示的“相册”对话框。

图 11－8　“相册”对话框

②在“相册内容”选项组，单击“文件/磁盘”，打开如图 11－9 所示的“插入新图片”对话框，在其中选择照片或者图片（可以同时选择多张），单击“插入”按钮返回到“相册”对话框中。

③选中图片后，可以通过和按钮，调整图片在相册中的前后位置。

④在“相册版式”选项组，打开“图片版式”下拉列表选择图片的播放形式，以确定每张幻灯片播放几张图片以及是否带标题播放等。打开“相框形状”下拉列表选择图片的形状，如“圆角矩形”。

⑤在“主题”下拉菜单中为相册选择一个主题，单击“创建”按钮，相册创建完毕如图 11－10 所示。

图 11-9 “插入新图片”对话框

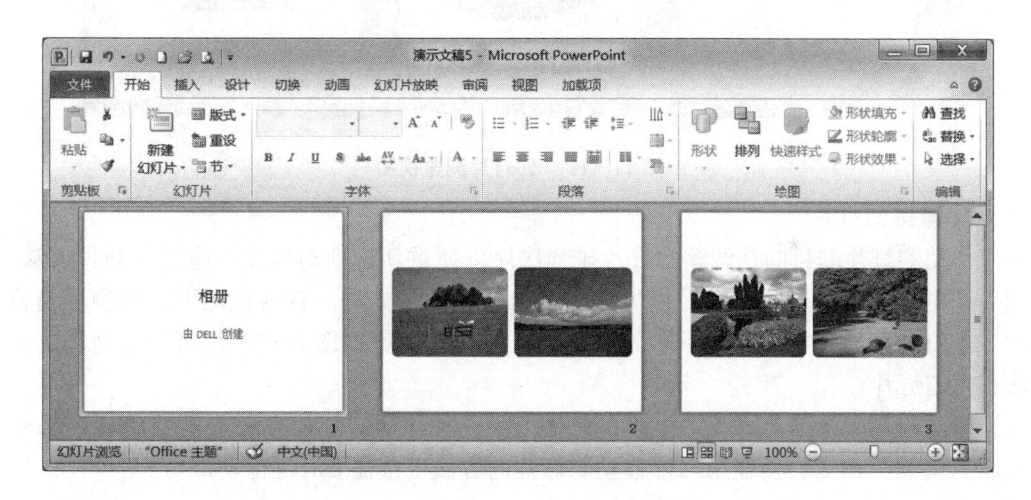

图 11-10 创建好的相册

11.2 幻灯片的高级操作

11.2.1 删除、隐藏和重排幻灯片

有些情况下，希望演示文稿中的某些幻灯片不被放映，或者不按幻灯片原有的顺序放映，这时应将这些幻灯片隐藏起来或重排幻灯片。

1. 删除幻灯片

在普通视图窗格的“幻灯片”选项卡或“大纲”选项卡，选中一张或多张幻灯片，按 Delete 键或 Backspace 键都可以将选中的幻灯片删除。

2. 隐藏幻灯片

操作步骤如下：

①在状态栏单击“幻灯片浏览”视图切换按钮，进入如图 11－11 所示的幻灯片浏览视图。

②选择需要隐藏的一张或多张幻灯片，例如：单击选择第 3 张幻灯片。

③在其右键快捷菜单中选择“隐藏幻灯片”命令，或单击“幻灯片放映”选项卡中的“隐藏幻灯片”按钮，此时可以看到第 3 张幻灯片的标号 3 变为带有隐藏符号的标号。

④若要取消幻灯片的隐藏，就再重复执行一次“隐藏幻灯片”命令即可。

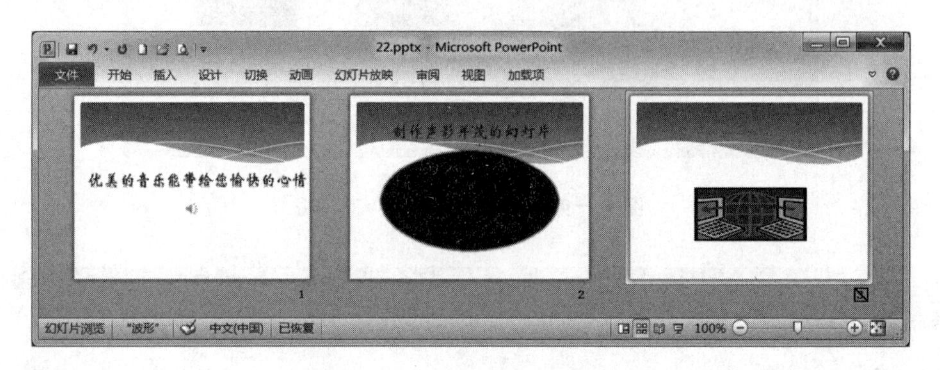

图 11－11　幻灯片浏览视图

3. 重排幻灯片

移动幻灯片的目的是调整幻灯片排列次序以便重新排列幻灯片。通常有两种方法，其一是先“剪切”后“粘贴”的方法，其二是拖动的方法。普通视图下，在视图窗格的“幻灯片”选项卡或“大纲”选项卡或在幻灯片浏览视图方式下都可以用拖动的方法移动幻灯片。

复制幻灯片与移动幻灯片相似，只是把第一种移动幻灯片方法中的“剪切”命令变成“复制”命令，而在第二种移动幻灯片的方法中按住 Ctrl 键拖动即可。

11.2.2　插入编号、日期和时间

1. 插入幻灯片的当前编号

在演示文稿中每插入一张幻灯片，PowerPoint 就会自动为其编号，且默认从 1 开始。在“设计”选项卡单击“页面设置”组中的“页面设置”按钮，打开如图 11－12 所示的“页面设置”对话框，在“幻灯片编号起始值”数值框改变编号的起始值，如 0。

如果要在幻灯片中插入幻灯片的当前编号，则采用如下方法和操作步骤：

①选择一张幻灯片，并使光标定位在当前幻灯片的某个文本框内。

②在“插入”选项卡，单击“文本”组的“幻灯片编号”按钮即可。

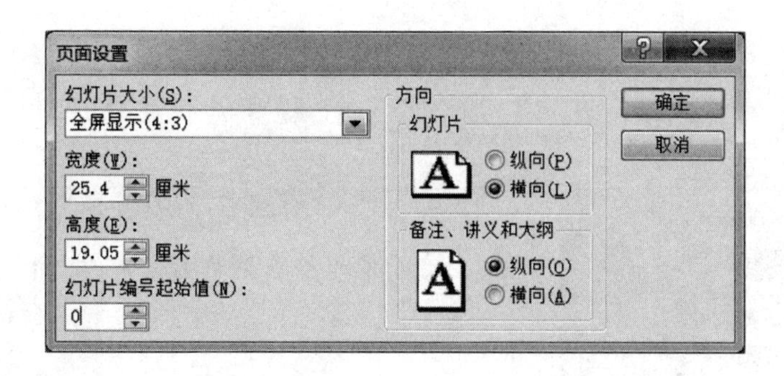

图 11-12 “页面设置”对话框

2. 在幻灯片中插入当前日期和时间

如果要在幻灯片中插入当前日期和时间，则采用如下方法和操作步骤：

①选择一张幻灯片，并使光标定位在当前幻灯片的某个文本框内。

②在“插入”选项卡，单击“文本”组的“日期和时间”按钮，打开如图 11-13 所示的“日期和时间”对话框，在其中选择一种格式，单击“确定”按钮即可。

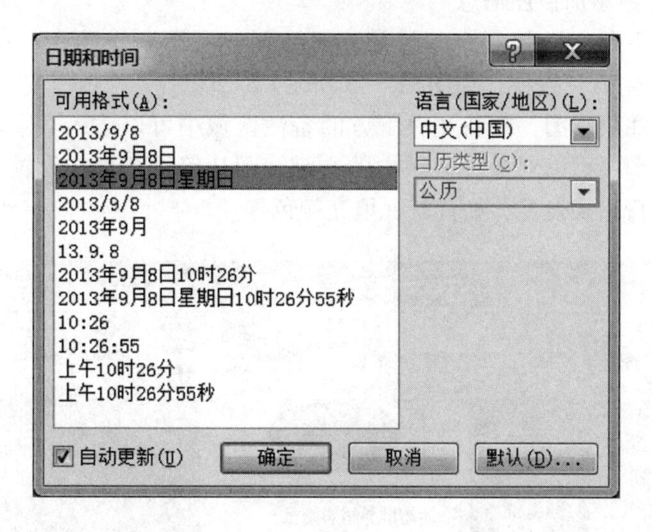

图 11-13 “日期和时间”对话框

11.2.3 添加备注信息

备注信息是供演示文稿的演示者参考的附加说明信息，如用于提醒的文本、图片等。备注信息的功能是给演示者适当的提示，而在演示文稿放映过程中是不会显示的。在“备注页”视图下可以添加文本和图片类备注信息，而普通视图下的备注窗格只能添加文本类备注信息。

1. 在备注窗格中添加备注信息

在普通视图下单击选择某个幻灯片，在备注窗格中单击，此时备注窗格的提示文字消失，在其中可以输入文本类备注信息，如图 11-14 中的“计算机应用基础演示文稿首页”。在备注窗格中给备注信息设置的字体格式在普通视图下不能显示出来。

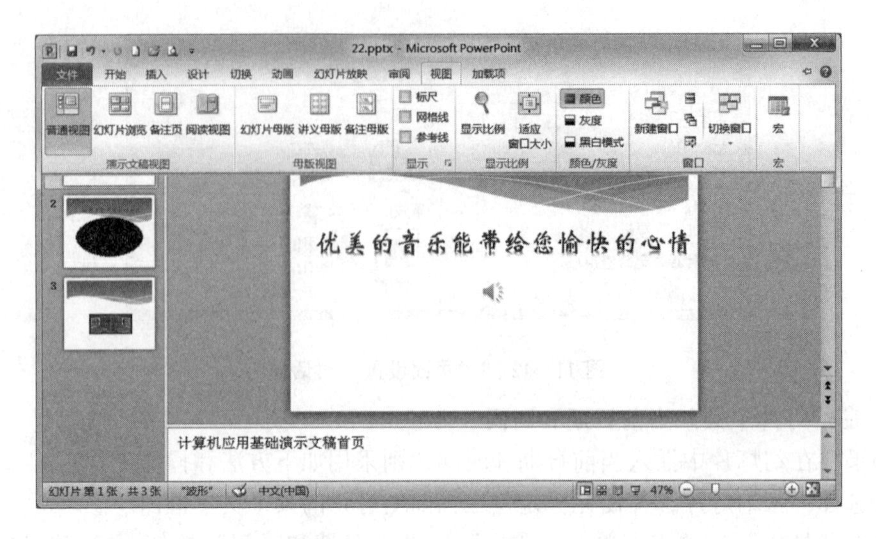

图 11-14　输入备注信息

2. 在备注页中添加备注信息

在普通视图下单击选择某个幻灯片，切换到“视图”选项卡，在“演示文稿视图”组单击“备注页”按钮，如图 11-15 所示。

此时进入备注页视图，在备注页下方的备注区域中可以输入文字、图片等备注信息。在备注页视图中可以对备注区域中的文字、图片等进行格式设置，另外对备注区域本身也可以进行格式设置，如背景、填充颜色等。

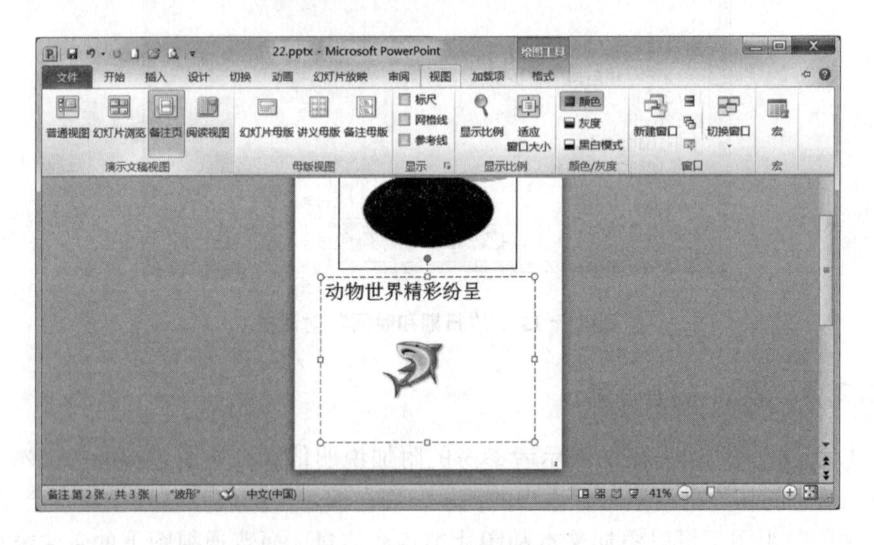

图 11-15　备注页视图

11.3　修饰幻灯片

为了创建出具有统一格式且美观大方的演示文稿，必须对幻灯片进行统一修饰。

对幻灯片的统一修饰主要从版式、背景、主题和母版等几方面入手。

11.3.1　版式

幻灯片版式是指幻灯片中标题和副标题文本、表格、图表、图片、SmartArt 图形、剪贴画和视频等元素的排列方式，是整个幻灯片的结构框架。PowerPoint 2010 中包含了 11 种内置幻灯片版式，如图 11－16 所示。

新建演示文稿第一张幻灯片的默认自动版式是“标题幻灯片”，它包含“标题”和“副标题”。用户可以根据实际需要，改用其他版式，操作步骤如下：

①选中幻灯片，在“开始”选项卡单击“幻灯片”组的 版式 下拉按钮，弹出如图 11－16 所示的“Office 主题”下拉列表。

②在其中单击某种版式即可更改为新版式，如单击“标题和内容”选项，即可将该幻灯片的版式更改为“标题和内容”版式，如图 11－17 所示。

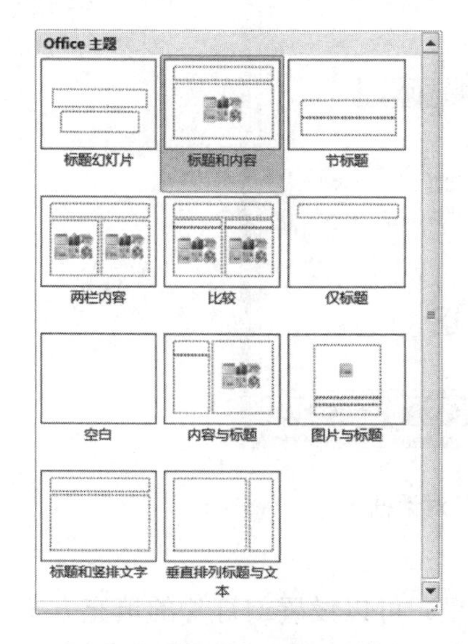

图 11－16　11 种内置版式

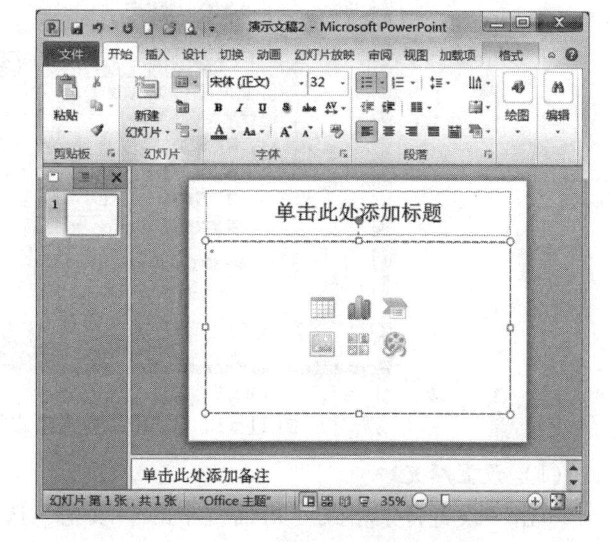

图 11－17　“标题和内容”版式

用户还可以在创建幻灯片时直接启用新版式，操作方法如下：

③在“开始”选项卡，单击“幻灯片”组的“新建幻灯片”下拉按钮 新建幻灯片，在弹出的“Office 主题”下拉菜单中单击选择一个要新建的幻灯片版式，如选择“标题和内容”幻灯片版式，即可在演示文稿中创建一个幻灯片。

11.3.2　背景

幻灯片背景是针对整个幻灯片的背景，有以下两种设置方法。

1. 利用内置的背景样式设置背景

①在“设计”选项卡，单击“背景”组的 背景样式 下拉按钮，弹出 12 种内置的背景样式下拉列表。

②在其中单击选择一个背景样式即可使全部幻灯片采用该样式的背景。

2. 利用“设置背景格式”对话框设置背景

①在“设计”选项卡，单击“背景”组的启动对话框按钮；或在幻灯片空白处右击，在弹出的快捷菜单中选择“设置背景格式”，弹出如图 11－18 所示的“设置背景格式”对话框。

②在其中选择一个选项组即可对幻灯片的背景格式进行相应的设置。单击“关闭”按钮则相应设置只对选定幻灯片有效，单击“全部应用”按钮则相应设置对全部幻灯片有效。单击“重置背景”按钮则恢复原来的背景设置。

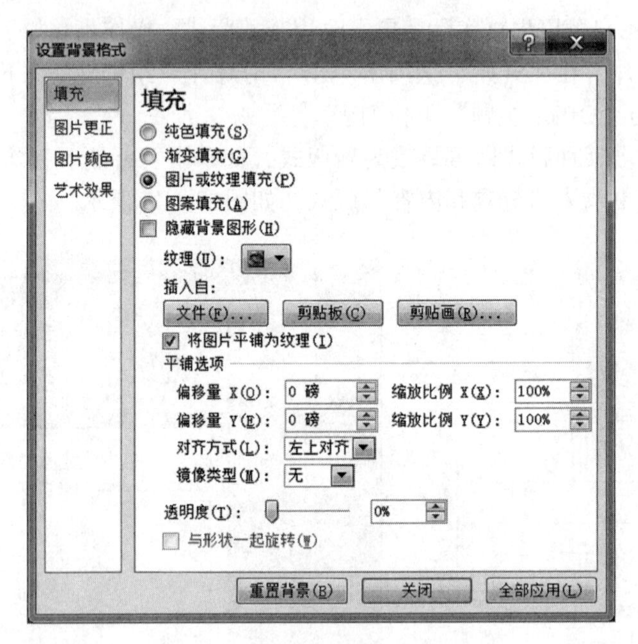

图 11－18 “设置背景格式”对话框

（1）设置填充

单击“设置背景格式”对话框中的“填充”选项，可以设置幻灯片的填充方式。选择其中不同的单选按钮，在对话框右侧会出现不同的设置选项，根据需要进行选择即可。

（2）图片更正

单击“设置背景格式”对话框中的“图片更正”选项，可以对幻灯片的“锐化和柔化”、“亮度和对比度”进行设置。

（3）设置图片颜色

单击“设置背景格式”对话框中的“图片颜色”选项，可以对幻灯片的“颜色饱和度”、“色调”和“重新着色”等进行设置。

（4）设置艺术效果

单击“设置背景格式”对话框中的“艺术效果”选项，可以对幻灯片的“艺术效果”进行设置。

11.3.3　主题

系统提供了 44 种内置“主题”模板（设计模板），使用它可以方便快捷地创建出具有统一风格的演示文稿。当然，即使选用了“主题”模板，依然可以使用前面介绍的方法设置背景等。应用“主题”模板的操作步骤如下：

①选定一个或多个幻灯片。单击“设计”选项卡，在其“主题”组列出了部分内置的“主题”模板，单击“主题”组的“其他”下拉按钮，弹出所有内置“主题”模板。右击某个主题，如“跋涉”，弹出如图 11－19 所示的快捷菜单。

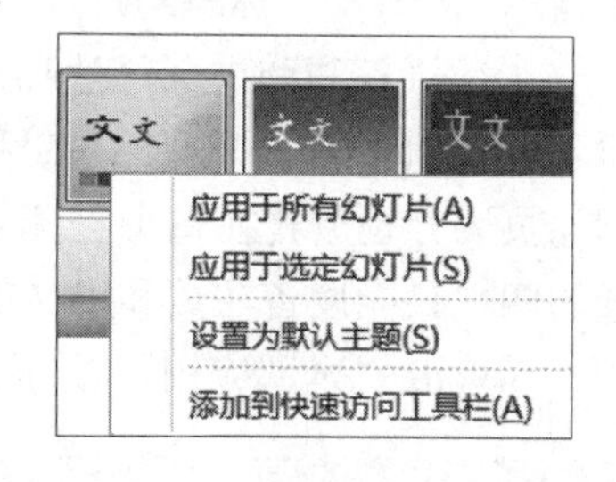

图 11－19　某主题的快捷菜单

②在快捷菜单有 4 个选项，根据需要进行选择，如选择“应用于所有幻灯片”，则当前演示文稿的所有幻灯片都用“跋涉”主题（也可以采用双击的方法），如图 11－20 所示。如选择“应用于选定幻灯片”，则只有选定幻灯片使用“跋涉”主题。

③利用“主题”组的颜色、字体和效果三个下拉按钮可以分别设置主题的颜色、字体和效果等。

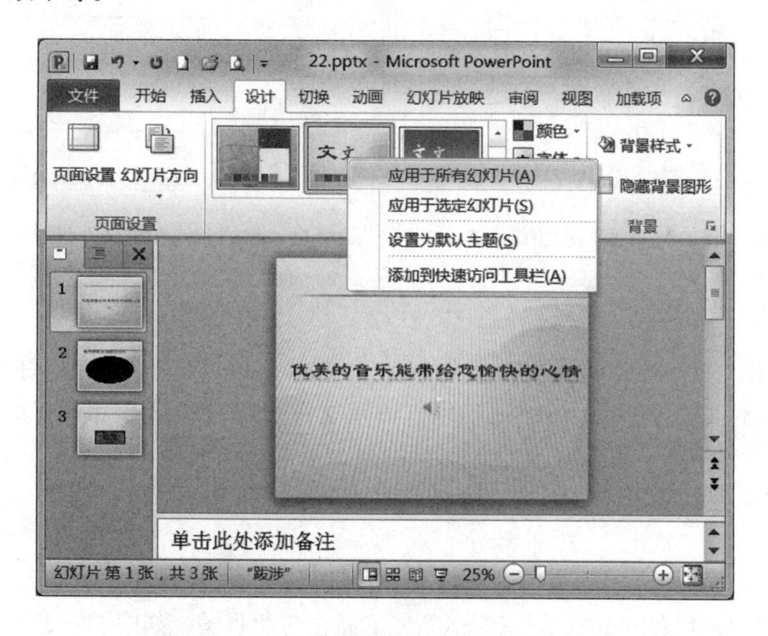

图 11－20　“跋涉”主题应用于所有幻灯片

11.3.4　页眉和页脚

页眉是在幻灯片窗格顶部显示的内容，而页脚是在幻灯片窗格底部显示的内容。用户只能在幻灯片中添加页脚，而在备注页和讲义中既可以添加页脚又可以添加页眉。添加页眉和页脚的方法和操作步骤如下：

①打开要添加页眉和页脚的演示文稿，并处于“普通视图”方式。

②在“插入”选项卡，单击“文本”组的“页眉和页脚”按钮，打开如图 11－21 所示的“页眉和页脚”对话框。

③在“幻灯片”选项卡可以设置幻灯片页脚包含的内容，有日期和时间、页脚、幻灯片编号，这三项内容默认按以上顺序放置在幻灯片底部。若选中“标题幻灯片中不显示”，则在“标题幻灯片”版式中不显示页脚内容。

④在“备注和讲义”选项卡，可以设置打印页面包含的内容，有页眉、日期和时间、页脚和页码。页眉、日期和时间分别放置在每个打印页面顶部的左侧和右侧；页脚和页码分别放置在每个打印页面底部的左侧和右侧。需要强调的是，在此选项卡设置的四项只能以备注页和讲义的形式打印出来，而在幻灯片放映时不显示。

⑤单击“全部应用”按钮，则应用于所有幻灯片，否则应用于当前幻灯片。

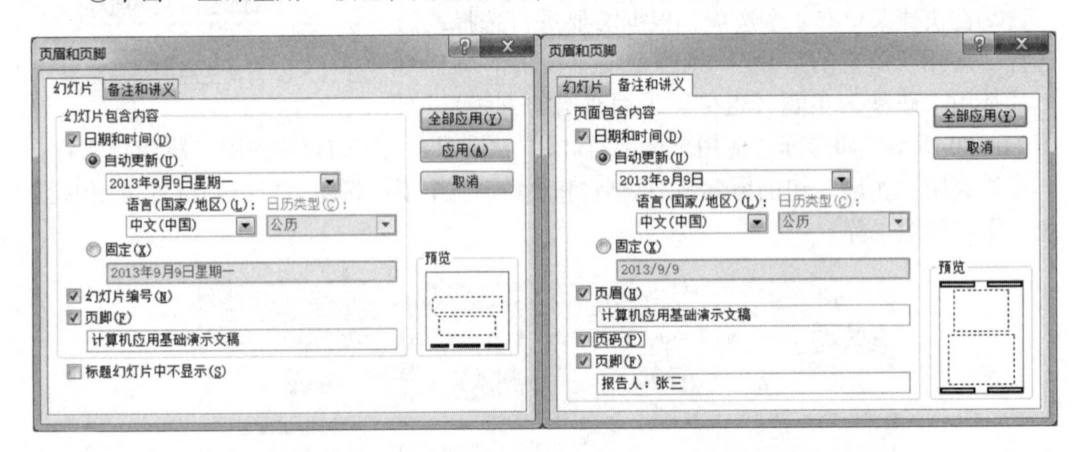

图 11－21 “页眉和页脚”对话框→“幻灯片”和“备注和讲义”选项卡

11.3.5 母版

母版是幻灯片层次结构中的顶层幻灯片，它是一张可以统一整套幻灯片风格的特殊幻灯片，所以又称主控。母版用于建立演示文稿中所有幻灯片都具有的公共属性，是所有幻灯片的底版，母版主要是针对同时更改所有幻灯片对象而定的。母版中存有关于演示文稿主题和幻灯片版式的信息，包括背景、颜色、字体、效果、占位符的大小和位置。

母版类型包括幻灯片母版、讲义母版和备注母版。每种母版都有与其相对应的幻灯片视图：幻灯片母版视图、讲义母版视图和备注母版视图，如图 11－22 所示。

可以把幻灯片以“讲义”方式打印出来，以了解演示文稿大体内容或以备参考。“讲义”中只包含幻灯片，而不包含相应的备注内容，并且与幻灯片和备注不同的是“讲义”格式是直接在讲义母版中创建的。讲义母版视图中包含 4 个占位符，分别是页眉、日期、页脚和页码，另外还有代表 6 个幻灯片的小虚框。

备注母版主要用来设置备注幻灯片的格式。备注母版上共有 6 个占位符，分别是页眉、日期、幻灯片图像、正文、页脚和页码，它们都可以参照幻灯片母版的修改方法进行修改。在正文区可以添加项目符号，而且只在备注页视图和打印幻灯片备注页

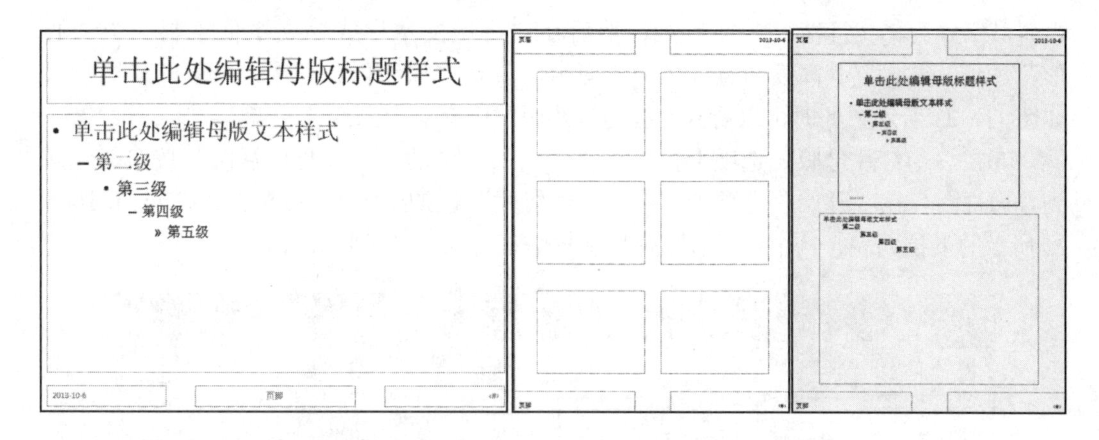

图 11－22 幻灯片母版、讲义母版和备注母版视图

时才会出现。在演示过程中、备注窗格中或将演示文稿保存为网页后，备注母版中添加的项目也不会显示出来。

【提示】只能在母版视图下编辑母版。

1. 编辑幻灯片母版

①打开或新建一个演示文稿。在“视图”选项卡，单击“母版视图”组的“幻灯片母版”按钮，切换到“幻灯片母版”视图，如图 11－23 所示。

②在视图窗格列出了编号是“1”的母版图标（第一个幻灯片图标，比其他幻灯片图标大）和 11 种版式的幻灯片图标。如果选择视图窗格的母版图标，则表示对母版的编辑用于所有版式的幻灯片，否则用于选定版式的幻灯片。

③既然母版也是幻灯片，所以就可以像编辑普通幻灯片一样对其进行编辑，如字符、段落、背景和页眉页脚设置等，当然也可以引入某个内置的主题了。

④例如选择视图窗格的母版图标，再选择“单击此处编辑母版标题样式”文本并

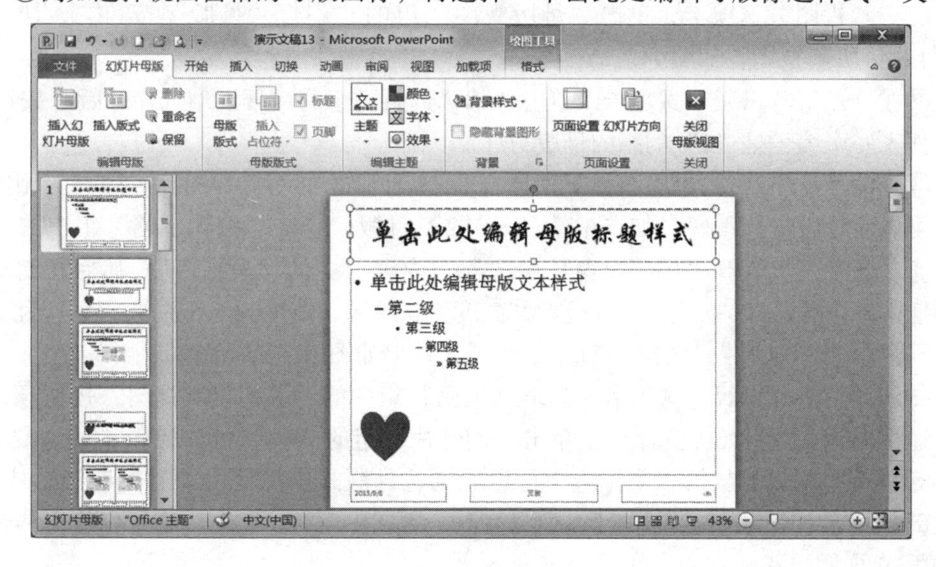

图 11－23 “幻灯片母版”视图

设置其字体为华文行楷、字号为48；然后在“母版文本样式”文本框绘制一个“心形”图形，并设置其高度和宽度均为3厘米、填充“深红色”效果。母版的最终效果如图11－23所示，此时可以看到所有幻灯片版式中有一个深红色的♥。

⑤在“幻灯片母版”选项卡，单击“关闭”组中的“关闭母版视图”按钮，回到普通视图。在“开始”选项卡，单击“幻灯片”组的版式下拉按钮，打开如图11－24所示的下拉列表，从中可以看到每种版式中都有深红色的♥。

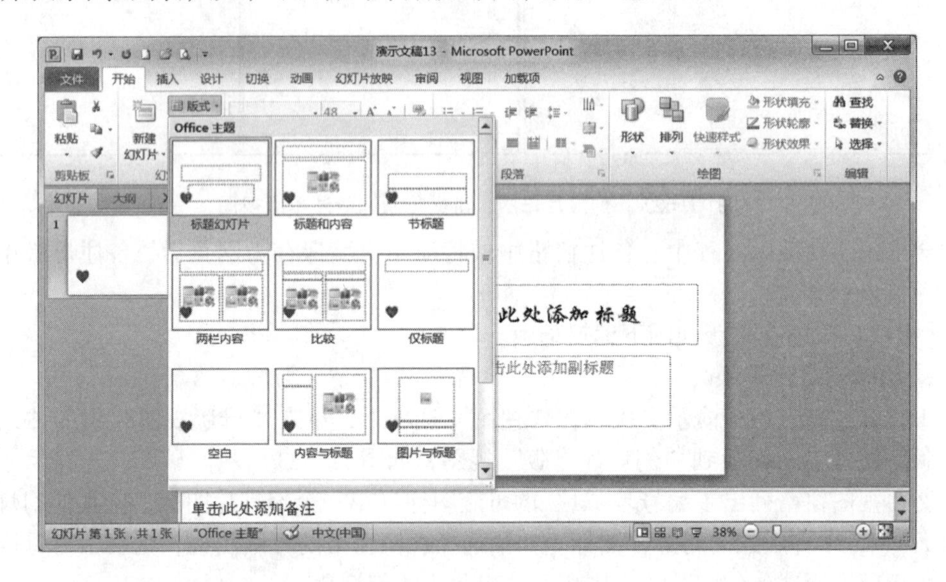

图 11－24 母版应用

2. 演示文稿中应用多个幻灯片母版

如果要在同一个演示文稿中应用多个母版，则在以上操作的基础上进行下列操作：

①在“视图”选项卡，单击“母版视图”组的“幻灯片母版”按钮，切换到“幻灯片母版”视图，如图11－25所示。

②在“幻灯片母版”选项卡，单击“编辑母版”组的“插入幻灯片母版”按钮即可插入一个编号是“2”的新的母版幻灯片。

③在编号是“2”的母版图标下面同样有11种版式的幻灯片图标。用与上相同的方法可以对母版进行编辑，如选中编号是“2”母版，单击“编辑主题”组中的“主题”下拉按钮，在弹出的下拉菜单中选择“内置”中的“奥斯汀”；然后在幻灯片窗格插入一个剪贴画“兔子”，并设置其高度为5厘米、宽度为5.5厘米、颜色为“橙色”、亮度为“－40%”、对比度为“－40%”，效果如图11－25所示。

④在“幻灯片母版”选项卡，单击“关闭”组中的“关闭母版视图”按钮，回到普通视图。在“开始”选项卡，单击“幻灯片”组的版式下拉按钮，打开如图11－26所示的下拉列表。从第二个母版中可以看到每种版式中都使用了“奥斯汀”主题，但大部分版式中有剪贴画“兔子”，而只有三个版式中没有。此时，就可以使用两个母版的版式了。

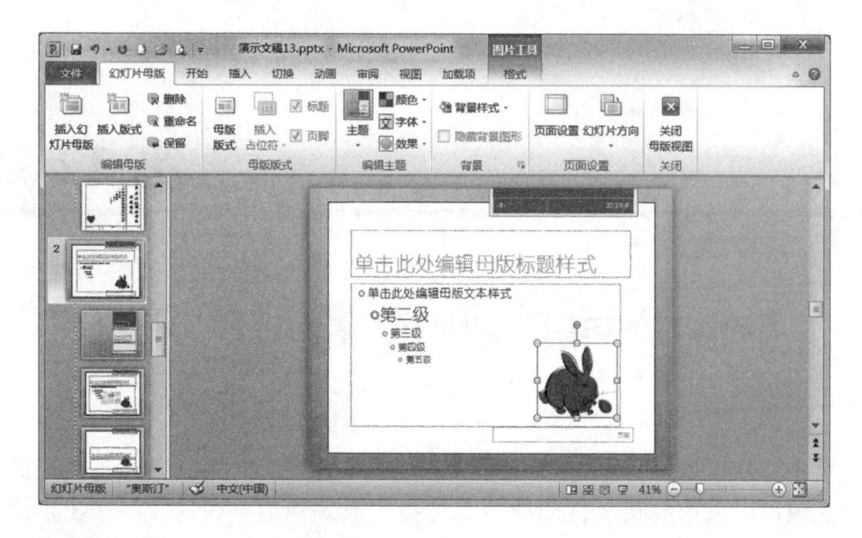

图 11－25　插入第二个母版

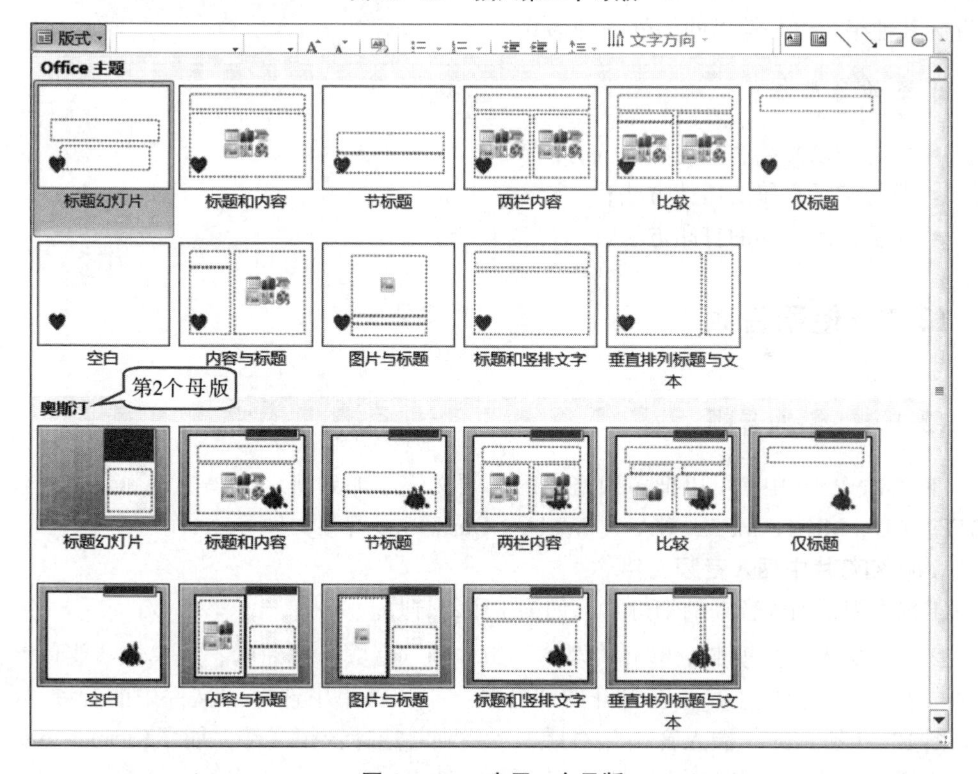

图 11－26　应用 2 个母版

创建幻灯片母版，最好在开始制作幻灯片之前进行，不要在编辑幻灯片之后再创建母版。这样可以使添加到演示文稿的幻灯片都基于该母版，如果在制作幻灯片之后再创建母版，则可能出现幻灯片上的某些项目不符合母版设计风格的问题。

第 12 章

PowerPoint 的动画效果和打印输出

在本章中将介绍如何制作与众不同的声影并茂的演示文稿，以达到更好的演示效果。演示文稿可以采用放映、打印或网上传播的形式输出。在这 3 种输出形式中，放映是演示文稿最常用的输出形式，演示文稿的放映也就是幻灯片的放映。将演示文稿另存为其他格式也是输出的另外一种形式。

本章学习目标：

- 掌握演示文稿的音视频插入方法；
- 掌握演示文稿的播放方法；
- 掌握演示文稿的打印方法。

12.1 使用音频

12.1.1 添加音频

在 PowerPoint 中，可以把多种格式的音频文件添加到演示文稿中，主要格式包含 ATFF、AU、MIDI、MP3、WAV、WMA、QuickTime 音频文件等。

1. 在幻灯片中插入音频文件

①选中需要插入音频的幻灯片，如第 1 张幻灯片。

②在“插入”选项卡，单击“媒体”组中的“音频”按钮；或单击“媒体”组中的“音频”下拉按钮，在打开的“音频”下拉菜单中选择“文件中的音频”，打开如图 12－1 所示的“插入音频”对话框，找到并选择音频文件，如“Kalimba. mp3”，单击“插入”按钮；或直接双击找到的音频文件。

③音频文件“Kalimba. mp3”直接添加到幻灯片中，幻灯片中会出现一个音频图标，表示添加了一个音频文件，当鼠标接近该图标时可激活音频播放控制条，如图 12－2 所示。拖动音频图标调整到合适位置即可。

2. 在幻灯片中插入剪贴画音频

①在“插入”选项卡，单击“媒体”组的“音频”下拉按钮，弹出“音频”下拉菜单，如图 12－3 所示，在其中选择“剪贴画音频”。

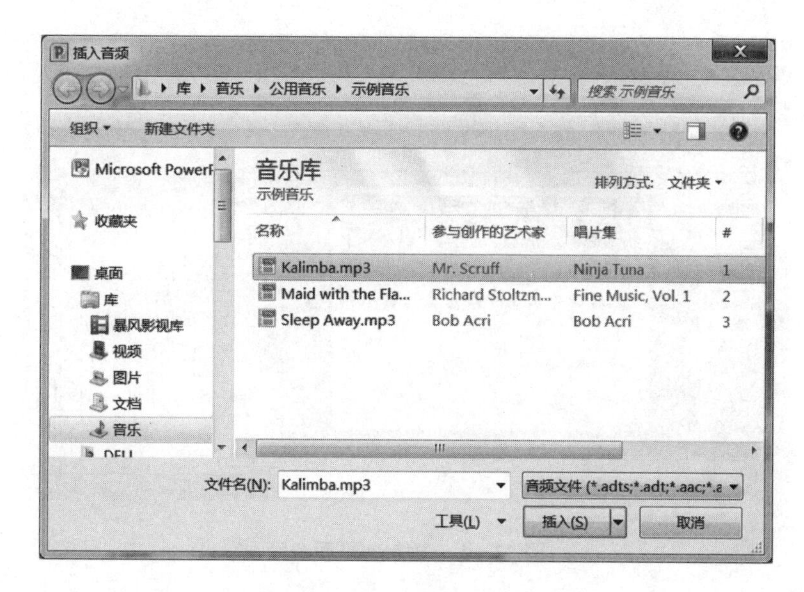

图 12－1 “插入音频”对话框

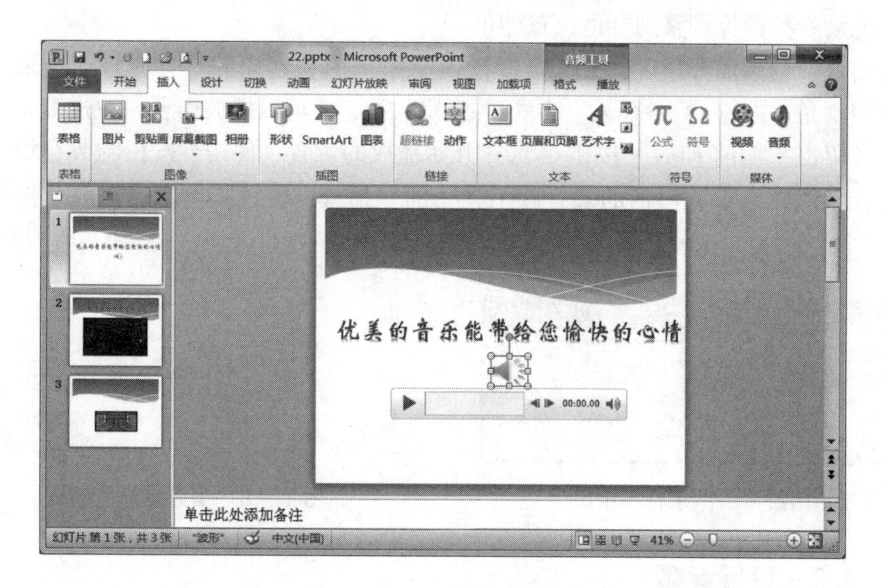

图 12－2 插入的音频文件

②在幻灯片窗格右侧打开如图 12－4 所示的“剪贴画”对话框，找到音频文件，单击即可。此时幻灯片中也会出现一个音频图标🔈。

③拖动音频图标调整到合适位置即可。

3. 在幻灯片中插入录制音频

①在如图 12－3 所示的“音频”下拉菜单选择“录制音频”，打开如图 12－5 所示的“录音”窗口，单击“录制”按钮●和“停止”按钮■录制声音，单击“确定”

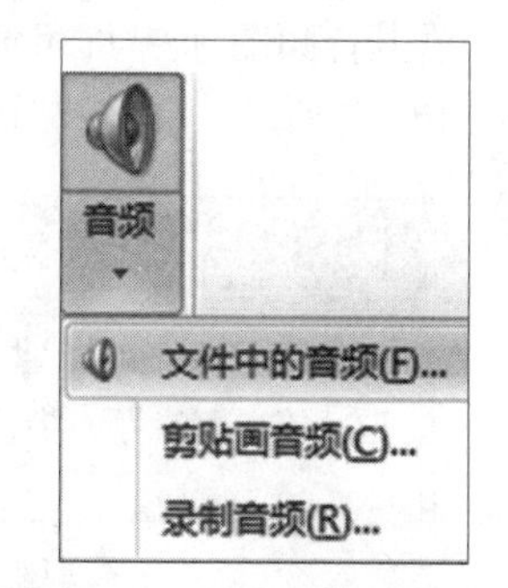

图 12－3 “音频”下拉菜单

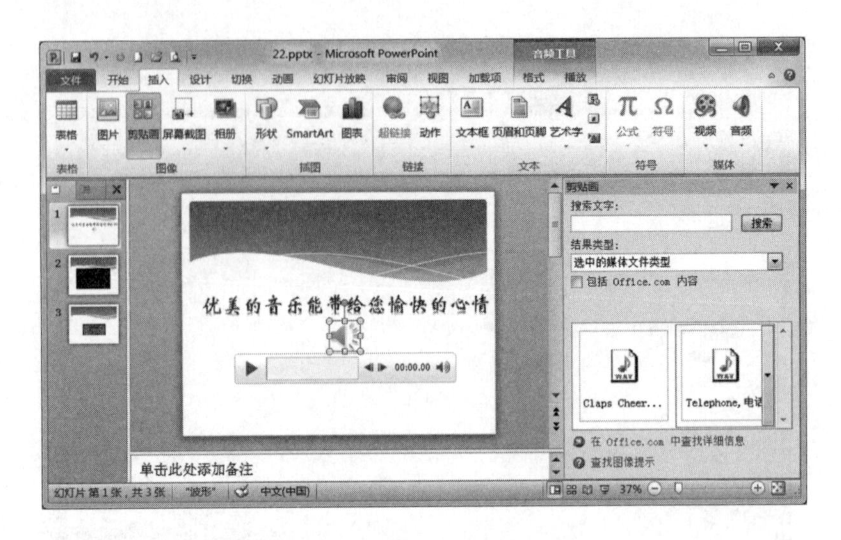

图 12－4 插入剪贴画音频

按钮将录制好的音频添加到幻灯片中。此时幻灯片中也会出现一个音频图标。

②拖动音频图标调整到合适位置即可。

在幻灯片中添加音频后，鼠标接近音频图标时，在它的下方会自动出现一个音频播放控制条，如图 12－6 所示。单击“播放”按钮可以播放声音，在进度条上拖动鼠标或者单击“向前/向后”按钮选择开始播放的位置，使用按钮调节音量。还可以单击音频图标，在激活的“音频工具”的“播放”选项卡单击“播放”按钮播放音频。

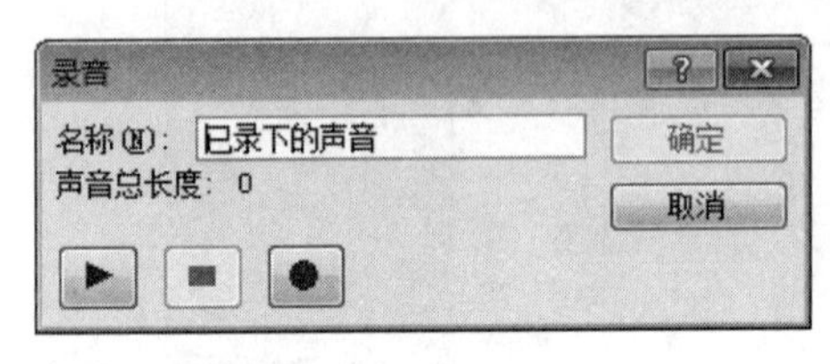

图 12－5 “录音”窗口

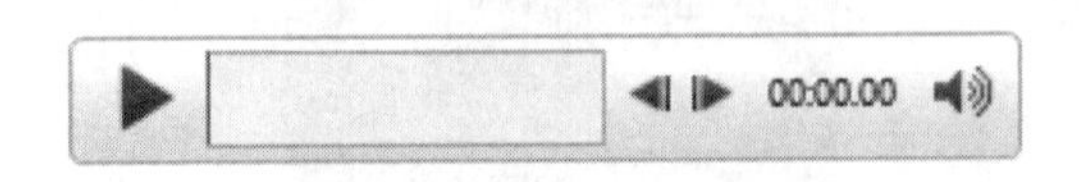

图 12－6 音频播放控制条

12.1.2 设置音频

单击音频图标即可激活“音频工具”，在其“播放”选项卡可以进行音频设置，如图 12－7 所示。具体操作如下：

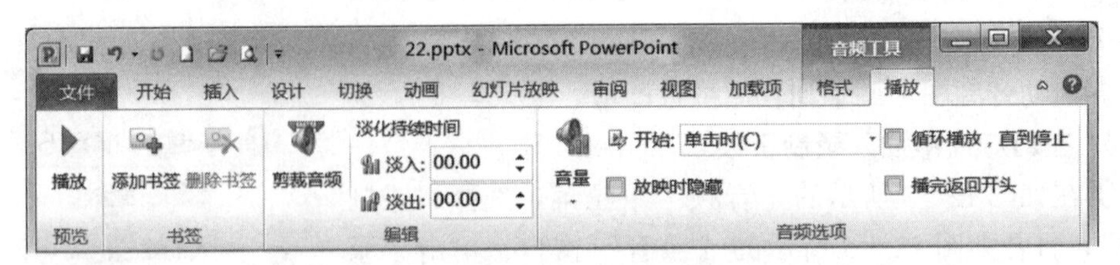

图 12－7 “音频工具”→“播放”选项卡

①单击“编辑”组中的“剪裁音频”按钮，弹出“剪裁音频”对话框，如图 12 -8 所示。通过调整开始时间和结束时间来剪裁音频。移动开始标志和结束标志也可以剪裁音频。【提示】音频剪裁对“跨幻灯片播放”无效。

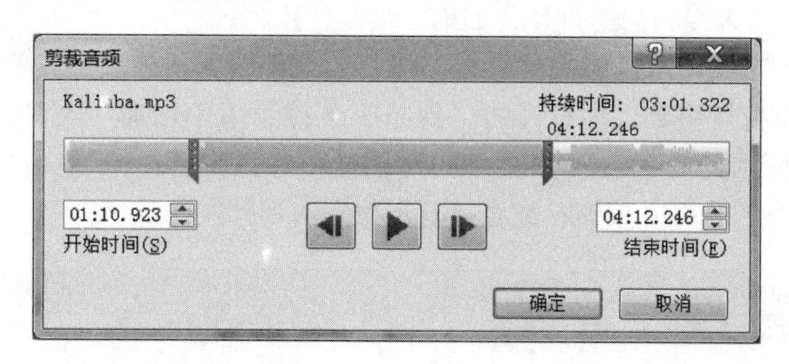

图 12 - 8 “剪裁音频”对话框

②在“编辑”组中的“淡化持续时间”栏可以设置音频的淡入和淡出时间效果。

③在“音频选项”组，若选中“放映时隐藏”复选项，则在播放幻灯片时将音频图标隐藏，直接根据选项播放音频。若选中“循环播放，直到停止”复选框和“播完返回开头”复选框，即设置音频文件循环播放。

④在“音频选项”组单击“音量”下拉按钮，在弹出的下拉列表中设置音频播放时音量的大小，如图 12 - 9 所示。

⑤在“音频选项”组单击“开始”后的下拉箭头，打开如图 12 - 10 所示的下拉列表。若选择“自动”，则在播放幻灯片时音频文件自动播放；若选择“单击时”，则在单击音频图标时才开始播放音频；选择“跨幻灯片播放”，在演示文稿中切换到其他幻灯片时仍继续播放音频。

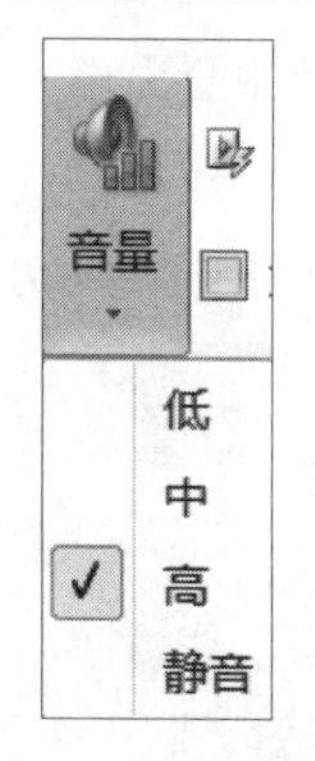

图 12 - 9 “音量”下拉列表

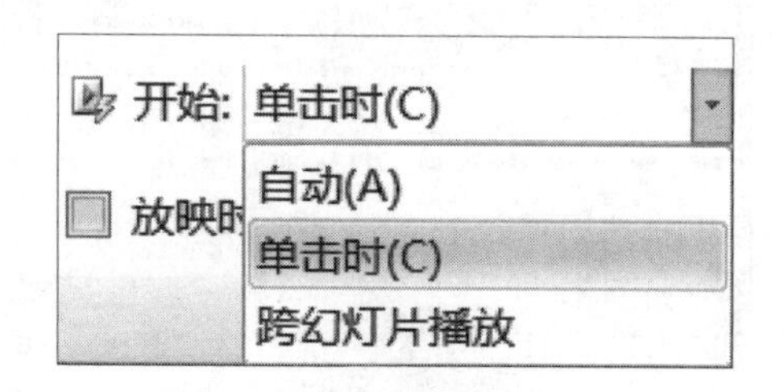

图 12 - 10 设置音频播放方式

12. 2 使用视频

12. 2. 1 添加视频

在 PowerPoint 中，可以把多种格式的视频文件链接或者添加到演示文稿中，主要格式包含 ASF、AVI、MPEG、WMV、MOV、QuickTime 视频文件和 flash 文件（SWF）等。

1. 在幻灯片中添加视频文件

①选中需要插入视频的幻灯片，如第 2 张幻灯片。

②在“插入”选项卡，单击“媒体”组中的“视频”按钮；或单击“媒体”组中的“视频”下拉按钮，在打开的“视频”下拉菜单中选择“文件中的视频”，打开如图 12－11 所示的“插入视频文件”对话框，找到并选择视频文件，如“野生动物 . wmv”，单击“插入”按钮；或直接双击找到的视频文件。

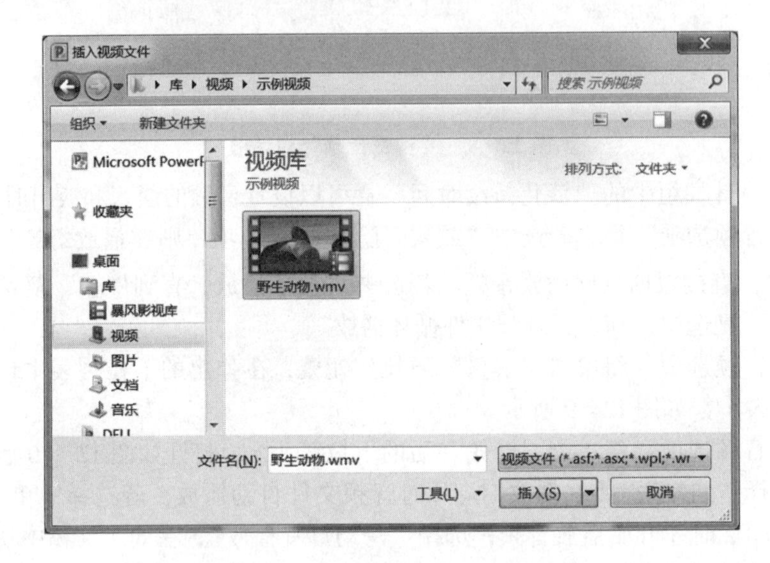

图 12－11　“插入视频文件”对话框

③视频文件“野生动物 . wmv”直接添加到幻灯片中，幻灯片中会出现一个视频播放窗口，调整窗口的位置和大小到合适的位置，得到如图 12－12 所示的效果。

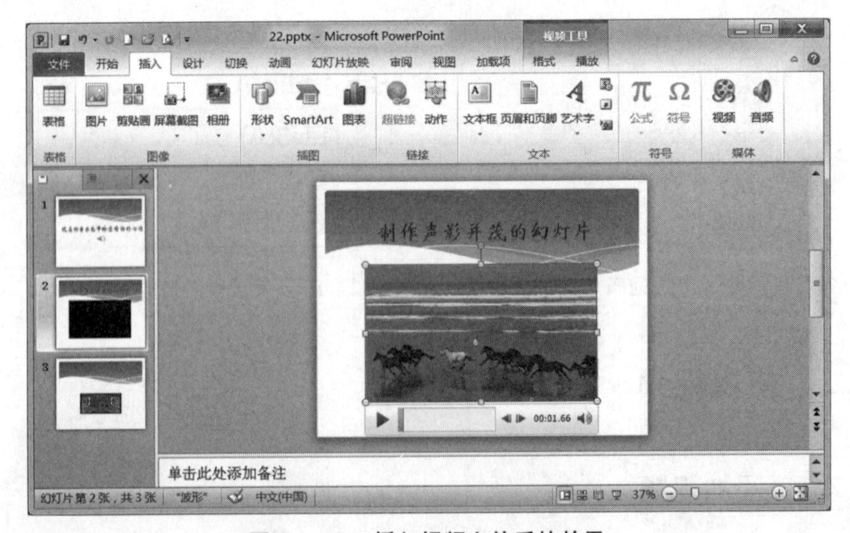

图 12－12　插入视频文件后的效果

2. 链接到视频文件

如果视频文件比较大，可以将视频文件链接到演示文稿。这样既可以在演示文稿中播放视频又不会占用演示文稿过多的存储空间，不会使演示文稿变得很大。但是需要事先将视频文件复制到需要演示的机器中，保证视频文件在演示文稿所在的文件夹中。

①打开如图 12 - 13 所示的“插入视频文件”对话框，找到并选择视频文件。

②单击“插入”按钮右侧的下拉箭头，从弹出的下拉菜单中单击选择“链接到文件”，视频文件以链接的方式添加到幻灯片中。

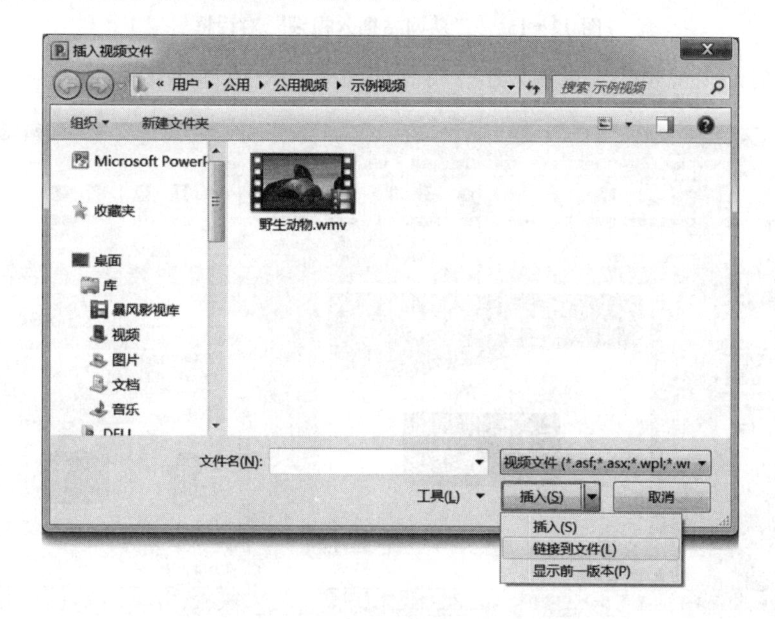

图 12 - 13　“插入视频文件”对话框

3. 添加网站中的视频

在演示文稿中可以添加网站上的视频文件，进行演示时要求演示机器始终处于联网状态。操作步骤如下：

①在“插入”选项卡，单击“媒体”组中的“视频”下拉按钮，打开如图 12 - 14 所示的“视频”下拉菜单，单击“来自网站的视频”打开如图 12 - 15 所示的“从网站插入视频”对话框。

②根据提示将网上视频的网址粘贴到文本框中，单击“插入”按钮即可。

图 12 - 14　“视频”下拉菜单

4. 添加剪贴画视频

①在如图 12 - 14 所示的“视频”下拉菜单选择“剪贴画视频”，幻灯片窗格右侧打开如图 12 - 16 所示的“剪贴画”对话框，单击找到的剪贴画视频即可添加该视频。

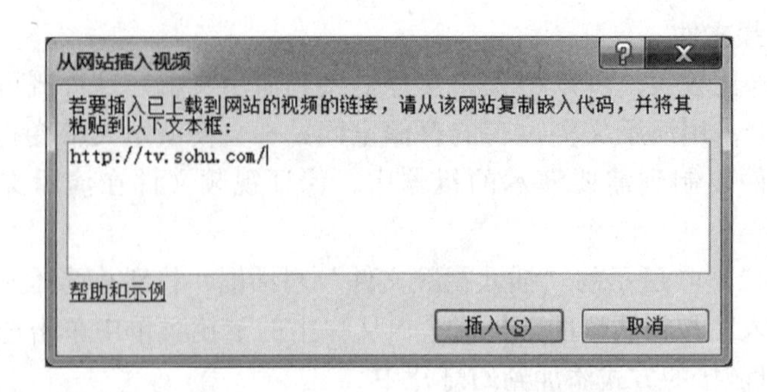

图 12－15 “从网站插入视频”对话框

②调整剪贴画视频的位置和大小，得到如图 12－16 所示的效果。

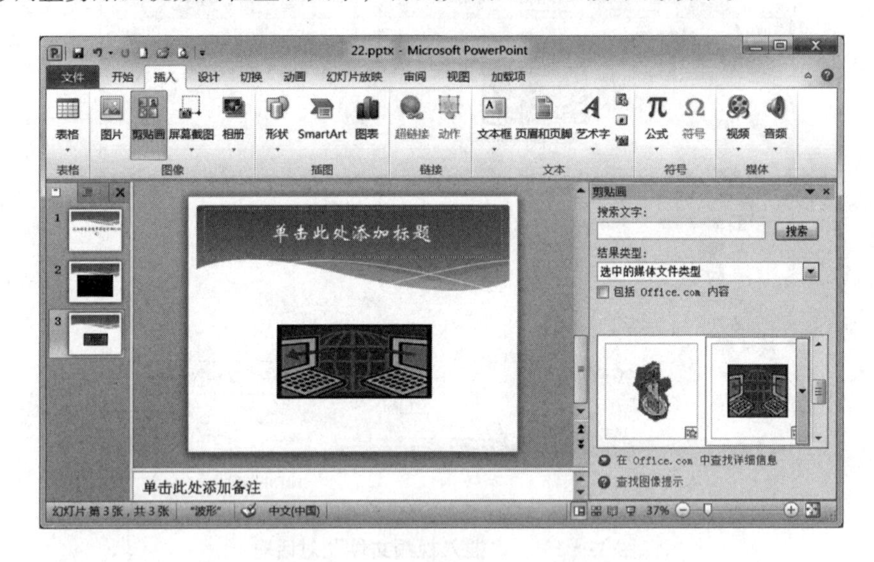

图 12－16 添加剪贴画中的视频

12.2.2 设置视频

在幻灯片中添加视频后，可以对视频的格式和播放进行设置。

1. 设置视频的格式

①选中幻灯片中的视频，在激活的“视频工具”中选择“格式”选项卡，如图 12－17 所示。

图 12－17 “视频工具”→“格式”选项卡

②在“调整”组，单击“更正”下拉按钮，利用刚打开的下拉列表调整视频的亮度和对比度；单击颜色下拉按钮，利用刚打开的下拉列表对视频重新着色，使其具有特殊的风格和效果；利用重置设计按钮可以放弃格式设置。

③在“视频样式”组，单击“其他”下拉按钮，利用刚打开的样式列表设置视频样式，如选择“中等”中的“柔化边缘椭圆”，视频样式变成如图 12－18 所示的效果；使用视频形状下拉列表改变视频的形状，使用视频边框下拉列表改变视频的边框颜色和样式，使用视频效果下拉列表改变视频的阴影、映像等效果。

④在“排列”组可以对多个视频进行排列，在“大小”组调整视频的大小。

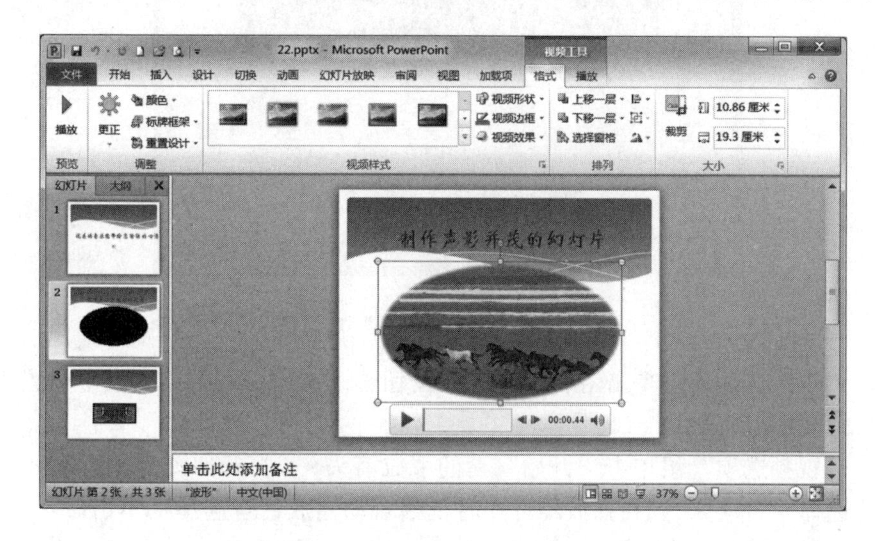

图 12－18 视频“柔化边缘椭圆”效果

2. 设置视频的播放

①选中幻灯片中的视频，在激活的“视频工具”中选择“播放”选项卡，如图 12－19 所示。

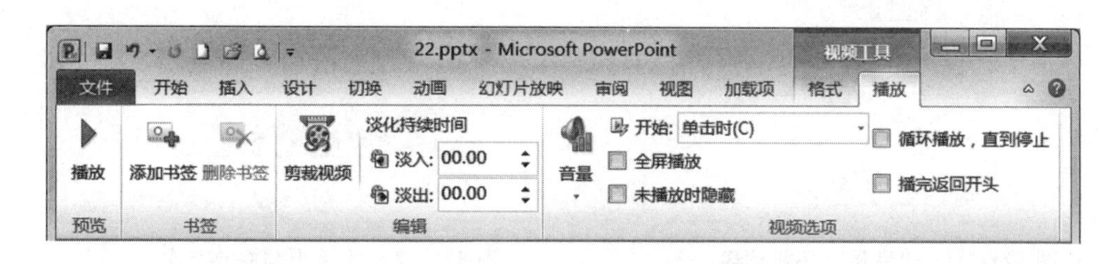

图 12－19 “视频工具”→“播放”选项卡

②单击“编辑”组中的“剪裁视频”按钮，弹出“剪裁视频”对话框，如图 12－20 所示。通过调整开始时间和结束时间来剪裁视频。

③在“编辑”组中的“淡化持续时间”栏可以设置视频的淡入和淡出时间效果。

④在“视频选项”组，若选中“循环播放，直到停止”复选框和“播完返回开头”复选框，即设置视频文件循环播放。

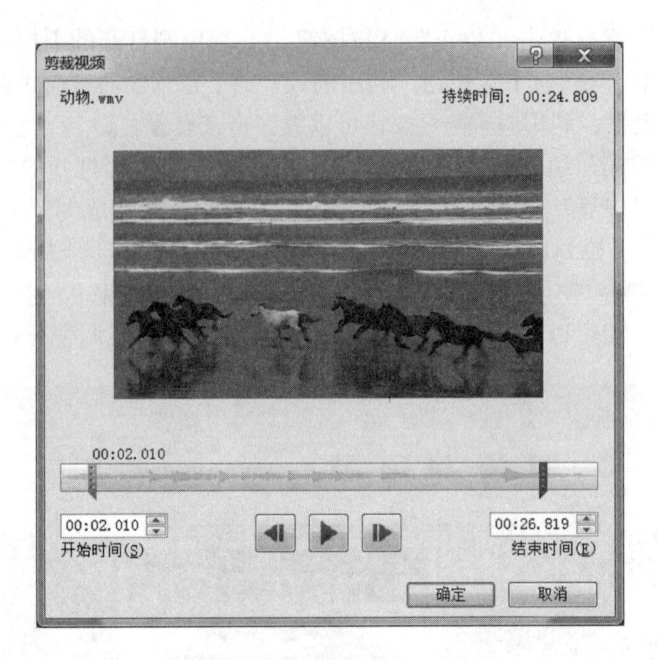

图 12-20 “剪裁视频”对话框

⑤在“视频选项”组单击“音量”下拉按钮，在弹出的下拉列表中设置视频播放时音量的大小，如图 12-21 所示。

⑥在“视频选项”组单击“开始”后的下拉箭头，打开如图 12-22 所示的下拉列表。若选择“自动”，则在播放幻灯片时视频自动播放；若选择“单击时”，则在单击视频文件时才开始播放视频。

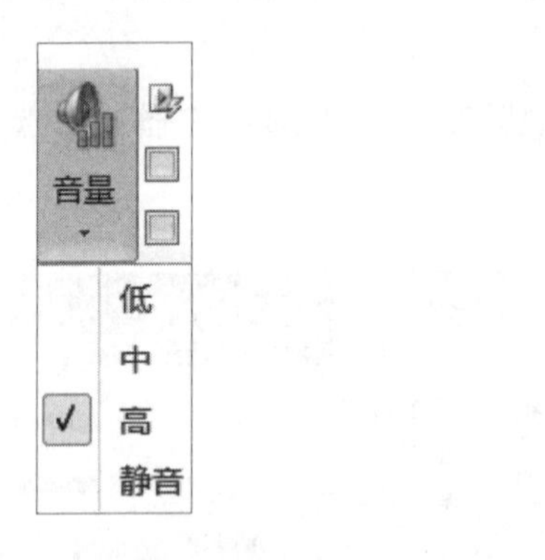

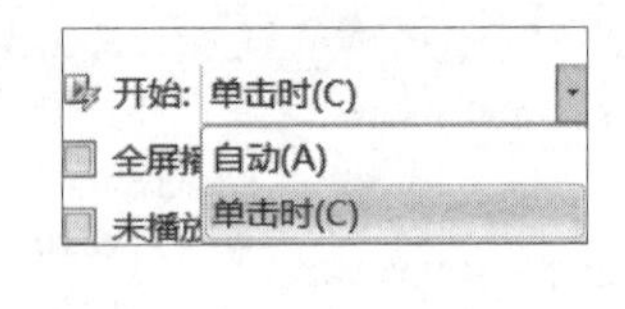

图 12-21 “音量”下拉列表

图 12-22 设置视频播放方式

12.3 添加动画效果

为了使演示文稿的放映更加生动，可以给幻灯片中的文本、图片、形状、表格等各种对象添加动画效果（自定义动画效果），赋予它们进入、退出、颜色变化或移动等动态的视觉效果，增强演示文稿的表现力。

12.3.1 创建动画效果

在 PowerPoint 中，可以创建包括进入、退出、强调、路径等不同类型的动画效果。

1. 创建单个对象的动画效果

具体操作步骤如下：

①打开演示文稿，选中要添加动画效果的某个对象，如选择标题文本框。

②在“动画”选项卡，单击“动画”组中的“其他”下拉按钮，弹出如图 12－23 所示的“动画”效果下拉菜单；或单击“高级动画”组中的“添加动画”按钮，也可弹出“动画”效果下拉菜单。

③在“动画”效果下拉菜单中有“进入”、“强调”、“退出”和“动作路径”动画效果选项组，用户可以根据需要选择一种，如在“进入”选项组中选择“随机线条”。

④文本对象前面出现一个动画编号，动画效果创建成功，如图 12－24 所示。

⑤使用“Shift＋F5”快捷键，观看动画效果。

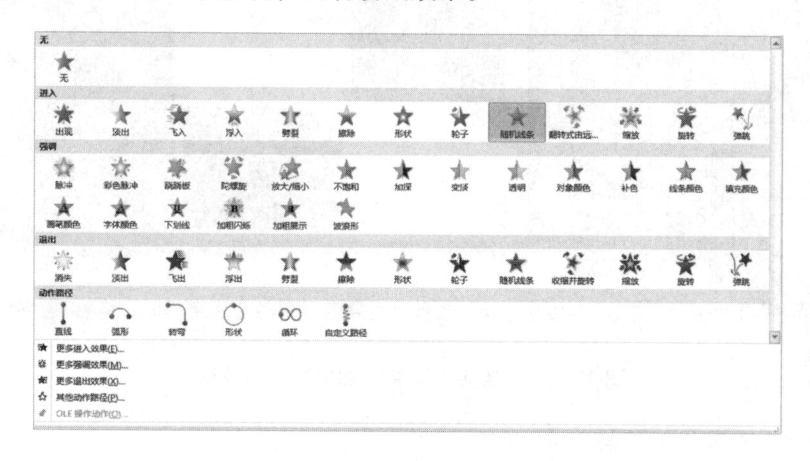

图 12－23 “动画”下拉菜单

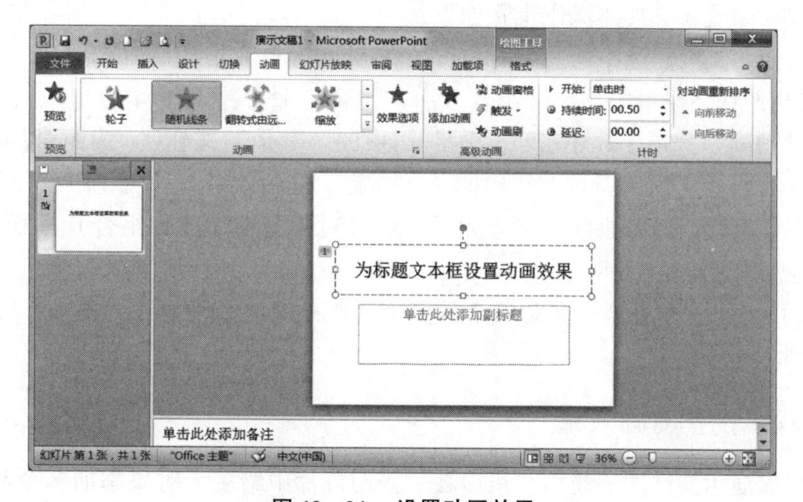

图 12－24 设置动画效果

2. 给多个对象添加相同动画效果

在 PowerPoint 中，可以给多个对象同时添加相同的动画效果。具体操作步骤如下：

①打开演示文稿，在某个幻灯片同时选中多个对象（如两张图片）。

②在“动画”选项卡，单击“动画”组中的“其他”按钮，为多个对象添加动画效果，如选择“强调”选项组中的“跷跷板”动画效果。

③完成为多个对象添加动画效果的操作，此时在选中的两个图片对象前面均出现动画编号1，如图 12－25 所示。

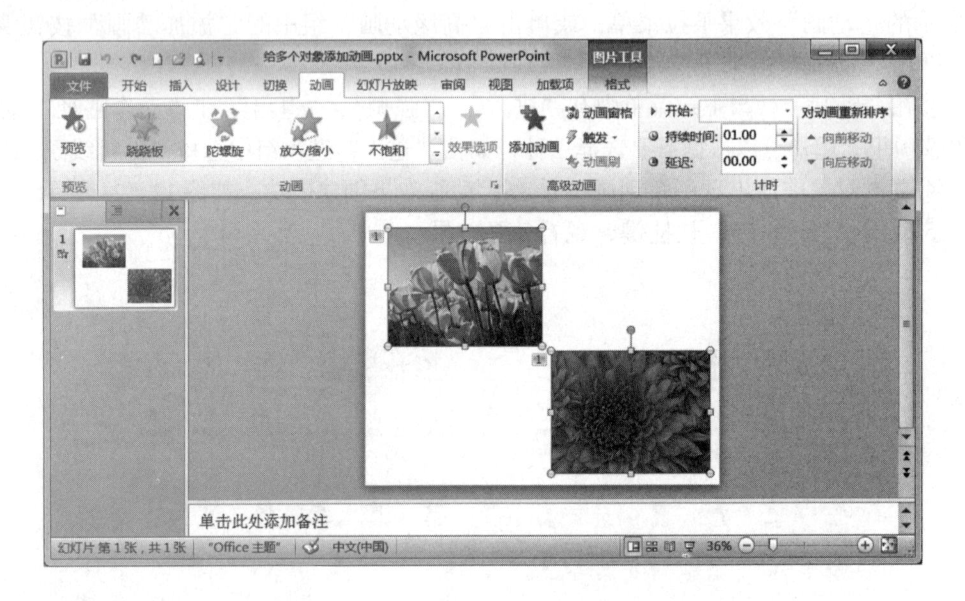

图 12－25　给多个对象添加相同动画效果

3. 给组合对象添加动画效果

在 PowerPoint 中，不仅可以为单个对象创建动画效果，还可以将多个对象进行组合后再创建动画效果。具体操作步骤如下：

①打开演示文稿，选中前几个对象，按住 Shift 键再右击最后一个对象（如两张图片），在弹出的快捷菜单中选择“组合”→“组合”命令。

②在“动画”选项卡，单击“动画”组中的“其他”按钮，为组合的对象添加动画效果。如选择“强调”选项组中的“陀螺旋”动画效果。

③在完成给组合对象添加动画效果后，组合对象（两个图片组合）前面出现一个动画编号1，如图 12－26 所示。

【提示】用以上方法给多个对象添加多个动画效果时，动画编号按 1、2、3…n 顺序自动排列。

12.3.2　设置动画效果

为了增加演示文稿的表现力，可以在一张幻灯片中给多个对象添加多个动画效果。利用“动画窗格”功能，可以根据用户的实际需要设置动画效果。

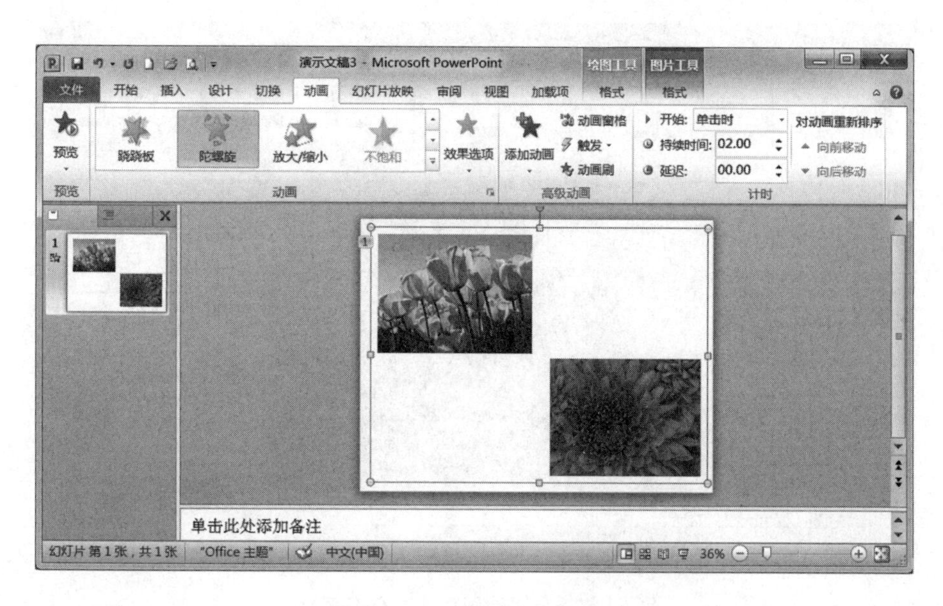

图 12－26 给组合对象添加动画

在一张包含多个动画效果的幻灯片中，单击“动画”选项卡“高级动画”组中的动画窗格按钮，在幻灯片右侧出现“动画窗格”任务窗格，如图 12－27 所示。在这个任务窗格中按播放顺序给出了动画效果的列表，在这个例子中一共有 5 个动画效果，编号分别为 1 至 5。

- 动画编号：这个编号代表动画的播放顺序，该编号与幻灯片上显示的不可打印的编号是对应的。
- 动画图标：表示动画效果的类型。
- 时间轴：表示动画效果的持续时间。
- 下拉菜单：在此可以对动画效果进行设置，选择“删除”选项删除动画效果。

（1）调整动画播放顺序

动画播放顺序默认按编号从小到大播放，该顺序可以调整。操作步骤如下：

①选择“动画窗格”任务窗格中需要调整顺序的动画，如选择动画 1。

②单击窗口下方“重新排序”右侧的向下按钮或单击“动画”选项卡“计时”组中的向后移动按钮，则将动画 1 向下调整，幻灯片中的动画编号随之改变原有的排列方式，变为 2、1、3、4、5 排列，如图 12－27 所示。

③单击窗口下方“重新排序”左侧的向上按钮或单击“动画”选项卡“计时”组中的向前移动按钮，则将动画向上调整。

（2）设置动画时间

- 设置动画的持续时间

选中设置了动画效果的对象，单击“动画”选项卡，在“计时”组中的“持续时间”数值框中输入持续时间即可，如图 12－28 所示的 02.00，表示持续时间为 2 秒。

- 设置动画延时时间

选中设置了动画效果的对象，单击“动画”选项卡，在“计时”组中的“延迟”

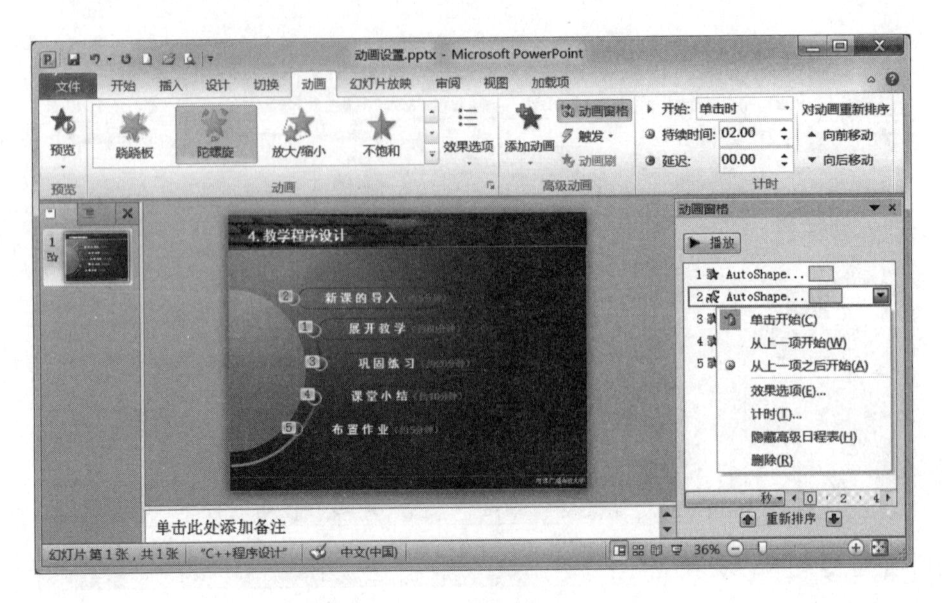

图 12－27 “动画窗格”任务窗格

数值框中输入延迟时间 00. 25，表示持续时间为 0. 25 秒。

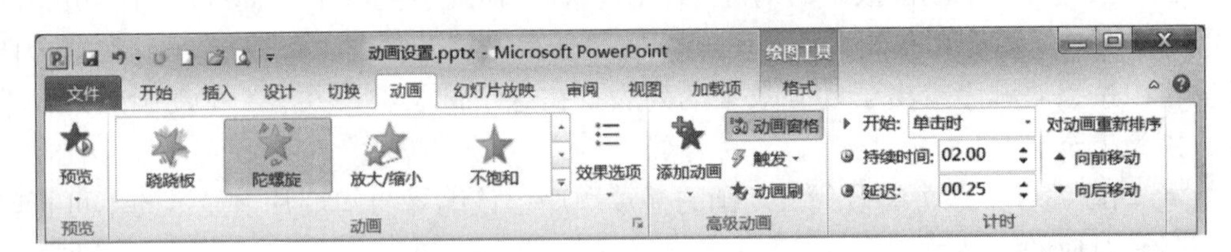

图 12－28 “动画”选项卡

12. 4 添加切换效果

切换效果是指演示文稿在放映过程中每一张幻灯片进入和离开屏幕时产生的视觉效果，也就是让幻灯片之间的切换以动画方式放映的特殊效果，也称为幻灯片的片间切换方式。添加切换效果可以使演示文稿的播放更加生动形象。

12. 4. 1 添加切换效果

操作步骤如下：

①打开演示文稿，选择一张或多张幻灯片。

②在“切换”选项卡，单击“切换到此幻灯片”组的“其他”按钮，弹出如图 12－29 所示的“切换效果”下拉列表。

③在“细微型”、“华丽型”和“动态内容”中选择一个切换效果，如选择“华丽型”中的“闪耀”，即可为幻灯片添加切换效果。

④如果需要对演示文稿中的每一张幻灯片都应用相同的切换效果，则单击“切换”选项卡“计时”组中的全部应用按钮，如图 12－30 所示。

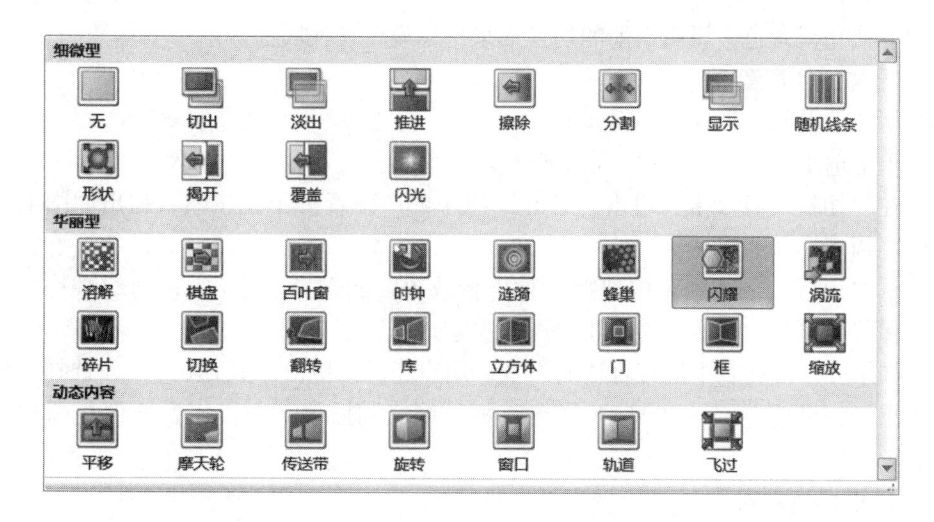

图 12－29　“切换效果”下拉列表

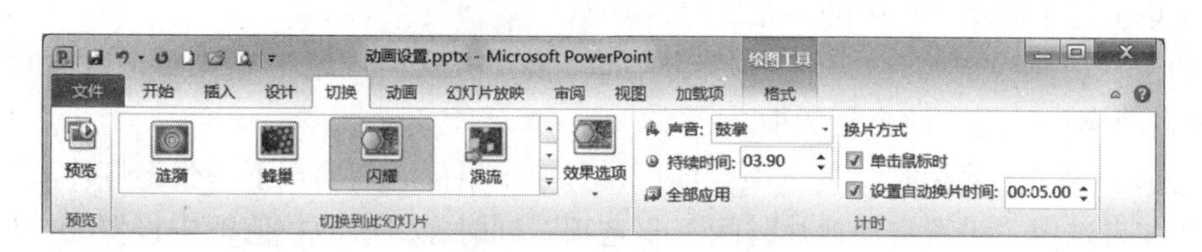

图 12－30　“切换”选项卡“计时”组

12.4.2　设置切换效果

为幻灯片添加切换效果后，还可以对切换效果进行设置，如设置切换效果的持续时间、为切换效果添加声音、设置切换方式等。

1. 设置切换效果的持续时间

用户可以通过设置切换效果的持续时间，来控制切换速度。具体操作步骤如下：

◆ 单击选中一张或多张幻灯片，单击“切换”选项卡。

◆ 在“计时”组中的“持续时间”数值框中设置切换效果持续时间，如图 12－30 所示的 03.90 表示切换效果持续时间为 3.9 秒。

2. 设置切换效果属性

在 PowerPoint 2010 中，可以对部分切换效果的属性进行设置。选中一张或多张幻灯片，单击“切换”选项卡，如果此时的“效果选项”按钮呈灰色，说明当前的切换效果不能设置切换属性。如果此时的“效

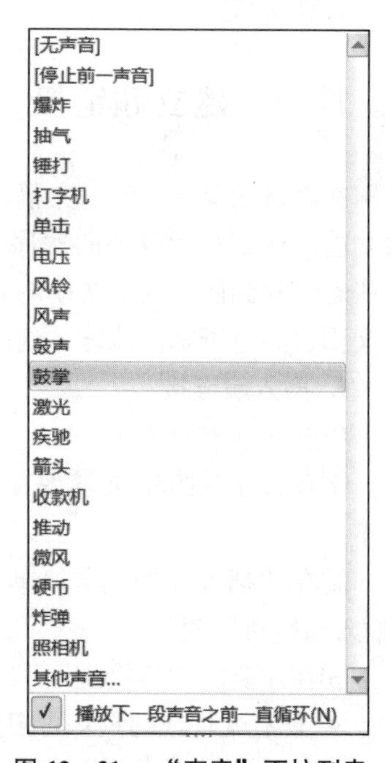

图 12－31　“声音”下拉列表

果选项”按钮呈彩色，说明当前的切换效果可以设置切换属性。

3. 添加切换声音

为切换效果添加声音的步骤如下：

①单击选中演示文稿中的一张幻灯片。

②在“切换”选项卡，单击“计时”组中的“声音”下拉按钮，弹出如图 12－31 所示的“声音”下拉列表。

③从“声音”下拉列表中选择一种声音效果，如选择“掌声”，则幻灯片在切换时不仅保留了原有的切换效果，还增加了“掌声”声音效果。

④如果在下拉列表中没有合适的声音，用户还可以单击“其他声音”，选择其他的声音效果。如果选中☑ 播放下一段声音之前一直循环(N)，则直到播放下一段声音才停止播放该段声音。

4. 设置切换方式

切换方式是指在演示文稿放映过程中幻灯片切换到下一张幻灯片的方式。

①单击选中演示文稿中的一张幻灯片。

②在“切换”选项卡，“计时”组中的“换片方式”区域中有“单击鼠标时”和“设置自动换片时间”两个复选框。

③选中“单击鼠标时”复选项，即可设置单击鼠标时切换至下一张幻灯片。

④如果选中“设置自动换片时间”复选项，同时在之后的数值框中设置切换时间，则设置切换至下一张幻灯片的时间。

【提示】如果同时选中“单击鼠标时”和“设置自动换片时间”两个复选项，并设置了自动切换时间，这样切换时既可以单击鼠标切换，也可以在等待设置的时间后进行自动切换。

12.5 建立超链接

在默认情况下，演示文稿放映是按幻灯片的次序逐一播放，但是也可以使用超链接功能改变幻灯片放映的次序，实现交互式播放。在 PowerPoint 中，超链接可以是从一张幻灯片到同一演示文稿的另一张幻灯片的链接，也可以是从一张幻灯片到不同演示文稿、到电子邮件地址、到网页或者指定的文件的链接。

1. 插入超链接

（1）添加超链接

①在普通视图中选择要添加超链接的对象（图形、文本或其他对象），如选中文本。

②在“插入”选项卡，单击“链接”组的超链接按钮，打开如图 12－32 所示的“插入超链接”对话框。

③在左侧的“链接到”列表中列出了链接的目标：

- 现有文件或网页：可以建立一个指向已有文件或网页的超链接。
- 本文档中的位置：指向当前演示文稿中的某个位置，如图 12－32 所示。

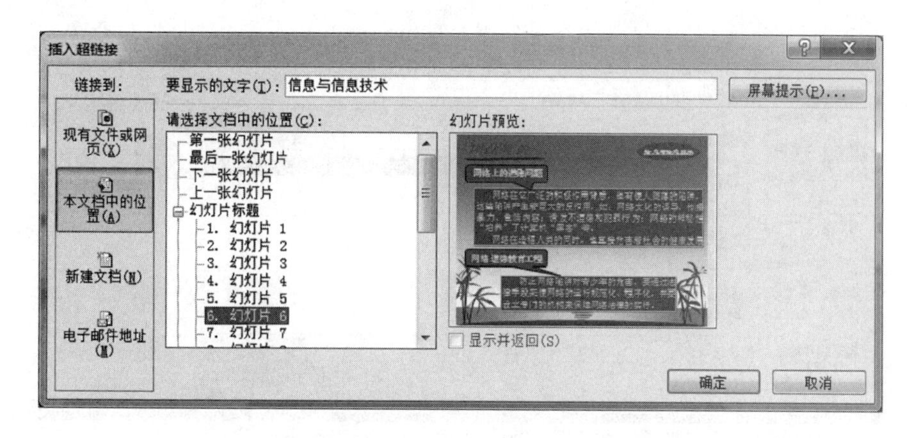

图 12－32 “插入超链接”对话框

- 新建文档：链接到新建的文档中。
- 电子邮件地址：链接到电子邮件地址指定的电子邮箱。

④选中一个链接目标，如图 12－32 中的“本文档中的位置”，并在右侧的列表框中继续选择，如选择“幻灯片 6”，单击“确定”按钮结束超链接设置。

⑤添加超链接后的文字以蓝色、下划线字体显示，在放映幻灯片时，单击超链接文本即可链接到相应的幻灯片或文件。

(2) 更改超链接地址

对于添加了超链接的对象，如果需要更改其链接目标，可以通过编辑超链接来完成。

①在普通视图中，选择已经添加超链接的对象。

②在“插入”选项卡，单击“链接”组的超链接按钮；或右击添加过超链接的对象，在弹出的快捷菜单中选择“编辑超链接”命令。打开如图 12－33 所示的“编辑超链接”对话框。

③在“编辑超链接”对话框中重新对超链接进行编辑，如选择“现有文件或网页”，再选择“PPT 素材”文件夹中的“07. pptx”为超链接目标文件。

(3) 删除超链接

①在普通视图中选中需要删除超链接的对象。

②在如图 12－33 所示的“编辑超链接”对话框，单击右下角的“删除链接”按钮；或右击超链接对象，在弹出的快捷菜单中选择“取消超链接”命令，即可删除超链接。

2. 利用“动作设置”对话框建立超链接

①在幻灯片中，选中要建立超链接的图形、文字或其他对象。

②在“插入”选项卡，单击“链接”组的“动作”按钮，打开如图 12－34 所示的“动作设置”对话框。

③在“单击鼠标”选项卡中设置单击鼠标实现超链接的参数，而在“鼠标移过”选项卡中设置鼠标移过实现超链接的参数。

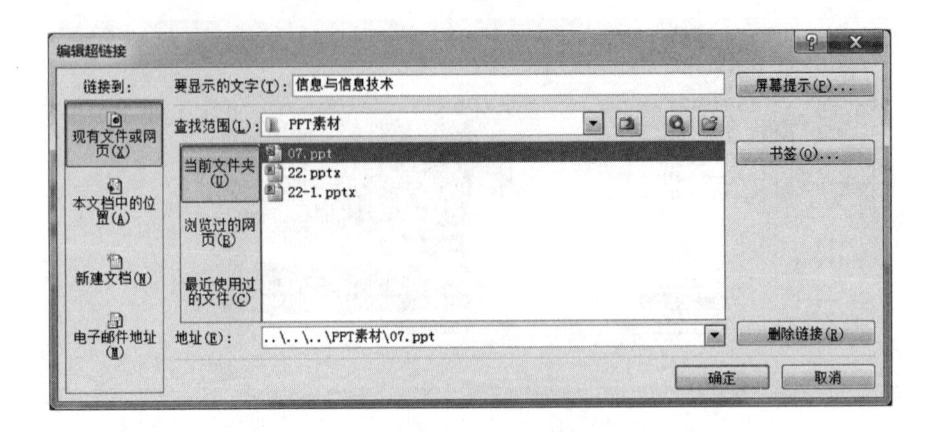

图 12-33　“编辑超链接”对话框

④选定“超链接到”单选项，并在“超链接到”下拉列表框中选择一个超链接目标幻灯片或其他目标，如图 12-34 中的“结束放映”。

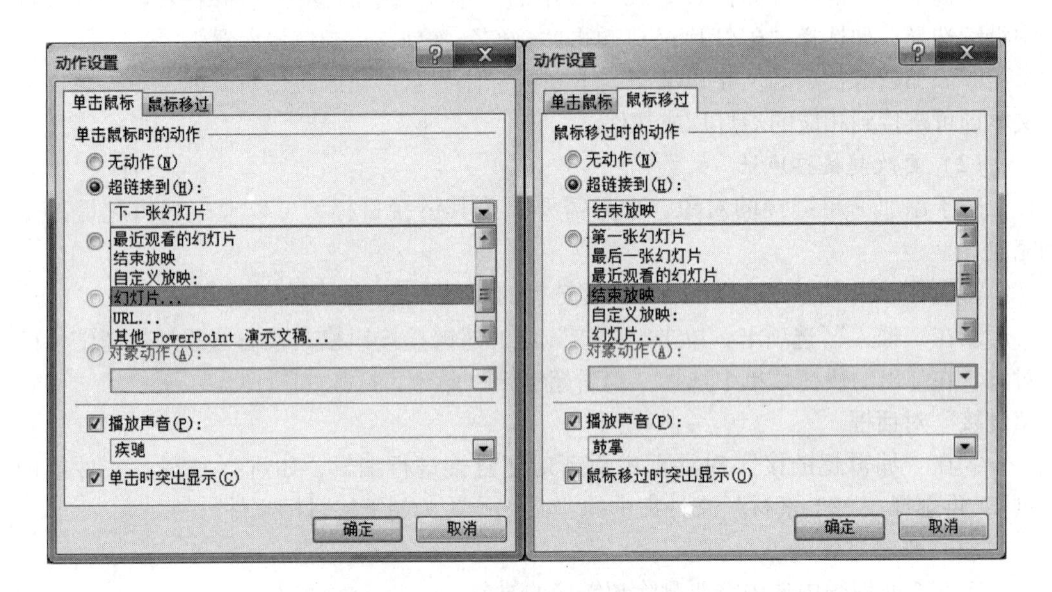

图 12-34　“动作设置”对话框

⑤如果希望实现自定义的非连续放映（如从当前跳转到第 8 张幻灯片）可以选择“超链接到”中的“幻灯片…”，打开如图 12-35 所示的“超链接到幻灯片”对话框，在其中选择“幻灯片 8”，单击“确定”按钮即可。

⑥若希望在幻灯片放映时，单击超链接对象时能够发出声音，则选中“播放声音”复选项，并在“播放声音”下拉列表中选择一种声音，如“疾驰”、“鼓掌”。

⑦单击“运行程序”单选项的“浏览”按钮，可以链接到其他应用程序文件。

⑧单击“确定”按钮完成设置。此后，在放映幻灯片时，单击鼠标或鼠标移过超链接对象即可改变幻灯片放映的次序（转向超链接目标点），实现交互式播放。

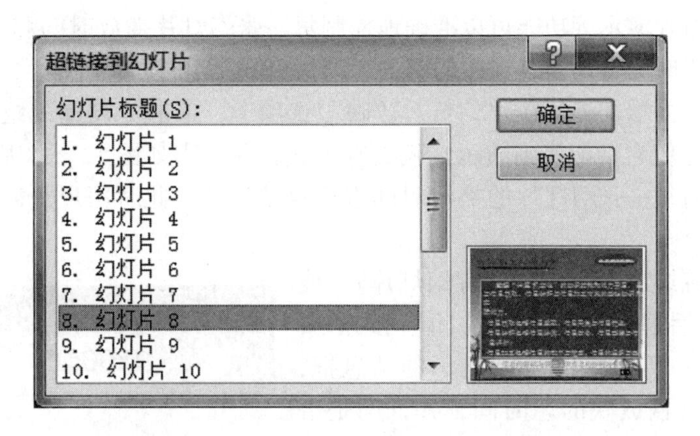

图 12-35 “超链接到幻灯片”对话框

3. 利用“动作按钮”建立超链接

①选中需要建立超链接的幻灯片。

②在“插入”选项卡，单击“插图”组的“形状”下拉按钮，打开“形状”下拉菜单，如图 12-36 所示。在其中的“动作按钮”选项组给出了 12 个动作按钮，每个动作按钮都有其特殊的含义，把鼠标放在某个动作按钮上将显示出该按钮的含义。单击一个动作按钮，如“结束”按钮，鼠标指针将变成十字形状。

③在幻灯片中拖动十字形状的鼠标画一个动作按钮，如图 12-37 所示。当动作按钮的大小符合要求时松开鼠标左键，此时，弹出“动作设置”对话框。

图 12-36 “形状”下拉菜单

图 12-37 “结束”动作按钮

④与使用“动作设置”对话框建立超链接一样，可以在“动作设置”对话框中进行设置，只是要建立超链接的对象变成了动作按钮。

⑤动作按钮如图 12-37 所示，它是一个“形状”图形对象，可以像编辑绘制的图形一样对它的大小进行编辑，还可以用“编辑文字”的方法为其命名。

⑥在放映幻灯片时，单击鼠标或鼠标移过动作按钮，即可改变幻灯片放映的次序，实现交互式播放。

12.6 演示文稿的放映

12.6.1 设置自动演示时间

1. 排练计时

在演示幻灯片时，往往对演示的时间有一定的要求和控制。PowerPoint 2010 的排练计时和录制幻灯片演示等功能可以准确地控制每一张幻灯片播放时间和整个演示时间，以达到按照预设时间自动连续播放的目的，严格控制演示时间。

①打开一个演示文稿。在“幻灯片放映”选项卡，单击“设置”组中的“排练计时”按钮。系统自动切换到演示文稿放映模式，并弹出如图 12－38 所示的“录制”对话框，开始对每一张幻灯片的播放时间进行自动计时。此时用户只需单击幻灯片进行播放即可。

②直至排练结束（播放完所有幻灯片），或按“录制”对话框右上角的“关闭”按钮，系统自动弹出一个如图 12－39 所示的消息框，显示当前演示文稿放映的总时间，并询问是否保留此次的排练计时。

图 12－38 “录制”对话框

③单击“是”按钮，保留此次排练计时。

图 12－39 消息框

④切换到“幻灯片浏览”视图，在每一张幻灯片的左下方显示有播放该幻灯片所需时间。单击“从头开始”播放按钮，或 F5 快捷键，幻灯片开始自动播放。

2. 录制幻灯片演示

录制幻灯片演示是 PowerPoint 2010 新增的一项功能，它在记录幻灯片演示时间的同时，允许用户使用鼠标或激光笔为幻灯片添加注释，提高演示过程中与观众的互动性。

①打开一个演示文稿。在“幻灯片放映”选项卡，单击“设置”组中的“录制幻灯片演示”下拉按钮，弹出如图 12－40 所示的下拉菜单。从中选择“从头开始录制”或“从当前幻灯片开始录制”。

②选择“从头开始录制”，弹出如图 12－41 所示的“录制幻灯片演示”对话框。若选中“幻灯片和动画计时”复选项，则对每一张幻灯片和每一个动画计时。若选中“旁白和激光笔”复选项，演示时的旁白和激光笔操作进行同步录制。

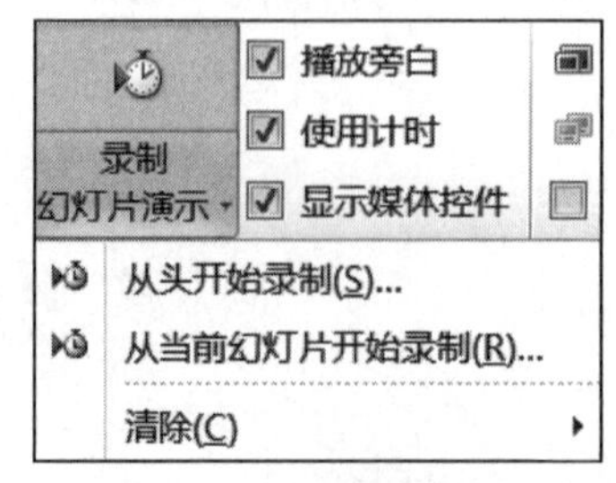

图 12－40 录制幻灯片演示

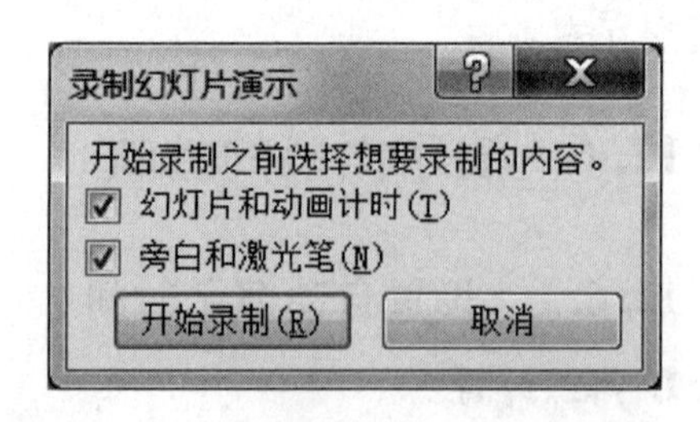

图 12－41 “录制幻灯片演示”对话框

③单击“开始录制”按钮，像排练计时一样切换到演示文稿放映模式，开始对每一张幻灯片的播放和旁白进行录制。此时用户只需单击幻灯片播放并进行演讲即可。

④直至演示结束，或按“录制”对话框右上角的“关闭”按钮，显示当前演示文稿放映的总时间，并询问是否保留此次的排练计时。

⑤单击“是”按钮，保留此次录制。切换到“幻灯片浏览”视图，在每一张幻灯片的左下方显示有播放该幻灯片所需时间。单击“从头开始”播放按钮，或 F5 快捷键，幻灯片开始自动播放。

12.6.2 设置放映方式

1. 放映方式

设置放映方式主要是让用户选择不同的放映类型、指定放映的幻灯片、确定幻灯片的换片方式及其他放映选项的选择。放映类型有演讲者放映（全屏幕）、观众自行浏览（窗口）、在展台浏览（全屏幕）3 种。设置幻灯片放映方式的方法和操作步骤如下：

在“幻灯片放映”选项卡，单击“设置”组的“设置放映方式”按钮，打开如图 12－42 所示的“设置放映方式”对话框。

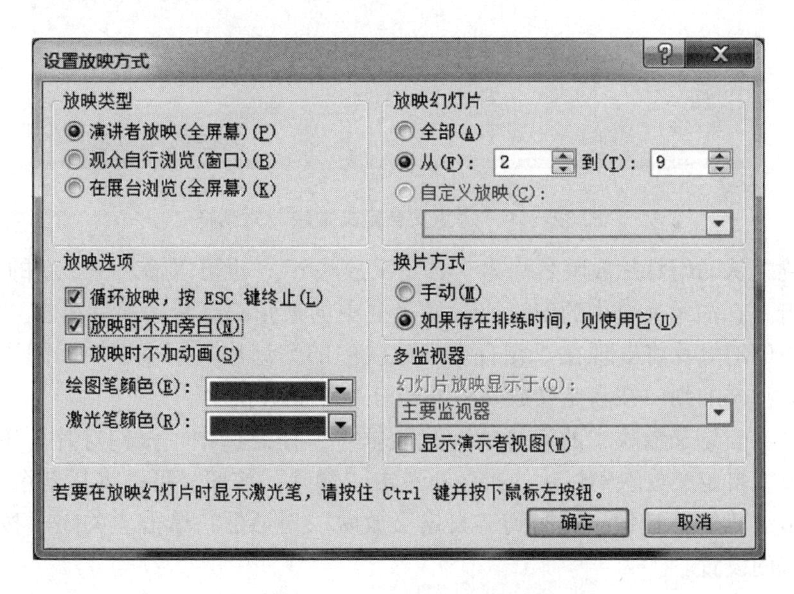

图 12－42 “设置放映方式”对话框

2. 设置自定义放映

有时需要有选择地放映个别幻灯片甚至改变幻灯片放映的次序，这时可以通过设置自定义放映来达到用户的愿望，其操作方法和步骤如下：

①在“幻灯片放映”选项卡，单击“开始放映幻灯片”组中的“自定义幻灯片放映”下拉按钮，从弹出的下拉菜单中选择“自定义放映”命令，打开如图 12－43 所示的“自定义放映”对话框。

②单击“新建”按钮，打开如图 12－44 所示的“定义自定义放映”对话框。

图 12-43　“自定义放映”对话框

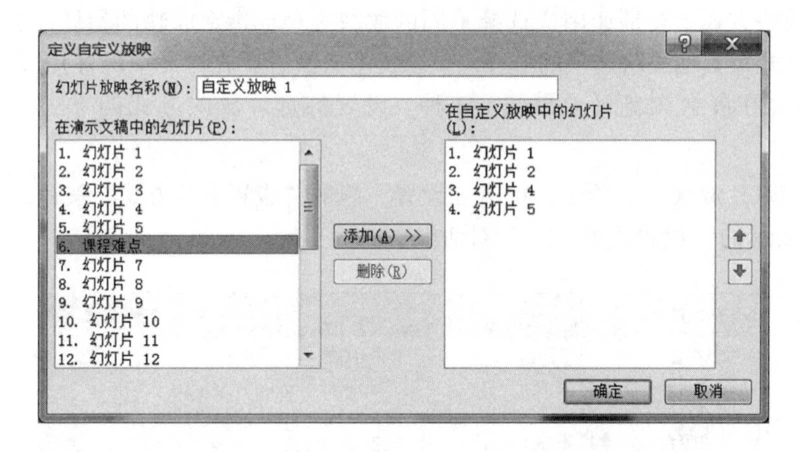

图 12-44　“定义自定义放映”对话框

③系统默认的幻灯片放映名称为“自定义放映 n”，也可以输入一个新的名称。

④单击“在演示文稿中的幻灯片”列表框中的某张幻灯片，而后单击“添加”按钮，则选中的幻灯片将出现在“在自定义放映中的幻灯片”列表框中。同样，也可以将其他幻灯片添加到“在自定义放映中的幻灯片”列表框中。

⑤在“在自定义放映中的幻灯片”列表框中，任意选中一张幻灯片，单击↑或↓按钮可以改变自定义放映幻灯片的次序；单击“删除”按钮，可以将其删除。

⑥单击“确定”按钮，返回到“自定义放映”对话框，单击“关闭”按钮，完成自定义放映的设置。

⑦在“自定义放映”对话框中，选中一个要自定义放映的名称。若单击“放映”按钮，则开始按自定义放映所设置的次序放映演示文稿。

12.7　演示文稿的打印与输出

1. 打印演示文稿

用户可以将制作好的演示文稿打印出来，方便查看与阅读。

①打开需要打印的演示文稿，单击“文件”选项卡中的“打印”选项；或直接按

Ctrl + P 快捷键，打开如图 12 - 45 所示的“打印”选项窗格。

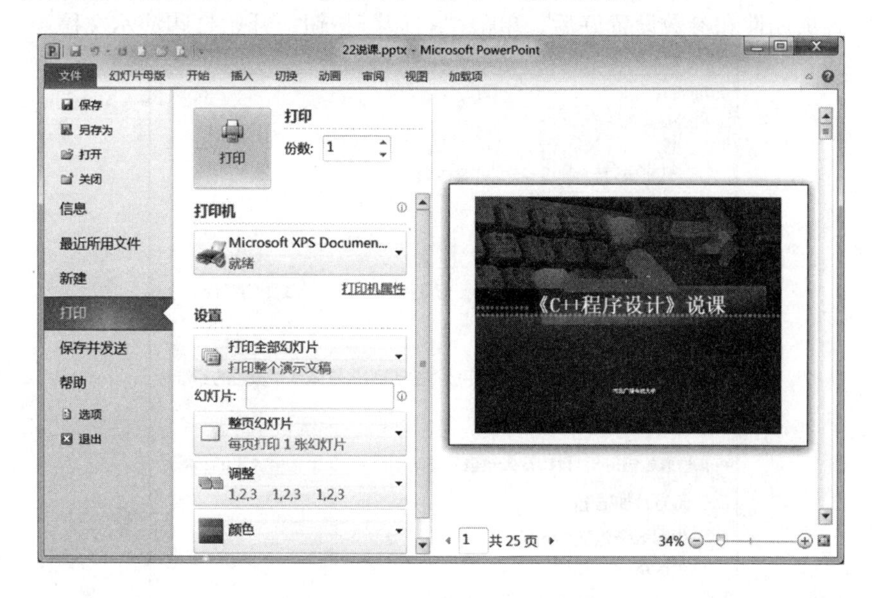

图 12 - 45　“打印”选项窗格

②单击“设置”区域中的“打印全部幻灯片”下拉按钮，在弹出的下拉菜单中选择打印的范围，如图 12 - 46 所示。选择“打印全部幻灯片”，将打印整个演示文稿；选择“打印所选幻灯片”，将打印提前选定好的幻灯片；选择“打印当前幻灯片”，将打印当前打开的一张幻灯片；选择“自定义范围”，在其后的“幻灯片”文本框中输入幻灯片编号或者幻灯片范围，如图 12 - 47 所示。

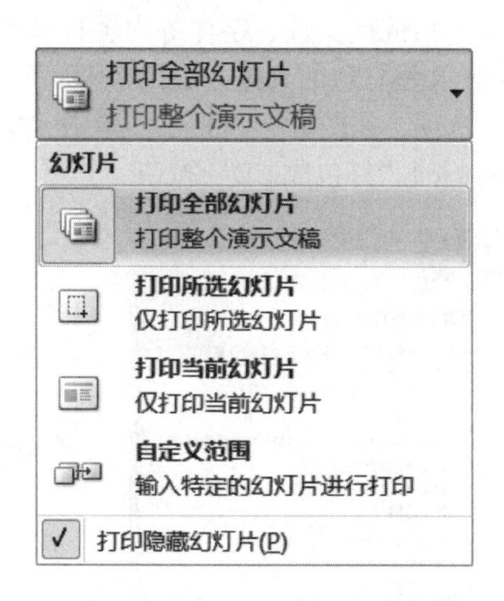

图 12 - 46　选择打印范围

图 12 - 47　输入打印范围

③单击“整页幻灯片”下拉按钮，在弹出的菜单中设置打印版式，如图 12 - 48 所示。在“打印版式”中选择“整页幻灯片”，则每页打印 1 张幻灯片；选择“备注页”，打印的幻灯片带有备注内容。在“讲义”区域中，选择每页打印出的幻灯片数

量，如选择“6张水平放置的幻灯片”，则每页将打印出6张幻灯片。

④将各项属性和参数设置好后，单击“打印”按钮，开始打印演示文稿。

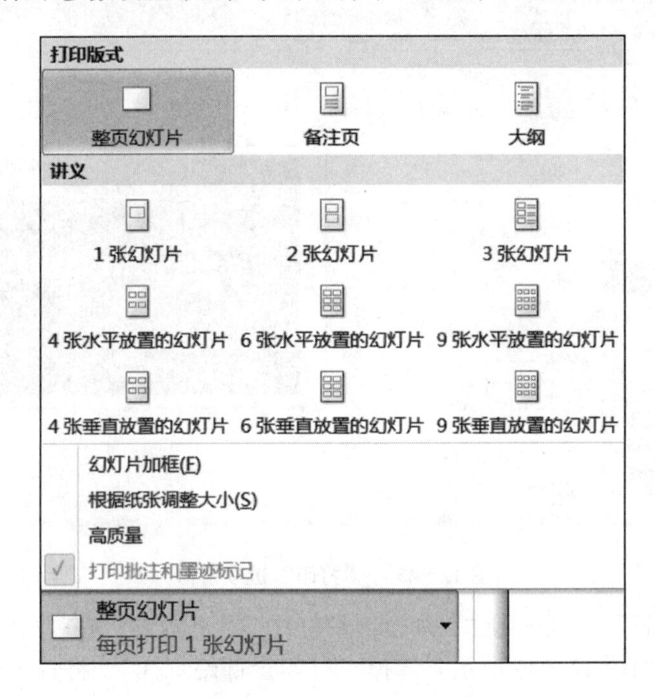

图12-48　“打印版式”对话框

2. 打包演示文稿

如果在没有安装PowerPoint的计算机上放映演示文稿，就需要对演示文稿进行打包。打包可以将演示文稿及其所有支持的文件，包括链接文件、字体等内容打包到计算机磁盘（以文件夹方式）或CD机上。当前演示文稿打包的具体方法和步骤如下：

①单击“文件”选项卡中的“保存并发送”选项，如图12-49所示。单击“文件类型”中的“将演示文稿打包成CD”，再单击右侧的“打包成CD”按钮。

图12-49　将演示文稿打包成CD

②打开“打包成 CD”对话框，如图 12－50 所示。在“将 CD 命名为”文本框，可以重命名打包文件名；单击“添加”按钮打开“添加文件”对话框，选择并确认要添加的其他演示文稿文件，以实现多个演示文稿同时打包。

③单击“选项”按钮打开如图 12－51 所示的“选项”对话框，在此对话框中可以设置打包时的选项，如设置打开和修改文件的密码等。

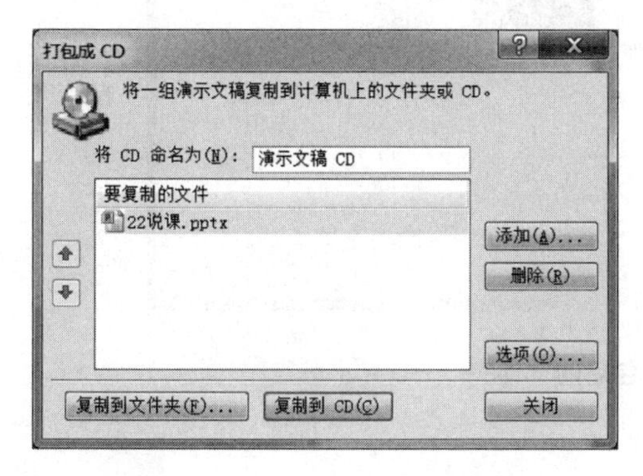

图 12－50　“打包成CD ”对话框

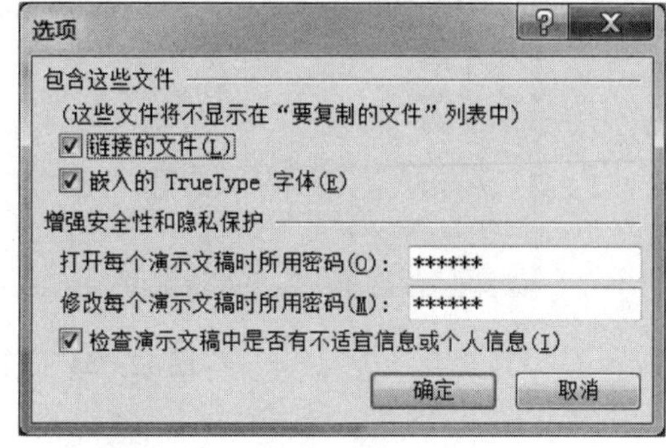

图 12－51　“选项”对话框

④单击“确定”按钮返回到“打包成 CD”对话框，单击“复制到文件夹”按钮，打开如图 12－52 所示的“复制到文件夹”对话框。在“文件夹名称”文本框输入文件夹的名称，在“位置”栏指定保存的位置。

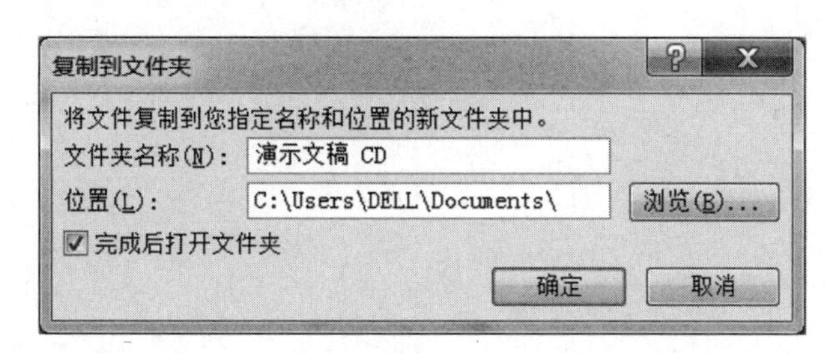

图 12－52　“复制到文件夹”对话框

⑤单击“确定”按钮弹出如图 12－53 所示的提示框，单击“是”，系统开始自动复制文件到文件夹。

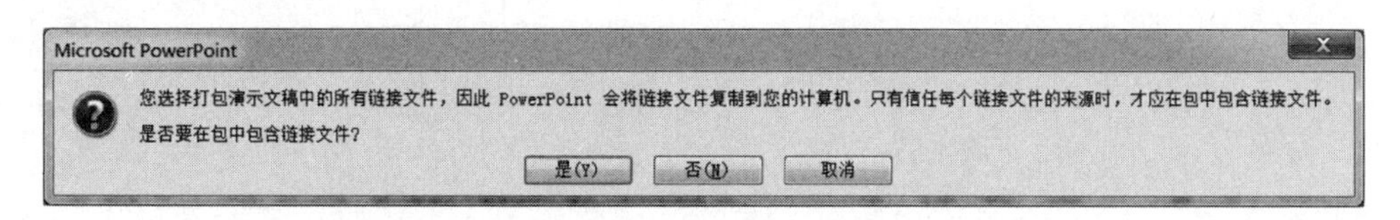

图 12－53　提示框

⑥复制完成后，自动打开生成的文件夹，在其中包含一个“PresentationPackage”文件夹，一个“AUTORUN. INF”文件和打包的演示文稿，如图 12－54 所示。如果计算机上没有安装 PowerPoint，将自动运行 AUTORUN. INF 文件播放幻灯片。

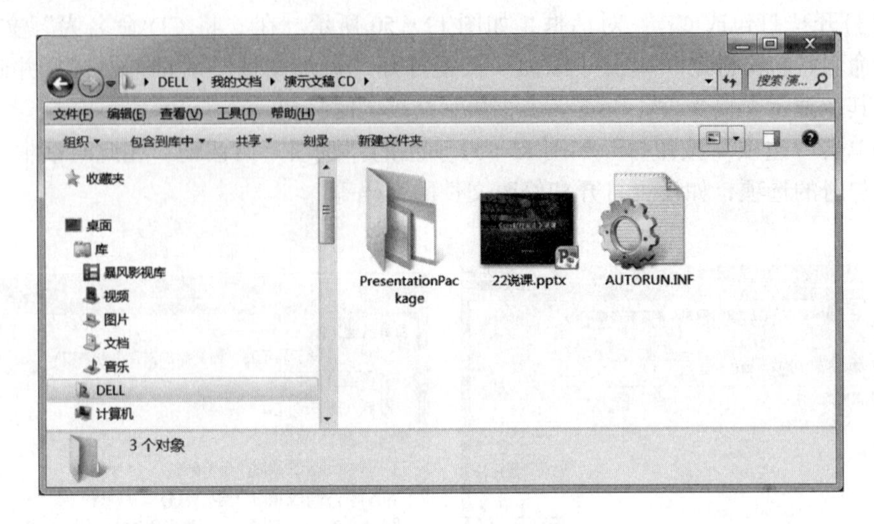

图 12－54 打包后的文件夹